알기 쉬운
알고리즘

|개정판|

step-by-step으로 알고리즘 완전 이해

양성봉 지음

생능출판

저자 소개

양성봉

연세대학교 공과대학, 학사
University of Oklahoma, 컴퓨터과학, 석사
University of Oklahoma, 컴퓨터과학, 박사
연세대학교 컴퓨터과학과 교수
현재 연세대학교 컴퓨터과학과 명예교수

알기 쉬운 알고리즘

초판발행 2013년 2월 8일
제2판4쇄 2024년 2월 8일

지은이 양성봉
펴낸이 김승기
펴낸곳 (주)생능출판사 / **주소** 경기도 파주시 광인사길 143
출판사 등록일 2005년 1월 21일 / **신고번호** 제406-2005-000002호
대표전화 (031)955-0761 / **팩스** (031)955-0768
홈페이지 www.booksr.co.kr

책임편집 신성민 / **편집** 이종무, 최동진 / **디자인** 유준범, 노유안
마케팅 최복락, 김민수, 심수경, 차종필, 백수정, 송성환, 최태웅, 명하나, 김민정
인쇄 · 제본 교보p&b

ISBN 978-89-7050-489-6 93560
정가 25,000원

머리말

컴퓨터를 전공하는 대부분의 학생들에게 알고리즘의 이해는 만만치 않은 어려움을 주는 것 같다. 필자의 경험에 비추어볼 때, 알고리즘의 어려움은 여러 다양한 경우들을 조목조목 '따져보는' 논리적 검토 과정에서 비롯되는 것으로 보인다. 그러나 실제 알고리즘은 컴퓨터 분야뿐만 아니라 과학, 공학, 경영학 등 광범위한 분야에서 나타나는 많은 중요한 문제들을 해결하는 기본적인 방법들과 직간접적으로 관련되어 있어, 반드시 이해하고 숙달할 필요가 있다.

본서는 필자의 강의 경험을 바탕으로 알고리즘 이해에 있어 가장 기본적이고 공통된 부분을 발췌, 정리하였다. 독자들의 쉬운 이해를 위해 각 알고리즘에 대해 다음의 네 가지 단계를 염두에 두고 설명하였다.

1. 주어진 문제에 대한 이해와 분석
2. 알고리즘의 핵심 아이디어 유추
3. 알고리즘 소개 및 단계별 설명
4. 예제 따라 알고리즘 이해하기

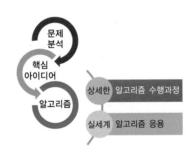

주어진 문제가 어떤 특성을 가졌는지를 분석해보면 그 문제를 해결할 알고리즘을 고안하는 실마리를 찾을 수 있다. 이를 통해 알고리즘의 핵심 아이디어를 유추해보면, 알고리즘을 보다 쉽게 이해할 수 있다. 또한 예제를 통해 알고리즘의 수행과정을 상세히 step-by-step으로 보임으로써 알고리즘을 완전히 이해할 수 있도록 하였다. 아울러 시간복잡도를 분석하고, 알고리즘의 효용성을 위해 알고리즘이 실제로 활용되는 사례들을 설명하였다.

본서의 각 장의 내용을 소개하면 다음과 같다.

제1장 알고리즘의 첫걸음

이미 우리가 알고 있는 알고리즘들부터 수수께끼같이 재미있는 문제에 대한 알고리즘들을 살펴본다.

제2장 알고리즘을 배우기 위한 준비

알고리즘이란 무엇인가를 알아보고, 최초의 알고리즘인 유클리드의 최대공약수 알고리즘을 소개하며, 3장부터 다루는 알고리즘들을 배울 준비를 위한 알고리즘의 표현방법, 알고리즘의 분류, 알고리즘의 효율성 표현 방법, 복잡도의 점근적 표기를 소개하고, 마지막으로 왜 효율적인 알고리즘이 필요한가를 설명한다.

제3장 분할 정복 알고리즘

분할 정복(Divide-and-Conquer) 알고리즘으로 해결되는 문제들을 소개하고, 그에 대한 알고리즘들을 설명한다. 합병 정렬(Merge sort), 퀵 정렬(Quick sort), 선택(Selection) 문제, 최근접 점의 쌍(Closest Pair) 찾기 문제를 다룬다.

제4장 그리디 알고리즘

그리디(Greedy) 알고리즘은 top-down 방식으로 최적화 문제를 해결하는 알고리즘이다. 동전 거스름돈(Coin Change), 최소 신장 트리(Minimum Spanning Tree), 최단 경로(Shortest Path), 부분 배낭(Fractional Knapsack) 문제, 집합 커버(Set Cover), 작업 스케줄링(Task Scheduling), 허프만 압축(Huffman Encoding)에 대한 그리디 알고리즘을 각각 소개한다.

제5장 동적 계획 알고리즘

동적 계획(Dynamic Programming) 알고리즘은 최적화 문제를 해결하는 bottom-up 방식의 알고리즘이다. 모든 쌍 최단 경로(All Pairs Shortest Paths), 연속 행렬 곱셈(Chained Matrix Multiplication), 편집 거리(Edit Distance) 문제, 배낭(Knapsack) 문제, 동전 거스름돈(Coin Change) 문제의 동적 계획 알고리즘을 소개한다.

제6장 정렬 알고리즘

기본적인 정렬 알고리즘인 버블 정렬(Bubble sort), 선택 정렬(Selection sort), 삽입 정렬(Insertion sort)을 다루고, 이보다 효율적인 쉘 정렬(Shell sort)과 힙 정렬(Heap sort)을 살펴보며, 특정 환경에서 사용되는 기수 정렬(Radix sort)과 외부정렬(External sort)을 소개한다.

제7장 NP-완전 문제

앞장에서 소개된 대부분의 문제들은 다항식 시간복잡도의 알고리즘으로 해결되나, 실세계에서 많이 응용되는 중요한 문제들은 그러하지 못하다. 이러한 문제들 중에서 대표적인 NP-완전 문제들을 이해하고, 그 문제들 간의 관계를 살펴본다.

제8장 근사 알고리즘

지수 시간복잡도를 가진 NP-완전 문제들에 대한 정확한 해보다는 근사 해(approximation solution)를 찾는 알고리즘들을 소개한다. 이를 위해 여행자 문제(Traveling Salesman Problem), 정점 커버(Vertex Cover) 문제, 통 채우기(Bin Packing) 문제, 작업 스케줄링(Job Scheduling) 문제, 클러스터링(Clustering) 문제의 근사 알고리즘을 각각 알아본다.

제9장 해 탐색 알고리즘

NP-완전 문제의 해를 탐색하기 위한 다양한 알고리즘을 소개한다. 백트래킹(Backtracking) 기법, 분기 한정(Branch-and-Bound) 기법, 유전자 알고리즘(Genetic Algorithm), 모의 담금질(Simulated Annealing) 기법을 소개한다.

이 책은 자료구조에 대한 기본 개념을 갖춘 학부 3, 4학년 학생들을 위하여 집필되었으나, 기술고시, 올림피아드와 같은 경시대회를 준비하는 학생들에게도 도움이 될 것이다. 또한 데이터 사이언스, 전자공학, 수학, 경영학을 전공하는 학생들에게는 알고리즘을 스스로 배우고 익힐 수 있는 좋은 입문서가 되리라 생각한다. 독자들이 알고리즘의 기본 개념을 이해함으로써 궁극적으로는 실세계의 어떤 문제가 주어지더라도 그 문제를 분석하고 해결할 수 있는 능력을 가질 수 있게 되기를 바라는 마음이다.

개정판에는 비교적 최신 정렬 알고리즘인 이중 피봇 퀵 정렬과 Tim Sort를 부록 V에 추가하였으며, 정렬 알고리즘들의 성능 비교를 표로 만들어 아울러 추가하였다. 이중 피봇 퀵 정렬은 퀵 정렬 대신에 최신 버전의 Java 언어의 원시 타입 정렬 라이브러리로 사용되고 있으며, Tim Sort는 일반적으로 성능이 다른 정렬 알고리즘보다 우수하여 파이썬, 안드로이드, Java 언어의 객체 타입 정렬 라이브러리로 사용되고 있다.

또한 개정판에는 200개가 넘는 새 연습 문제가 추가되었다. 그중에 각 장의 연습 문제의 앞부분에는 기본 개념 파악을 위한 객관식 문제들과 입사 면접시험에 자주 등장하는 문제들로부터 난도가 비교적 높은 주관식 문제들까지 추가되었다.

책이 완성되는 과정에서 많은 사람들의 도움을 받았다. 일일이 다 열거할 수는 없지만, 마지막 단계에서 원고를 꼼꼼히 읽고 검토해준 유용현 군과 장기영, 양원석 군의 도움에 고마움을 표한다. 또한 책 쓸 것을 제안하시고, 풍부한 저작 활동 경험으로 지속적인 조언을 아끼지 않으신 같은 학과 최윤철 교수님과 한탁돈 교수님의 성원에 깊은 감사를 드린다. 아울러 이 책의 시작과 완성의 전 과정을 이끌어 주신 생능출판사 김승기 사장님과 출판 과정에서 여러 가지로 애써 주신 출판사 관계자 분들께도 진심으로 감사드린다.

2021년 6월
저자 양성봉

차 례

CONTENTS

알고리즘의 첫걸음

Contents

알고리즘의 첫걸음

알고리즘은 우리의 일상생활에서 그리 낯익은 단어는 아니다. 알고리즘이라는 용어는 9세기경 페르시아 수학자인 알콰리즈미(al-Khwarizmi)의 이름으로부터 유래되었다. 알고리즘은 문제를 해결하기 위한 단계적인 절차를 의미한다. 흔히 알고리즘은 요리법과 유사하다고 한다. 단계적인 절차를 따라 하면 요리가 만들어지듯이, 알고리즘도 단계적인 절차를 따라 하면 주어진 문제의 답을 주기 때문이다. 주어진 문제에 대해 여러 종류의 알고리즘이 있을 수 있으나, 항상 보다 효율적인 알고리즘을 고안하는 것이 매우 중요하다.

▶알콰리즈미(al-Khwarizmi, 서기 780~850년)

사실 우리는 어려서부터 적지 않은 수의 알고리즘을 접해왔다. 1장에서는 이미 우리가 알고 있는 알고리즘부터 수수께끼같이 재미있는 문제에 대한 알고리즘까지 다양한 예를 살펴보기로 하자.

1.1 최대 숫자 찾기

문제

아이들은 숫자에 대한 개념을 배우고 나서, 흔히 숫자 카드놀이를 한다. 카드놀이 중에서 아주 간단한 가장 큰 숫자 찾기를 생각해보자. 카드 10장이 다음 그림과 같이 바닥에 펼쳐져 있다.

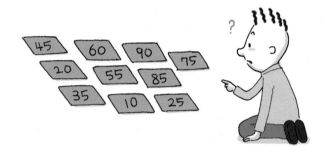

알고리즘

가장 큰 숫자가 적힌 카드를 찾는 한 가지 방법은 카드의 숫자를 하나씩 비교하면서 본 숫자들 중에서 가장 큰 숫자를 기억해가며 진행하는 방법일 것이다. 마지막 카드의 숫자를 본 후에, 머릿속에 기억된 가장 큰 숫자가 적힌 카드를 바닥에서 집어든다.

이렇게 찾는 방법을 순차탐색(Sequential Search)이라고 한다. 즉, 카드를 한 장씩 차례대로(주어진 순서대로) 읽어가며 찾는 방법이다.

1.2 임의의 숫자 찾기

문제

두 번째 숫자 카드놀이로서 특정 숫자가 적힌 카드를 찾는 것을 생각해 보자. 45, 20, 60, 35, 10, 55, 90, 85, 75, 25가 각각 적힌 카드가 바닥에 펼쳐져 있다. 이 중에서 85가 적힌 카드를 찾아보자.

최대 숫자 찾기처럼 머릿속에 85를 기억하고 바닥에 펼쳐진 카드를 차례대로 한 장씩 읽으며 85가 적힌 카드를 찾는다. 이 역시 순차탐색을 이용한 것이다.

문제

이번에는 같은 10장의 카드가 오름차순으로 미리 정렬되어 있다고 가정하자. 우리는 이러한 경우를 실생활에서 흔히 접할 수 있는데, 사전, 휴대폰의 전화번호 리스트, 책 뒷부분의 인덱스 등을 예로 들 수 있다.

85를 어떻게 찾지?

만일, 10장의 카드가 옆의 그림처럼 쌓여 있고, 첫 번째 카드의 숫자 15만 보이는 경우, 그중에서 임의의 숫자인 85를 찾고자 할 때, 순차탐색보다 더 효율적인 방법은 없을까? 즉, 카드가 정렬되어 있다는 정보를 어떻게 활용할 수 있을까?

핵심아이디어

15, 20, 25, 35, 45, 55, 60, 75, 85, 90에서 85를 순차탐색으로 찾을 경우, 앞쪽에 있는 9장의 카드를 읽은 후에나 85를 찾는다. 그러나 카드가 정렬되어 있으므로, 만일 85가 정렬된 카드의 뒷부분에 있는 것이 확실하면 앞부분은 탐색할 필요가 없다. 그러면 위의 예제에서 85가 뒷부분에 있다는 것을 어떻게 알 수 있을까? 중간에 있는 카드의 숫자인 45(혹은 55)와 85를 한 번만 비교해보면 된다.

순차탐색으로 1번 비교 후   이진탐색으로 1번 비교 후

중간 카드 한 장을 읽어 85와 비교해보는 것이 첫 카드부터 읽어 나가는 순차탐색보다 훨씬 빠르게 목표(85가 적힌 카드)에 다가감을 알 수 있다.

알고리즘

이처럼 오름차순으로 정렬된 데이터를 반으로 나누고, 나누어진 반을 다시 반으로 나누고, 이 과정을 반복하여 원하는 데이터를 찾는 탐색 알고리즘을 이진탐색(Binary Search)이라고 한다.

1.3 동전 거스름돈

문제

물건을 사고 거스름돈을 동전으로 받아야 한다면, 대부분의 경우 가장 적은 수의 동전을 받기 원한다. 예를 들어, 거스름돈이 730원이라면, 500원짜리 동전 1개, 100원짜리 동전 2개, 10원짜리 동전 3개인 총 6개를 거슬러 받으면 거스름돈 730원에 대한 최소 동전의 수가 된다.

핵심아이디어

주어진 거스름돈에 대해 어떻게 하면 가장 적은 수의 동전을 찾을까? 일반적으로 거스름돈에 대해서 가장 큰 액면의 동전부터 차례로 고려한다. 730원의 거스름돈에 대해서 고려해야 할 가장 큰 액면의 동전은 500원짜리 동전이므로, 500원짜리 동전 1개를 선택한다. 이제 230원이 남아 있으므로, 다음으로 큰 액면의 동전인 100원짜리 동전 2개를 선택하고 나면, 30원이 남는다. 그 다음 큰 액면의 동전은 50원짜리 동전이나 거스름돈이 30원이므로, 50원짜리 동전은 선택할 수 없고, 마지막으로 10원짜리 동전 3개를 선택한다. 따라서 총 동전의 수는 1+2+3 = 6개이고, 이는 거스름돈 730원에 대한 가장 적은 동전의 수이다.

알고리즘

동전 거스름돈 문제를 해결하는 알고리즘은 남은 거스름돈 액수를 넘지 않는 한도에서 가장 큰 액면의 동전을 계속하여 선택하는 것이다.
이러한 종류의 알고리즘을 그리디(Greedy) 알고리즘이라고 하며, 동전 거스름돈 문제에 대한 그리디 알고리즘은 4.1절에서 보다 상세히 살펴볼 것이다.

1.4 한붓그리기

문제

다음은 종이에서 연필을 떼지 않고 그리는 한붓그리기 문제이다. 한붓그리기는 그래프의 어느 한 점에서 출발하여 모든 간선을 한 번만 지나서 출발점으로 돌아오되, 궤적을 그리는 동안 연필이 종이에서 떨어져서는 안 된다. 단, 한 점을 여러 차례 방문하여도 괜찮다.

핵심아이디어

어떻게 한붓그리기의 해결 방법을 찾아야 할까? 그래프가 작으면 연필로 시행착오를 통해서 해결할 수 있으나, 그래프가 크면 그래프의 어느 점까지 진행하여 왔을 때, 다음에 어느 점으로 이동해야 할지를 결정하기가 쉽지 않다. [그림 1-1]을 살펴보자.

[그림 1-1]

[그림 1–1]은 점 1에서 출발하여 점 2를 지나고, 점 3과 점 8을 거쳐서 점 7에 도착한 상태를 나타내고 있다. [그림 1–1]에서 지나온 궤적을 굵은 선으로 보여주고 있다. 점 7이 현재 점이라 하자. 현재 점으로부터 점 6, 9 또는 10 중에서 어디로 진행해야 할까? 각 점에 대해서 살펴보자.

- 점 6으로 가면 5, 4, 3, 9, 7, 10을 거쳐서 점 1로 돌아올 수 있다.
- 점 9로 가면 3, 4, 5, 6, 7, 10을 거쳐서 점 1로 역시 돌아올 수 있다.
- 점 10으로 가면, 점 1로 갈 수밖에 없고 3, 4, 5, 6, 7, 9 사이의 간선을 지나가기 위해서는 연필을 떼어야만 한다.

어떻게 하면 현재 점에서 점 10으로 진행하지 않고, 점 6이나 점 9로 진행해야만 한다는 것을 알 수 있을까? 점 6과 점 9로 갈 경우의 공통점은 점 7(즉, 현재 점)이다.

알고리즘

따라서 이 질문에 대한 답은 현재 점으로부터 진행하고자 하는 점을 지나서 현재 점으로 돌아오는 사이클(cycle)을 찾는 것이다.

현재 점 7에서 점 10을 지나서 현재 점으로 돌아오는 사이클은 없다. 왜냐하면 그러기 위해서는 점 1, 2, 3, 8을 지나가야 하는데 이 점들 사이의 간선은 이미 지나갔기 때문이다. 그러나 현재 점으로부터 점 6이나 점 9를 지나서 현재 점으로 돌아오는 사이클이 있다. 따라서 현재 점에서 점 6이나 점 9를 선택하면, 연필을 떼지 않고 진행할 수 있다.

1.5 미로 찾기

문제

미로를 찾는 문제는 그리스 신화에서 유래된다. 당시 지중해의 크레타 섬을 통치하던 폭군 미노스(Minos) 왕이 있었다. 미노스 왕은 황소 머리에 하반신이 사람인 무서운 짐승 미노타우로스(Minotauros)에게 제물을 바치기 위해 아테네에 젊은 남녀를 조공으로 요구하였다. 조공으로 바쳐진 젊은이들은 지하

에 있는 매우 광대하고 복잡한 미로 내부에 갇혔고, 그들은 미로를 탈출하지 못하고 미노타우로스에게 잡히어 먹혔다.

이러한 비극이 계속되는 동안, 아테네의 한 젊은 청년 테세우스(Theseus)는 자발적으로 제물이 되기로 결심하여 조공으로 바쳐졌다. 그는 다행히 미노스 왕의 딸 아리아드네(Ariadne)의 충고로 칼과 함께 실타래를 가지고 실을 풀면서 미로에 들어갔다. 그리고 마침내 테세우스는 미노타우로스를 칼로 죽이고, 실을 다시 감으면서 미로를 빠져나왔다. 이 그리스 신화에서 알려주는 미로 찾기의 해는 바로 실타래이다.

문제

그런데 대부분의 경우는 실타래나 도와주는 사람도 없다. 이러한 상황에서 어떻게 미로를 빠져나올 수 있을까?

일반적인 방법은 현 위치에서 한 방향을 선택하여 이동하고, 길이 막혀 있으면 다시 되돌아 나오며, 다른 방향으로 다시 시도해 보는 것이다. 가능하다면 지나갔던 곳을 표시해놓고 다시 안 가면 된다. 그러나 사실 이 방법은 그리스 신화 속의 미로에서는 불가능하다. 지하의 미로에서는 빛이 없어서 표시한 곳을 식별할 수 없다.

그러나 이렇게 어려운 상황에서도 답은 존재한다. 이는 바로 오른손 법칙이다.

알고리즘

현 위치에서 한 방향을 선택하고, 벽에 오른손을 댄다. 그리고 출구가 나올 때까지 계속 오른손을 벽에서 떼지 않고 걸어간다.
이 방법은 실타래나 특별한 표시가 필요 없이 항상 출구를 찾게 해준다. [그림 1-2]는 오른손 법칙 알고리즘으로 출구를 찾아 나아가는 궤적을 점선으로 보여주고 있다.

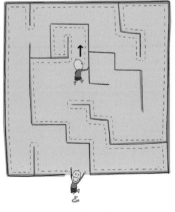

[그림 1-2]

1.6 가짜 동전 찾기

문제

아주 많은 동전 더미 속에 1개의 가짜 동전이 섞여 있다. 그런데 이 가짜 동전은 매우 정교하게 만들어져 누구도 눈으로 가짜인지를 식별할 수 없다. 그러나 가짜 동전의 무게는 정상적인 동전보다 약간 가볍다. 가짜 동전 찾기 문제는 이 가짜 동전을 찾아내기 위해서 양팔 저울만 사용하여 가짜 동전을 찾아내는 것인데, 가능한 한 저울에 동전을 다는 횟수를 줄여야 한다.

핵심아이디어

양팔 저울은 저울 양쪽에 올려놓은 것이 같은 무게인지 아닌지 만을 판별해준다. 따라서 동전 더미를 분할하여, 저울에 올려서 한쪽으로 기우는지 아닌지를 알아내어 가짜 동전을 가려내야한다.

철수의 생각: 임의의 동전 1개를 저울 왼편에 올리고, 나머지 동전을 하나씩 오른편에 올려서 가짜 동전을 찾아보자.

철수의 제안은 운이 좋으면 1번만에 가짜 동전을 찾는다. 왼편에 미리 올려놓은 동전이 가짜이거나, 아니면 오른편에 처음으로 올려놓은 동전이 가짜인 경우이다. 그러나 최악의 경우는 가장 마지막에 가짜 동전을 저울 오른편에 올려놓게 되는 경우이다. 이 경우는 만일 총 동전 수가 n이라면 $(n-1)$번 저울을 재야 한다. 1을 뺀 이유는 동전 하나를 저울의 왼편에 미리 올려놓았기 때문이다.

영희의 생각: 동전을 2개씩 짝을 지어, $n/2$ 짝을 각각 저울에 달아서 가짜 동전을 찾아보자.

영희의 제안도 운이 좋으면 첫 번째 짝을 저울에 올렸을 때 가벼운 쪽의 동전이 가짜임을 알 수 있다. 최악의 경우는 동전이 짝수 개이면 가장 마지막 짝을 잴 때 불균형이 일어나는 경우이고, 동전이 홀수 개이면 모든 짝이 균형을 이루어 진짜 동전임을 확인하고 남은 1개의 동전이(저울에 잴 필요 없이) 가짜임을 알 수 있는 경우이다. 따라서 최대 약 $n/2$번의 저울을 재야 한다. 영희의 알고리즘은 철수의 알고리즘에 비해 최악의 경우 저울에 다는 횟수가 거의 1/2로 줄었다.

광수의 생각: 영희의 제안을 보면 짝의 수가 너무 많다. 먼저 동전 더미를 반(두 짝)으로 나누어 저울 양편에 놓으면 어떨까?

영희의 제안을 보면 너무 여러 번 시행해야 해서 번거롭네. 먼저 동전 더미를 반으로 나누어 저울 양편에 놓으면 어떨까?

광수의 제안은 한 번에 어느 쪽에 가짜 동전이 있는지 알 수 있다. 그 다음에는 가벼운 쪽을 다시 반씩 나누어 저울에 잰다.

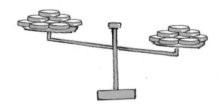

이렇게 하다보면 남은 동전 수는 계속 1/2로 줄어들게 되고, 나중에 2개가 남았을 때 가짜 동전을 가려낼 수 있다.

알고리즘

동전 더미를 반으로 나누어 저울에 달고, 가벼운 쪽의 더미를 계속 반으로 나누어 저울에 단다. 분할된 더미의 동전 수가 1개씩이면, 마지막으로 저울을 달아 가벼운 쪽의 동전이 가짜임을 찾아낸다.

광수의 알고리즘은 운이 좋을 때가 없다. 왜냐하면 마지막에 가서야 가짜 동전을 찾기 때문이다. 그러면 광수 알고리즘은 동전이 1,024개 있을 때 몇 번 저울에 달아야 할까? 먼저 512개씩 양쪽에 올려놓고 저울을 재고, 다음은 256개씩 재고, 128개씩, 64개씩, 32개씩, 16개씩, 8개씩, 4개씩, 2개씩, 마지막엔 1개씩 올려서 저울을 잰다. 이는 총 10번이고($\log_2 1{,}024 = 10$이므로), 일반적인 n에 대해서는 $\log_2 n$번이다. 최악의 경우 철수는 1,023번 저울에 달아야 하고, 영희는 512번 달아야 하는데, 광수는 10번이면 가짜 동전을 찾는다. 이 차이는 n이 커지면 더욱 더 커진다.

1.7 독이 든 술단지

문제

옛날 어느 먼 나라에 술을 매우 즐겨 마시는 임금님이 살고 있었다. 그래서 창고에는 많은 술단지가 보관되어 있다. 그런데 어느 날 이웃 나라의 스파이가 창고에 들어가서 술단지 하나에 독을 넣고 나오다가 붙잡혔다. 스파이를 추궁하여 어느 단지에 독을 넣었는지 알아내려고 하였으나, 스파이는 눈으로 확인할 수 없는 독을 사용하였고, 어떤 단지인지는 모르지만 하나의 단지에만 독을 넣

었다고 실토하고는 숨을 거두었다. 스파이가 사용한 독의 특징은 독이 든 단지의 술을 아주 조금만 맛보아도 술을 맛본 사람은 정확히 일주일 후에 죽는다는 것이다.

임금님은 독이 든 술단지를 반드시 일주일 만에 찾아내라고 신하들에게 명하였다. 문제는 가능한 한 희생되는 신하의 수를 줄이는 것이다.

어떻게 하면 독이 든 술단지를 일주일 만에 찾아낼 수 있을까? 이러한 문제 해결의 핵심은 적은 수의 술단지에 대해서 생각해 보는 것이다. 즉, 술단지의 수가 2개일 때, 4개일 때 문제를 풀어 보고, 술단지의 수를 늘려가면서 일반적인 규칙을 찾아보는 것이다.

입력의 크기가 아주 작을 때에 문제의 답을 찾아서 힌트를 얻자.[1]

술단지가 2개 있다고 생각해 보자. 한 명의 신하가 하나의 술단지의 술을 맛보고 일주일 후 살아 있으면 맛보지 않은 단지에 독이 있는 것이고, 죽는다면 맛본 술단지에 독이 들어 있는 것이다.

이번에는 술단지가 4개 있다고 생각해보자. 이제 신하 한 사람으로는 모자라고 적어도 두 사람이 필요하다.

---

1) 이 아이디어는 대부분의 경우 주어진 문제를 위한 알고리즘을 고안할 때, 또는 주어진 알고리즘을 이해하려고 할 때 매우 중요한 역할을 한다.

철수의 제안: 두 사람이 각각 한 단지씩 맛보게 하자.

문제점: 두 사람이 맛보지 않은 나머지 2개의 단지 중 하나에 독이 들어 있으면, 일주일 후 두 사람은 살아 있을 것이고, 나머지 2개의 단지 중 어느 하나에 독이 들어 있는지를 알 수 없다.

광수의 제안: 4개의 단지를 2개의 그룹으로 나누어, 각 그룹에 한 사람씩 할당한 다. 이 경우는 맨 처음 고려했던 술단지의 수가 2인 경우가 2개가 생긴 셈이다. 과 연 답을 찾을 수 있을까?

문제점: 일주일 후에 만일 두 사람 다 살아 있으면, 어떤 단지가 독이 들어 있단 말인가? 각 그룹에서 맛을 안 본 단지가 하나씩 있으므로, 이 2개의 단지 중 하나에 독이 들어 있는 것이다. 그러나 어느 단지인지를 알려면 또 일주일이 필요하므로 광수의 제안 역시 실패이다.

광수의 제안을 어떻게 보완해야 할까? 아니면 새로운 방법을 찾아야 하나? 이를 위해 다시 한 번 문제를 살펴보자. 우리가 혹시 문제에서 간과한 점이 있나, 아니면 문제에 없는 조건을 우리 마음대로 만들었는지를 생각해보자.

대부분의 경우에 한 신하가 반드시 하나의 단지의 술만 맛보아야 하는 것으로 생각하기 쉽다. 문제에는 이러한 조건이 주어지지 않았다. 이것이 바로 문제 해결의 실마리가 된다.

광수의 제안에서 총 4개의 단지 중에 시음하지 않은 2개의 단지가 있다. 이 2개의 단지 중에 하나를 두 신하에게 동시에 맛을 보게 하는 것이다. 이렇게 하면 다음과 같이 4가지의 결과가 생긴다. 두 신하를 각각 A와 B라고 하자.

- 아무도 시음하지 않은 단지에 독이 있으면, 일주일 후에 두 신하 모두 다 살아 있다.
- A가 혼자 시음한 단지에 독이 있으면, 일주일 후에 A만 죽는다.
- B가 혼자 시음한 단지에 독이 있으면, 일주일 후에 B만 죽는다.
- A와 B 둘 다 시음한 단지에 독이 있으면, 일주일 후에 둘 다 죽는다.

알고리즘

그러면 단지 수가 많을 때에는 어떻게 해야 할까? 그 아이디어는 각 단지에 2진수를 0부터 부여하고, 각 신하가 술 맛을 보면 1 안 보면 0으로 하여, 다음과 같이 단지와 신하를 짝지어 보는 것이다.

[그림 1-3]

[그림 1-3]에서 단지의 번호를 00부터 11의 2진수로 각각 표기한 것을 주목해 보자. 여기서 누가 어느 단지의 술을 맛볼 것인가에 대한 규칙을 알 수 있다. A는 오른쪽 비트가 1인 단지 01과 단지 11을 맛보고, B는 왼쪽 비트가 1인 단지 10과 단지 11을 맛본다.

술단지가 8개인 경우에는, 다음과 같이 술 단지를 2진수로 000부터 111로 표기하면, 각각의 2진수는 3개의 자릿수로 표현된다. 즉, 술단지 4개의 경우처럼, 1개의 자릿수마다 한 명의 신하를 할당한다. 다음과 같이 첫 번째 비트는 C, 두 번째 비트는 B, 마지막 비트는 A에 할당한다.

단지	000			001			010			011			100			101			110			111		
신하						A			B		B	A	C					C		A	C	B		C	B	A

따라서 독이 든 술단지 찾기 문제에 대한 답은 먼저 술단지 개수를 2진수로 표기하여 각 비트당 1명의 신하를 할당한다. 그런 후 각 신하에게 자신이 할당 받은 비트가 1인 단지들을 모두 맛보게 한다. 일반적으로 n개의 단지가 있으면 $\log_2 n$명의 신하를 위와 같은 방법으로 시음하게 하면, 일주일 후에 반드시 독이 든 술단지를 찾을 수 있고, 최소의 희생자 수는 0명이고, 최대는 $\log_2 n$명이다.

ALGORITHM   알고리즘

◯ 요약

- 순차탐색(Sequential Search): 주어진 순서에 따라 차례로 탐색한다.

- 이진탐색(Binary Search): 정렬된 항목들에 대해서 중간에 있는 항목을 비교하여 그 결과에 따라 같으면 탐색을 마치고, 다르면 작은 항목들이 있는 부분 또는 큰 항목들이 있는 부분을 같은 방식으로 탐색한다.

- 동전 거스름돈 문제에서 가장 액면이 높은 동전을 항상 선택(욕심내어 선택)한다. 그리디(Greedy) 알고리즘은 4장에서 다룬다.

- 한붓그리기 문제는 오일러 서킷(Euler Circuit) 문제와 같다. 알고리즘의 핵심은 현재 점에서 다음으로 이동 가능한 점을 선택할 때에는 반드시 현재 점으로 돌아오는 사이클이 존재하여야 한다는 것이다.

- 가짜 동전 찾기에서 동전 더미를 반으로 분할하여 저울에 달고, 가짜 동전이 있는 더미를 계속해서 반으로 나누어 저울에 단다. 이는 분할 정복(Divide-and-Conquer) 알고리즘의 일종이며, 분할 정복 알고리즘에 대해서는 3장에서 상세히 설명한다.

- 독이 든 술단지 문제는 2진수를 활용하여 그 해를 찾는다.

연습문제

1. 다음의 괄호 안에 알맞은 단어를 채워 넣어라.

   (1) 주어진 순서에 따라 차례로 탐색하는 알고리즘을 (   )(이)라고 한다.

   (2) 이진탐색은 (   ) 항목들에 대해서 (   )에 있는 항목을 비교하여 그 결과에 따라 (   ) 탐색을 마치고, 다르면 작은 항목들이 있는 부분 또는 큰 항목들이 있는 부분을 같은 방식으로 탐색한다.

   (3) 동전 거스름돈 문제에서는 (   ) 동전을 항상 선택한다. 이는 (   ) 알고리즘의 일종이다.

   (3) 한붓그리기 문제를 해결하는 알고리즘의 핵심은 현재 점에서 다음으로 이동 가능한 점을 선택할 때에는 반드시 현재 점으로 돌아오는 (   )이 존재하여야 한다는 것이다.

   (4) 가짜 동전 찾기에서 동전 더미를 (   )으로 분할하여 저울에 달고, 가짜 동전이 있는 더미를 계속해서 (   )으로 나누어 저울에 단다. 이는 (   ) 알고리즘의 일종이다.

2. 다음에 주어진 숫자들을 순차적으로 검색하여 85와 30을 찾는데 각각 몇 번을 비교해야 하는가?

45	60	90	20	75	85	35	10

   ① 5, 7   ② 5, 8   ③ 6, 7   ④ 6, 8   ⑤ 답 없음

3. 다음에 주어진 숫자들 중에서 가장 큰 수와 가장 작은 수를 동시에 찾으려면 최소 몇 번의 숫자 비교가 필요한가?

45	60	90	20

   ① 2   ② 4   ③ 6   ④ 8   ⑤ 답 없음

4. 다음과 같이 숫자들이 정렬되었을 때 이진탐색으로 10을 찾으려면 몇 번의 비교를 해야 10이 숫자들 중에 없는 것을 알 수 있나?

15	20	25	30	40	55	65	80

① 3 ② 4 ③ 5 ④ 6 ⑤ 답 없음

5. 다음과 같은 동전 시스템에 대해 19원을 거슬러 받으려 할 때 가장 작은 동전 수는?

1원 동전, 2원 동전, 4원 동전, 8원 동전, 32원 동전

① 7 ② 6 ③ 5 ④ 4 ⑤ 답 없음

6. 다음과 같은 동전 시스템에 대해 20원을 거슬러 받으려 할 때 가장 작은 동전 수는?

1원 동전, 5원 동전, 10원 동전, 16원 동전, 25원 동전

① 2 ② 3 ③ 4 ④ 5 ⑤ 답 없음

7. 동전 64개 중에 약간 가벼운 가짜 동전 1개가 섞여 있을 때 양팔 저울로 몇 번을 달아야 가짜 동전을 찾을까? 단, 1.6절에서 설명한 대로 동전들을 이등분하여 저울에 다는 것으로 가정하라.

① 5 ② 6 ③ 7 ④ 8 ⑤ 답 없음

8. 동전 6개 중에 약간 가벼운 가짜 동전 1개가 섞여 있을 때 양팔 저울로 최소 몇 번을 달아야 가짜 동전을 찾을까? 단, 1.6절에서 설명한 방법보다 빠른 방법을 사용하라. (문제 25 참조)

① 2 ② 3 ③ 4 ④ 5 ⑤ 답 없음

9. 동전 7개 중에 약간 가벼운 가짜 동전 1개가 섞여 있을 때 양팔 저울로 최소 몇 번을 달아야 가짜 동전을 찾을까? 단, 1.6절에서 설명한 방법보다 빠른 방법을 사용하라. (문제 25 참조)

① 2 ② 3 ③ 4 ④ 5 ⑤ 답 없음

10. 1.1절에서 설명된 최대 숫자 찾기 문제에 대한 알고리즘과 다른 알고리즘을 생각해 보자[힌트: 비교 횟수를 고려하지 말자].

11. 여러 장의 숫자 카드 중에서 가장 큰 수와 가장 작은 수를 동시에 찾기 위한 알고리즘을 생각해 보자.

12. 보간탐색(Interpolation Search)이 어떤 방식의 탐색인지를 조사해보자.

13. 다음의 숫자들에 대해 35를 이진탐색으로 찾는 과정을 보이라.

> 10, 20, 25, 35, 45, 55, 60, 75, 80, 90, 95

14. 1,024개의 정렬된 데이터에 대해 특정 숫자를 찾기 위해 이진탐색을 하는 데 필요한 최대 비교 횟수를 구하라.

15. 순차탐색, 보간탐색, 이진탐색 중 데이터가 어떻게 주어질 때 각각 가장 빨리 찾고, 어떤 경우에 가장 늦게 찾는지를 알아보자.

16. 다음의 그래프에서 한붓그리기를 위한 궤적을 그리라.

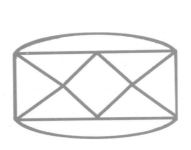

17. 다음의 그래프에서는 한붓그리기를 위한 궤적을 그릴 수 없다. 그 이유를 설명하라.

18. 다음의 그래프에서 연필을 종이에서 떼지 않고 v_1에서 출발하여 모든 간선을 한 번씩 지나가며 v_2까지의 궤적을 그리라.

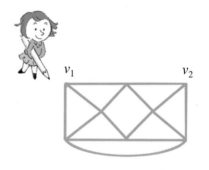

19. 1.4절에서 설명된 한붓그리기에 대한 알고리즘에서 현재 점까지 진행된 후의 그래프에서 사이클(cycle)을 찾아야 한다. 주어진 그래프에서 사이클을 찾는 방법을 설명하라.

20. 1.4절에서 설명된 한붓그리기에 대한 알고리즘은 주어진 그래프에서 한붓그리기가 가능한지를 검사하는 알고리즘으로도 사용할 수 있다. 한붓그리기가 가능한지를 검사하는 또 다른 알고리즘을 조사해보자[힌트: 사이클을 이용하라].

21. 한붓그리기 문제를 모든 간선 대신 모든 점을 한 번만 방문하고 시작점으로 돌아오기 문제로 변형시킨다면, 이 새로운 문제는 해밀토니안 사이클 (Hamiltonian Cycle)을 찾는 문제가 된다. 이 문제에 대한 알고리즘을 조사해 보자.

22. 다음의 미로에서 오른손 법칙 알고리즘을 사용하여 출구를 찾는 궤적을 그려라.

23. 컴퓨터 프로그래밍을 통해 미로 찾기를 해결하는 방법 2가지를 제시하라.

24. 1.6절에서 1개의 가짜 동전을 n개의 동전 중에서 찾는 데 $\log_2 n$번 만에 찾는 알고리즘이 설명되었다. 만일 동전의 수가 홀수 개이거나 1/2로 나누다 보니 한쪽이 홀수 개 다른 한쪽이 짝수 개가 되는 경우를 처리하는 방안을 제시하라.

25. 1.6절에서 가짜 동전을 찾는 알고리즘이 설명되었다. 이보다 더 빨리 찾는 방법을 찾아보라[힌트: 분할되는 더미의 수를 다르게 하여 찾아보라].

26. 독이 든 술단지 문제에서 단지의 수가 3일 때 1.7절에서 설명된 알고리즘을 수행한다면, 몇 명의 신하가 필요한가? 또, 단지의 수가 각각 5, 6, 7일 때에는 몇 명의 신하가 필요한가?

알고리즘을 배우기 위한 준비

Contents

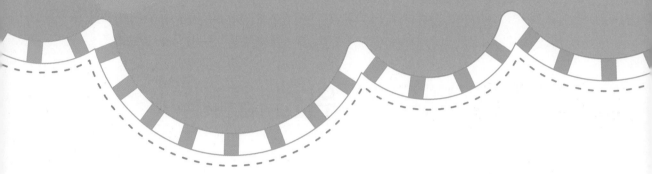

02 CHAPTER 알고리즘을 배우기 위한 준비

2.1 알고리즘이란

알고리즘이란 이름은 페르시아 수학자인 알콰리즈미(al-Khwarizmi)(서기 780~850년)로부터 유래되었다. 알콰리즈미는 수학의 다양한 방정식들의 해법에 대한 책을 서기 830년에 집필하였으며, 수학뿐만 아니라 천문학, 지리학, 지도의 제작 발전에도 크게 기여한 학자이다.

알고리즘은 문제를 해결하는 단계적 절차 또는 방법이다. 여기서 주어지는 문제는 컴퓨터를 이용하여 해결할 수 있어야 한다.[1] 따라서 알고리즘에는 입력이 주어지고, 알고리즘은 수행한 결과인 해(또는 답)를 출력한다. 예를 들어, 정렬 문제를 살펴보면, 입력은 정렬하고자 하는 숫자들이고, 정렬 알고리즘은 이 숫자들을 크기에 따라 자리를 바꾸어가며 최종적으로 정렬된 결과를 출력한다.

---

[1] 엄밀히 말하자면, 알고리즘이 반드시 컴퓨터로 수행되어야만 하는 것만은 아니다. 그러나 컴퓨터 분야에서는 컴퓨터에서 수행시킬 수 있는 알고리즘만을 다룬다.

다음으로 알고리즘의 일반적인 특성을 살펴보자.

● 정확성: 알고리즘은 주어진 입력에 대해 올바른 해를 주어야 한다.

알고리즘은 모든 입력에 대해 원칙적으로 올바른 답을 출력해야 한다. 예를 들어, 정렬 알고리즘이 어떤 입력에 대하여서 정렬된 결과를 출력하고, 다른 몇몇 입력에 대해선 정렬되지 않은 결과를 출력하면, 이는 알고리즘이라고 할 수 없다.

● 수행성: 알고리즘의 각 단계는 컴퓨터에서 수행이 가능하여야 한다.

알고리즘에 애매모호한 표현이 있으면 프로그래밍 언어로 바꿀 수 없게 되어, 컴퓨터에서 수행시킬 수 없다.

● 유한성: 알고리즘은 유한 시간 내에 종료되어야 한다.

알고리즘의 수행이 끝나지 않거나, 매우 오래 걸리면 현실적으로 해를 얻을 수 없으므로, 알고리즘으로서의 가치를 잃는다.

● 효율성: 알고리즘은 효율적일수록 그 가치가 높아진다.

알고리즘은 항상 시간적, 공간적인 효율성[2]을 갖도록 고안되어야 한다.[3] 이러한 효율성은 입력의 크기가 커질수록 그 가치를 더한다.

---

2) 빠른 시간에 답을 주고, 수행 과정에서 사용되는 메모리 공간도 크지 않을 때를 각각 의미한다.
3) 비효율적인 알고리즘도 알고리즘이므로, 반드시 "효율적인 알고리즘만이 알고리즘이다."라고는 할 수 없다.

2.2 최초의 알고리즘

가장 오래된 알고리즘은 기원전 300년경에 만들어진 유클리드(Euclid)의 최대공약수를 찾는 알고리즘이다. 최대공약수는 2개 이상의 자연수의 공약수들 중에서 가장 큰 수이다.

핵심아이디어

유클리드는 2개의 자연수의 최대공약수는 큰 수에서 작은 수를 뺀 수와 작은 수와의 최대공약수와 같다는 성질을 이용하여 최대공약수를 찾았다. 예를 들어, 24와 14의 최대공약수는 24−14 = 10과 작은 수 14와의 최대공약수와 동일하다. 유클리드는 이 과정을 반복하여 최대공약수를 다음과 같이 계산하였다. 단, 최대공약수$(a, 0) = a$이다.

최대공약수(24, 14)

= 최대공약수(24−14, 14) 　　= 최대공약수(10, 14)

= 최대공약수(14−10, 10) 　　= 최대공약수(4, 10)

= 최대공약수(10−4, 4) 　　= 최대공약수(6, 4)

= 최대공약수(6−4, 4) 　　= 최대공약수(2, 4)

= 최대공약수(4−2, 2) 　　= 최대공약수(2, 2)

= 최대공약수(2−2, 2) 　　= 최대공약수(2, 0) = 2

유클리드의 최대공약수 알고리즘에서 뺄셈 대신에 나눗셈을 사용하면 매우 빠르게 해를 찾는다.

알고리즘

다음은 나눗셈을 이용한 유클리드의 최대공약수 알고리즘이다.

```
Euclid(a, b)
입력: 정수 a, b; 단, a ≧ b ≧ 0
출력: 최대공약수(a, b)
1    if (b=0) return a
2    return Euclid(b, a mod b)
```

- Line 1에서는 두 번째 숫자인 b가 0이면 큰 수인 a를 최대공약수로 리턴한다.
- Line 2에서는 b가 0이 아니면, 작은 수 b와 $a \bmod b$, 즉, a를 b로 나눈 나머지를 가지고 순환 호출한다.

예제 따라
이해하기

최대공약수(24, 14)에 대해서 Euclid 알고리즘이 수행되는 과정을 살펴보자. 처음에 Euclid(24, 14)가 호출된다.

- Line 1에서는 b=14이므로 if−조건이 '거짓'이 된다.
- Line 2에서는 Euclid(14, 24 mod 14) = Euclid(14, 10)이 호출된다.
- Line 1에서는 b=10이므로 if−조건이 '거짓'이 된다.
- Line 2에서는 Euclid(10, 14 mod 10) = Euclid(10, 4)가 호출된다.
- Line 1에서는 b=4이므로 if−조건이 '거짓'이 된다.
- Line 2에서는 Euclid(4, 10 mod 4) = Euclid(4, 2)가 호출된다.
- Line 1에서는 b=2이므로 if−조건이 '거짓'이 된다.
- Line 2에서는 Euclid(2, 4 mod 2) = Euclid(2, 0)이 호출된다.
- Line 1에서는 b=0이므로 if−조건이 '참'이 되어 a=2를 최종적으로 리턴한다.

2.3 알고리즘의 표현 방법

알고리즘의 형태는 단계별 절차이므로, 마치 요리책의 요리를 만드는 절차와 유사하다. 알고리즘의 각 단계는 보통 말로 서술할 수 있으며, 컴퓨터 프로그래밍 언어로만 표현할 필요는 없다. 그러나 일반적으로 알고리즘은 프로그래밍 언어와 유사한 의사 코드(pseudo code)[4]로 표현된다. 예를 들어, 1.1절에서 설명한 최대 숫자 찾기 문제를 위한 알고리즘을 살펴보자.

---

4) 의사 코드란 '가짜' 코드로서 컴퓨터에서 수행되지 않으나, 컴퓨터에서 수행되는 프로그래밍 언어로 된 '진짜' 코드와 유사하게 표현되어 그렇게 이름 지어 부른다.

보통 말로 표현된 알고리즘

1	첫 카드의 숫자를 읽고 머릿속에 기억해 둔다.
2	다음 카드의 숫자를 읽고, 그 숫자를 머릿속의 숫자와 비교한다.
3	비교 후 큰 숫자를 머릿속에 기억해 둔다.
4	다음에 읽을 카드가 남아 있으면 line 2로 간다.
5	머릿속에 기억된 숫자가 최대 숫자이다.

Line 4에서는 다음에 읽을 카드가 남아 있으면 line 2로 가고, 더 이상 읽을 카드가 없으면 (아무 지시가 없더라도) 다음 단계, 즉 line 5를 수행한다.

의사 코드로 표현된 알고리즘
배열 A에 10개의 숫자가 있다고 가정하자.

```
1    max = A[0]
2    for i = 1 to 9
3        if (A[i] > max)  max = A[i]
4    return max
```

위의 두 표현은 보기에 매우 다르다. 알고리즘이 매우 간단하면 보통 말로도 표현하기 쉬우나, 복잡하면 말로 설명하기에는 매우 큰 어려움이 따른다. 그래서 대부분의 경우 알고리즘은 의사 코드로 표현된다. 이외에도 플로차트(flow chart) 형태로 알고리즘을 표현하기도 하나, 이 역시 매우 제한적으로 사용된다.

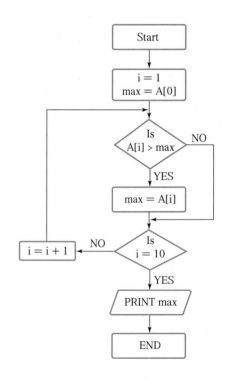

2.4 알고리즘의 분류

알고리즘은 문제의 해결 방식에 따라 다음과 같이 분류된다.

- 분할 정복(Divide-and-Conquer) 알고리즘(제3장)
- 그리디(Greedy) 알고리즘(제4장)
- 동적 계획(Dynamic Programming) 알고리즘(제5장)
- 근사(Approximation) 알고리즘(제8장)
- 백트래킹(Backtracking) 기법(제9장)
- 분기 한정(Branch-and-Bound) 기법(제9장)

그 외에도 확률 개념이 사용되는 랜덤(Random) 알고리즘, 특정 환경에서 제기되는 문제들을 해결하는 병렬(Parallel) 알고리즘, 분산(Distributed) 알고리즘, 양자(Quantum) 알고리즘 등이 있다. 또한 최적해를 탐색하는 유전자(Genetic) 알고리즘[5] (제9장)도 있다.

문제를 해결하는 방식은 문제의 속성과 밀접한 관계가 있으므로, 어떤 문제는 분할 정복 알고리즘이 더 효율적이고, 또 어떤 문제를 해결하는 데는 그리디 알고리즘이나 다른 방법이 더 나을 수도 있다.

또한 모든 문제가 위에서 분류된 방식의 알고리즘들로만 해결되는 것은 아니며, 이름 지어지지 못하는 알고리즘들도 다수 존재한다. 이 알고리즘들은 서로 유사한 성격을 지니지 못하므로 따로 분류하여 명명하기가 어렵고, 세분화하기에는 너무 다양하다. 그러나 해결 방식에 의한 분류 외에도 문제에 기반을 두어 알고리즘을 분류하기도 하는데, 그 예로 정렬 알고리즘(제6장), 그래프(Graph) 알고리즘, 기하(Geometry) 알고리즘 등을 들 수 있다.

---

[5] 유전자 알고리즘은 여행자 문제(Traveling Salesman Problem)와 같은 최적화 문제를 해결하는 데 사용된다.

2.5 알고리즘의 효율성 표현

알고리즘의 효율성은 알고리즘의 수행 시간 또는 알고리즘이 수행하는 동안 사용되는 메모리 공간의 크기로 나타낼 수 있다. 이들을 각각 시간복잡도(time complexity), 공간복잡도(space complexity)라고 한다. 일반적으로 알고리즘들을 비교할 때에는 시간복잡도가 주로 사용된다.[6]

알고리즘을 프로그램으로 구현해서 이를 컴퓨터에서 실행시켜 수행된 시간을 측정할 수도 있다. 그러나 실제로 측정된 시간은 알고리즘을 수행하는 데 여러 가지 변수가 있으므로, 알고리즘의 효율성을 객관적으로 평가하기 어렵다. 왜냐하면 어떤 컴퓨터에서 수행시켰는지, 어떤 프로그래밍 언어를 사용했는지, 얼마나 숙련된 프로그래머가 프로그램을 작성했는지 등에 따라 실제 수행 시간은 달라질 수밖에 없기 때문이다.

따라서 시간복잡도는 알고리즘이 수행하는 기본적인 연산 횟수를 입력 크기에 대한 함수로 표현한다. 예들 들어, 10장의 숫자 카드 중에서 최대 숫자를 찾는데, 순차탐색으로 찾는 경우에 숫자 비교가 기본적인 연산이고, 총 비교 횟수는 9이다. 만약 n장의 카드가 있다면, $(n-1)$번의 비교를 수행하므로, $(n-1)$이 시간복잡도가 된다.

알고리즘의 복잡도를 표현하는 데는 다음과 같은 분석 방법들이 있다.

- 최악 경우 분석(worst case analysis)
- 평균 경우 분석(average case analysis)
- 최선 경우 분석(best case analysis)

일반적으로 최악 경우 분석으로 알고리즘의 복잡도를 나타낸다. 최악 경우 분석은 '어떤 입력이 주어지더라도 얼마 이상을 넘지 않는다' 라는 표현이다. 평균 경우 분석은 입력의 확률 분포를 가정하여 분석하는데, 대부분의 경우 균등 분포(uniform distribution)를 가정한다. 즉, 입력이 무작위로 주어진다고 가정하는 것이다. 평균 경우 분석은 3.2절과 3.3절에서 살펴본다. 최선 경우 분석은 거의 사용

---

6) 알고리즘이 수행되는 동안에 사용되는 메모리 크기는 극히 제한적인 문제(예를 들면, 합병 정렬)에서나 그 중요성이 강조된다.

되지 않으나, 최적(optimal) 알고리즘[7]을 고안하는 데 참고 자료로서 활용되기도 한다.

각각의 분석에 대한 이해를 돕기 위해 다음과 같은 상황을 생각해보자. 철수는 매일 지하철을 타고 학교에 간다. 집에서 지하철역까지는 6분이 걸리고, 지하철을 타면 학교 (근처) 역까지 20분이 걸리고, 강의실까지는 10분이 걸린다고 가정하자.

이때 최선 경우는 철수가 집을 나와서 6분 후 지하철역에 도착하고, 운이 좋게 바로 열차를 탄 경우이다. 따라서 최선 경우 시간은 6 + 20 + 10 = 36분이다.

반면에, 최악 경우는 역에 도착하여 승차하려는 순간, 열차의 문이 닫혀서 다음 열차를 기다려야 하는 경우이다. 그리고 다음 열차가 4분 후에 도착한다고 가정하면, 최악 경우 소요되는 시간은 36 + 4 = 40(분)이다.

---

7) 최적 알고리즘이란 주어진 문제의 하한(lower bound)과 같은 복잡도를 가진 알고리즘을 일컫는다. 즉, 최적 알고리즘보다 성능이 우수한 알고리즘은 없다.

평균 시간은 최악과 최선의 중간이라 가정하면 36 + 2 = 38(분)이 된다.

따라서 "늦어도 40분이면 간다."라고 말하면, 이는 최악 경우를 뜻한다. 이와 같이 알고리즘의 시간복잡도도 대부분 최악의 경우로 나타낸다. 왜냐하면 대부분의 알고리즘이 입력에 따라서 그 수행 시간이 다를 수 있기 때문이다.

2.6 복잡도의 점근적 표기

시간(또는 공간)복잡도는 입력 크기에 대한 함수로 표기하는데, 이 함수는 주로 여러 개의 항을 가지는 다항식이다. 그래서 이를 단순한 함수로 표현하기 위해 점근적 표기(asymptotic notation)를 사용한다. 이는 입력 크기 n이 무한대로 커질 때의 복잡도를 간단히 표현하기 위해 사용하는 표기법이다.

단순한 함수로 변환하는 예를 들면, $3n^3-15n^2+10n-18$을 n^3으로, $2n^2-8n+3$을 n^2으로, $4n+6$을 n으로 단순화시킨다. 이 예제들에서의 공통점은 다항식의 최고 차항만을 계수 없이 취한 것이다. 이 단순화된 식에 상한, 하한, 동일한 증가율과 같은 개념을 적용하여, 다음과 같이 점근적 표기를 사용한다.[8]

---

8) o(small-oh) 표현과 ω(small-omega) 표현이 있으나, 이들은 매우 제한적으로 사용된다.

- O(Big-Oh)-표기
- Ω(Big-Omega)-표기
- θ(Theta)-표기

O-표기는 복잡도의 점근적 상한을 나타내고, Ω-표기는 복잡도의 점근적 하한을 나타내며, θ-표기는 복잡도의 상한과 하한이 동시에 적용되는 경우를 나타낸다.

O-표기가 복잡도의 점근적 상한이라는 뜻을 예제를 통하여 이해하여 보자. 복잡도가 $f(n) = 2n^2-8n+3$이라면, $f(n)$의 O-표기는 $O(n^2)$이다. 먼저 $f(n)$의 단순화된 표현은 n^2이다. 그리고 상한 개념을 n이 증가함에 따라 부여하는 과정은 다음과 같다.

단순화된 함수 n^2에 임의의 상수 c를 곱한 cn^2이 n이 증가함에 따라 $f(n)$의 상한이 된다. 단, $c>0$

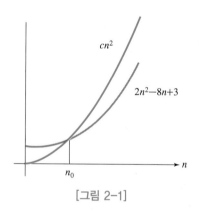

[그림 2-1]

[그림 2-1]에서 $c=5$일 때, $f(n) = 2n^2-8n+3$과 $5n^2$과의 교차점($n_0=1/3$)이 생기는데, 이 교차점 이후 모든 n에 대해, 즉 n이 무한대로 증가할 때, $f(n) = 2n^2-8n+3$은 $5n^2$보다 절대로 커질 수 없다. 따라서 $O(n^2)$이 $2n^2-8n+3$의 점근적 상한이 되는 것이다. 예제에서 c값을 5로 하였지만, 굳이 $c=5$가 아니더라도 교차점 이후 상한 관계를 만족하는 어떤 양수가 존재한다면 $f(n) = O(n^2)$으로 표기할 수 있다. 따라서 O-표기에는 c가 '숨겨져 있다'고 생각해도 좋다.

그러나 $f(n) \neq O(\log n)$, $f(n) \neq O(n)$, $f(n) \neq O(n\log n)$이다. 왜냐하면 O() 속의 $\log n$, n, $n\log n$ 각각에 대하여 어떠한 양의 상수 c를 선택하여도 $f(n) = 2n^2-$

$8n+3$보다 크게 만들 수 없기 때문이다. 즉, n이 무한대로 증가하는데 $c\log n > 2n^2-8n+3$, $cn > 2n^2-8n+3$, $cn\log n > 2n^2-8n+3$과 같은 관계들을 만족시키는 양의 상수 c가 존재하지 않는다.

반면에 $f(n) = O(n^3)$, $f(n) = O(2^n)$이다. 왜냐하면 $O()$ 속의 n^3, 2^n 각각에 대하여 1과 같거나 큰 양의 상수 c를 선택하면, $cn^3 > 2n^2-8n+3$, $c2^n > 2n^2-8n+3$과 같은 관계가 n이 무한대로 증가함에 따라 항상 성립하기 때문이다.

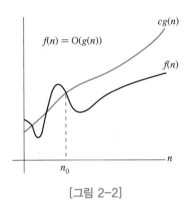

[그림 2-2]

[그림 2-2]는 복잡도 $f(n)$과 O-표기를 그래프로 나타내고 있다. n이 증가함에 따라 $O(g(n))$이 점근적 상한이라는 것 (즉, $cg(n)$이 n_0보다 큰 모든 n에 대해서 항상 $f(n)$보다 크다는 것)을 보여 준다. 그러나 O-표기의 정의를 만족하면서 차수가 가장 낮은 함수를 $g(n)$으로 선택하는 것이 원칙이다.

Ω-표기는 복잡도의 점근적 하한을 의미하는데, 예제를 통해서 그 의미를 이해하여 보자. $f(n) = 2n^2-8n+3$의 Ω-표기는 $\Omega(n^2)$이다. $f(n) = \Omega(n^2)$은 'n이 증가함에 따라 $2n^2-8n+3$이 cn^2보다 작을 수 없다' 라는 의미이다. 이때 상수 $c = 1$로 놓으면 된다.[9] O-표기 때와 마찬가지로, Ω-표기도 복잡도 다항식의 최고차항만 계수 없이 취하면 된다.

---

9) $n_0=8$ 이후의 모든 n에 대하여 $2n^2-8n+3$이 n^2보다 작을 수 없다.

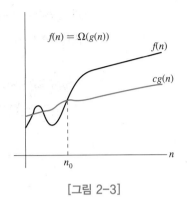

$$f(n) = \Omega(g(n))$$

[그림 2-3]

[그림 2-3]은 복잡도 $f(n)$과 Ω-표기를 그래프로 나타낸 것인데, n이 증가함에 따라 $\Omega(g(n))$이 점근적 하한이라는 것(즉, $cg(n)$이 n_0보다 큰 모든 n에 대해서 항상 $f(n)$보다 작다는 것)을 보여준다.

따라서 $f(n) = \Omega(\log n)$, $f(n) = \Omega(n)$, $f(n) = \Omega(n\log n)$은 각각 성립한다. 왜냐하면 $\Omega()$ 속의 $\log n$, n, $n\log n$ 각각에 대하여 어떤 양의 상수 c를 선택하여 $f(n) = 2n^2 - 8n + 3$보다 작게 만들 수 있기 때문이다. 즉, n이 무한대로 증가하는데 $c\log n < 2n^2 - 8n + 3$, $cn < 2n^2 - 8n + 3$, $cn\log n < 2n^2 - 8n + 3$과 같은 관계를 만족시킬 양의 상수 c가 있다는 뜻이다.

반면에 $f(n) \neq \Omega(n^3)$, $f(n) \neq \Omega(2^n)$이다. 왜냐하면 $\Omega()$ 속의 n^3, 2^n 각각에 대하여 어떤 상수 c를 선택하여도 $f(n) = 2n^2 - 8n + 3$보다 작게 만들 수 없기 때문이다. 즉, n이 증가함에 따라, $cn^3 < 2n^2 - 8n + 3$, $c2^n < 2n^2 - 8n + 3$과 같은 관계를 만족시킬 양의 상수 c가 존재하지 않는다.

θ-표기는 복잡도의 O-표기와 Ω-표기가 같은 경우에 사용한다. 따라서 $f(n) = 2n^2 - 8n + 3 = O(n^2)$, $f(n) = 2n^2 - 8n + 3 = \Omega(n^2)$이므로, $f(n) = \theta(n^2)$이다. 즉, '$f(n)$은 n이 증가함에 따라 n^2과 동일한 증가율을 가진다' 라는 의미이다. 따라서 $f(n) \neq \theta(n)$, $f(n) \neq \theta(n\log n)$, $f(n) \neq \theta(n^3)$, $f(n) \neq \theta(2^n)$이다. 그러나 Ω-표기의 정의를 만족하면서 차수가 가장 높은 함수를 $g(n)$으로 선택하는 것이 원칙이다.

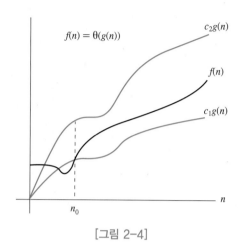

[그림 2-4]

[그림 2-4]는 복잡도 $f(n)$과 θ-표기의 관계를 그래프로 보여준다. 즉, n_0보다 큰 모든 n에 대해서 $f(n)$이 상한 $\theta(g(n))$과 하한 $\Omega(g(n))$을 동시에 만족한다는 것을 보여준다.

복잡도는 일반적으로 O-표기를 사용하여 표현하며, θ-표기와 혼용하기도 한다. 다음은 컴퓨터 분야에서 시간복잡도를 위해 자주 사용하는 O-표기들이다.

- $O(1)$ 상수 시간(constant time)
- $O(\log n)$ 로그(대수) 시간(logarithmic time)
- $O(n)$ 선형 시간(linear time)
- $O(n \log n)$ 로그 선형 시간(log-linear time)
- $O(n^2)$ 이차 시간(quadratic time)
- $O(n^3)$ 3차 시간(cubic time)
- $O(2^n)$ 지수 시간(exponential time)

상수 시간 $O(1)$은 입력 크기 n에 대하여 변하지 않는 일정한 시간이 걸린다는 뜻이다. 즉, n은 변수로서 커지더라도, 상수는 변하지 않는다는 의미이다. 그리고 일반적으로 k가 상수일 때, $O(n^k)$을 다항식 시간(polynomial time)이라고 일컫는다. [그림 2-5]는 자주 사용되는 O-표기들의 관계를 예를 들어 보이고 있다.

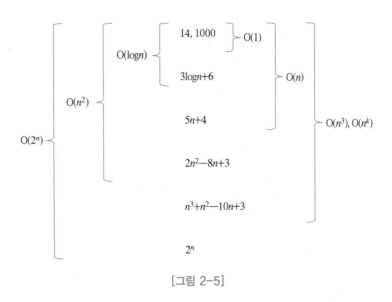

[그림 2-5]

2.7 왜 효율적인 알고리즘이 필요한가?

동일한 문제를 해결하는 여러 개의 알고리즘이 있을 때, 왜 효율적인 알고리즘이 중요한지를 살펴보자. 〈표 2-1〉은 2개의 정렬 알고리즘을 실제 PC와 슈퍼컴퓨터에서 입력 크기를 변화시켜가며 수행시간을 측정한 결과이다.

〈표 2-1〉

$O(n^2)$	1,000	1백만	10억
PC	〈1초	2시간	300년
슈퍼컴	〈1초	1초	1주일

$O(n\log n)$	1,000	1백만	10억
PC	〈1초	〈1초	5분
슈퍼컴	〈1초	〈1초	〈1초

10억 개의 숫자를 정렬하는데 PC에서 $O(n^2)$ 알고리즘은 300여 년이 걸리는 반면에 $O(n\log n)$ 알고리즘은 5분 만에 정렬한다. 입력 크기가 작으면 어느 알고리즘을 사용해도 비슷한 수행 시간이 걸리나, 입력이 커지면 커질수록 그 차이는 더욱 더 커진다. 따라서 효율적인 알고리즘은 슈퍼컴퓨터보다 더 큰 가치가 있다고 말할 수 있다. 즉, 값비싼 하드웨어의 기술 개발보다 효율적인 알고리즘 개발이 훨씬 더 경제적이라고 할 수 있다.

요약

- 알고리즘이란 문제를 해결하는 단계적 절차 또는 방법이다.

- 알고리즘의 일반적인 특성
  - 정확성: 주어진 입력에 대해 올바른 해를 주어여야 한다.
  - 수행성: 각 단계는 컴퓨터에서 수행 가능하여야 한다.
  - 유한성: 일정한 시간 내에 종료되어야 한다.
  - 효율성: 효율적일수록 그 가치가 높다.

- 최초의 알고리즘인 유클리드의 최대공약수 알고리즘은 '최대공약수는 큰 수에서 작은 수를 뺀 수와 작은 수와의 최대공약수와 같다'는 성질을 이용한다. 뺄셈 대신에 나눗셈을 사용하면 보다 빠르게 최대공약수를 찾을 수 있다.

- 문제의 해결 방식에 따른 알고리즘의 분류
  - 분할 정복(Divide-and-Conquer) 알고리즘(제3장)
  - 그리디(Greedy) 알고리즘(제4장)
  - 동적 계획(Dynamic Programming) 알고리즘(제5장)
  - 근사(Approximation) 알고리즘(제8장)
  - 백트래킹(Backtracking) 기법(제9장)
  - 분기 한정(Branch-and-Bound) 기법(제9장)

- 문제에 기반을 둔 알고리즘의 분류
  - 정렬 알고리즘(제6장)
  - 그래프 알고리즘
  - 기하 알고리즘

- 알고리즘은 일반적으로 의사 코드(pseudo code) 형태로 표현된다.

- 알고리즘의 효율성은 주로 시간복잡도(time complexity)가 사용된다.

- 시간복잡도는 알고리즘이 수행하는 기본적인 연산 횟수를 입력 크기에 대한 함수로 표현한다.

- 알고리즘의 복잡도 표현 방법
  - 최악 경우 분석(worst case analysis)

- 평균 경우 분석(average case analysis)
- 최선 경우 분석(best case analysis)
- 점근적 표기(asymptotic notation): 입력 크기 n이 무한대로 커질 때의 복잡도를 간단히 표현하기 위해 사용하는 표기법
- O(Big-Oh)-표기: 점근적 상한
- Ω(Big-Omega)-표기: 점근적 하한
- θ(Theta)-표기: 동일한 증가율

- 자주 사용되는 시간복잡도
  - O(1)   상수 시간(constant time)
  - O($\log n$)   로그(대수) 시간(logarithmic time)
  - O(n)   선형 시간(linear time)
  - O($n \log n$)   로그 선형 시간(log-linear time)
  - O(n^2)   이차 시간(quadratic time)
  - O(n^3)   3차 시간(cubic time)
  - O(n^k)   다항식 시간(polynomial time), k는 상수
  - O(2^n)   지수 시간(exponential time)

연습문제

1. 다음의 괄호 안에 알맞은 단어를 채워 넣어라.

   (1) 알고리즘이란 (   )을(를) 해결하는 (   ) 절차 또는 방법이다.

   (2) 알고리즘의 일반적인 특성에는 (   ), 수행성, (   ), 효율성이 있다.

   (3) 알고리즘은 일반적으로 (   ) 코드 형태로 표현된다.

   (4) 알고리즘의 효율성은 주로 (   )가 사용된다.

   (5) 알고리즘이 수행하는 (   ) 횟수를 (   ) 크기에 대한 함수로 표현한 것을 시간복잡도라고 한다.

   (6) 알고리즘의 복잡도 표현 방법에는 (   ) 경우 분석, (   ) 경우 분석, (   ) 경우 분석이 있다.

   (7) 입력 크기가 무한대로 커질 때의 복잡도를 간단히 표현하기 위해 사용하는 표기법을 (   ) 표기라고 한다.

   (8) O-표기는 점근적 (   )을 나타낸다.

   (9) Ω-표기는 점근적 (   )을 나타낸다.

   (10) θ-표기는 동일한 (   )을 나타낸다.

2. 다음은 알고리즘에 관한 설명이다. 다음 중 옳지 <u>않은</u> 것은?

   ① 알고리즘은 주어진 입력에 대해 올바른 해를 주어야 한다.

   ② 알고리즘의 각 단계는 컴퓨터에서 수행 가능하여야 한다.

   ③ 알고리즘은 유한 시간 내에 종료되어야 한다.

   ④ 알고리즘은 효율적일수록 그 가치가 높다.

   ⑤ 답 없음

3. 다음 중 알고리즘으로 해결할 수 <u>없는</u> 것은?

   ① 가장 작은 숫자와 가장 큰 숫자를 찾는 것

   ② 여러 점들 중에서 가장 가까운 두 점을 찾는 것

   ③ 가장 맛있는 라면 끓이기

   ④ 최단 경로 찾기

   ⑤ 답 없음

4. 다음은 알고리즘의 시간복잡도에 관한 설명이다. 다음 중 옳은 것은?

① 알고리즘이 실제 수행된 CPU 시간을 측정하여 시간복잡도를 계산한다.

② 최선 경우 시간복잡도는 특정 입력에 대한 것이므로 필요 없는 분석이다.

③ 알고리즘의 시간복잡도는 출력의 점근적인 표현이다.

④ 알고리즘이 수행하는 기본적인 연산 횟수를 입력 크기에 대한 함수로 표현한다.

⑤ 답 없음

5. 다음은 시간복잡도의 분석에 관한 것이다. 다음 중 옳지 <u>않은</u> 것은?

① 최선 경우 분석은 최적(optimal) 알고리즘을 고안하는데 참고 자료로서 활용되기도 한다.

② 평균 경우 분석은 입력의 확률 분포를 가정하여 분석하는데, 대부분의 경우 균등 분포를 가정한다.

③ 최악 경우 분석은 어떤 입력이 주어지더라도 얼마 이상을 넘지 않는다는 표현이다.

④ 중간 경우 분석은 모든 입력에 대해 중간 시간을 분석하며 이는 알고리즘 분석에 매우 중요한 지표로 사용된다.

⑤ 답 없음

6. 다음은 점근적 표기에 관한 것이다. 다음 중 옳지 <u>않은</u> 것은?

① O-표기는 점근적 상한을 나타낸다.

② Ω-표기는 점근적 하한을 나타낸다.

③ θ-표기는 동일한 증가율을 나타낸다.

④ Δ-표기는 증가율 차이를 나타낸다.

⑤ 답 없음

7. 만일 어떤 알고리즘의 수행시간이 $5n^3 + 4n^2(3n + n \log n)$일 때, 이를 O-표기로 옳게 나타낸 것은?

① $O(5n^3)$ ② $O(n^3)$ ③ $\Omega(n^3 \log n)$

④ $O(n^3 + n^2 \log n)$ ⑤ 답 없음

8. 다음에서 $\log(n!)$에 대한 가장 적절한 점근적 표기는?

① $O(\sqrt{n})$ ② $O(n)$

③ $\Omega(n\log n)$ ④ $\Theta(n\log\log n)$

⑤ 답 없음

9. 다음 중 맞는 것은?

① $n+\sqrt{n}=O(\sqrt{n}\log n)$ ② $n+\sqrt{n}=O(\sqrt{n})$

③ $n+\sqrt{n}=O(\log n)$ ④ $n+\sqrt{n}=O(\log^2 n)$

⑤ 답 없음

10. 다음 중 맞는 것은?

① $n^2=O(n^3)$ ② $n^2=O(n)$

③ $n^2=O(n\log n)$ ④ $n^2=O(\log n)$

⑤ 답 없음

11. 다음 중 틀리게 표현된 것은? 단, $\log n=\log_2 n$이다.

① $(\sqrt{2})^{\log n}=\Theta(\sqrt{n})$ ② $2^n=O(n!)$

③ $n^3=\Omega(5^{\log n})$ ④ $5^n+n^{10}=O(5^n)$

⑤ $n^{1/\log n}=\Omega(n^{0.2})$

12. 다음 중 어떤 함수가 n이 커질수록 가장 빨리 증가하는가?

① $n^{10}+2^n$ ② $n^{10}2^n$ ③ $n^8 3^n$ ④ $n^5 5^n$ ⑤ $n^3 2^{2n}$

13. 다음 3개의 점근적 표기에 대해 옳게 설명한 것은?

> (가) $3n^2+n^3=O(n^2)$
> (나) $3^n+n^3=\Omega(n^2)$
> (다) $3n^2+n^3=\Theta(n^2)$

① (가)만 옳은 표현이다.

② (나)만 옳은 표현이다.

③ (다)만 옳은 표현이다.

④ (가)와 (나)만 옳은 표현이다.

⑤ (나)와 (다)만 옳은 표현이다.

14. 다음 중 점근적 표기 관계가 옳은 것을 모두 고르라.

① $O(1) < O(\log n) < O(n \log n) < O(2^n)$

② $O(1) < O(n) < O(\log n) < O(n^2)$

③ $O(1) < O(n) < O(n \log n) < O(2^n)$

④ $O(1) < O(\log n) < O(n^2) < O(n \log n)$

⑤ $O(1) < O(\sqrt{n}) < O(\log n) < O(n \log n)$

15. 어느 알고리즘의 수행시간이 $O(n^2)$이다. 입력 크기 $n = k$일 때 이 알고리즘을 실제로 어떤 컴퓨터에서 수행시켜보니 40초가 걸렸다.

(1) 입력 크기가 2배이면, 즉 $n = 2k$일 때 이 알고리즘을 같은 컴퓨터에서 수행시켜보면 몇 초가 걸리는가?

① 20초   ② 40초   ③ 80초   ④ 160초   ⑤ 답 없음

(2) $n = 2k$일 때 이 알고리즘을 2배 빠른 컴퓨터에서 수행시켜보면 몇 초가 걸리는가?

① 10초   ② 20초   ③ 40초   ④ 80초   ⑤ 답 없음

(3) 이 알고리즘을 100배 빠른 컴퓨터에서 40초 동안 수행시킬 때 최대 입력 크기는?

① 10k   ② 20k   ③ 50k   ④ 100k   ⑤ 답 없음

16. 어떤 알고리즘을 입력 크기가 100일 때 실제로 어떤 컴퓨터에서 실행시켜보니 5초가 걸렸다.

(1) 이 알고리즘의 시간복잡도가 $T(n) = n^2$이라면 입력 크기가 200일 때 동일한 컴퓨터에서 이 알고리즘을 수행시키면 몇 초가 걸리는가?

① 10초   ② 20초   ③ 40초   ④ 80초   ⑤ 답 없음

(2) 이 알고리즘의 시간복잡도가 $T(n) = n^3$이라면 입력 크기가 200일 때 동일한 컴퓨터에서 이 알고리즘을 수행시키면 몇 초가 걸리는가?

① 10초   ② 20초   ③ 40초   ④ 80초   ⑤ 답 없음

17. 어떤 알고리즘을 입력 크기가 2일 때 실제로 어떤 컴퓨터에서 실행시켜보니 0.01초가 걸렸고, 입력 크기가 8일 때 40.96초 걸렸다.

(1) 이 알고리즘의 시간복잡도가 $T(n) = n^k$일 때 k값은?

   ① 1   ② 3   ③ 6   ④ 8   ⑤ 답 없음

(2) 이 알고리즘의 시간복잡도가 $T(n) = k^n$일 때 값은?

   ① 1   ② 2   ③ 3   ④ 4   ⑤ 답 없음

18. 다음은 순환 관계를 각각 O-표기로 표현한 것이다. 다음 중 옳지 <u>않은</u> 것을 모두 고르라.

① $T(n) = 9T\left(\dfrac{n}{3}\right) + n, \ T(1) = 1 \qquad \Rightarrow T(n) = O(n^2)$

② $T(n) = 3T\left(\dfrac{n}{5}\right) + n, \ T(1) = 1 \qquad \Rightarrow T(n) = O(n \log n)$

③ $T(n) = T\left(\dfrac{3n}{4}\right) + T\left(\dfrac{n}{4}\right) + n, \ T(1) = 1 \quad \Rightarrow T(n) = O(n \log n)$

④ $T(n) = 2T\left(\dfrac{n}{2}\right) + n^2, \ T(1) = 1 \qquad \Rightarrow T(n) = O(n^2)$

⑤ $T(n) = \sqrt{n}\,T(\sqrt{n}) + n, \ T(2) = 1 \qquad \Rightarrow T(n) = O(n \log\log n)$

19. 다음 함수에 대해 답하라.

```
function hello_printer(k)
    print("Hello"), print("Hello"), print("Hello")
    for i = 1 to k
        print("Hello"), print("Hello"), print("Hello"), print("Hello")
        for j = 1 to k−1
            print("Hello"), print("Hello")
    return
```

(1) 위의 함수가 $k = 2$일 때 "Hello"는 몇 번 출력되는가?

   ① 10   ② 11   ③ 12   ④ 13   ⑤ 답 없음

(2) 위의 함수가 $k = n$일 때 "Hello"가 몇 번 출력되는지를 n의 함수로 적절히 나타낸 것은? 단, n은 양의 정수이다.

   ① $2n^2 + 5$ ② $2n^2 + 4n + 3$

③ $2n^2 + 3n + 5$ ④ $2n^2 + 4n + 5$

⑤ 답 없음

20. 다음 함수에 대해 답하라. 단, $n = 2^k$, k는 음이 아닌 정수이다.

```
function hello_printer(a[1, n], n)
    print("Hello")
    if n = 0 return
    hello_printer(a[1, n/2], n/2)
    hello_printer(a[n/2+1, n], n/2)
```

(1) 배열 a의 크기가 4일 때 위의 함수가 호출되면 "Hello"는 몇 번 출력되는가?

① 6   ② 7   ③ 8   ④ 9   ⑤ 답 없음

(2) 위의 함수에 대해 "Hello"가 몇 번 출력되는지를 k의 함수로 적절히 나타낸 것은? 단, $n = 2^k$, k는 음이 아닌 정수이다.

① $2(k+1) - 1$ ② $2^k + 1$

③ $2^{k+1} - 1$ ④ $2^{k+1} + 1$

⑤ 답 없음

21. 다음의 중첩 for-루프에 대해 답하라.

```
for i = 1 to n
    for j = 1 to n
        if i + j <= n
            print("Hello")
```

(1) $n = 4$일 때 "Hello"는 몇 번 출력되는가?

① 3   ② 4   ③ 5   ④ 6   ⑤ 답 없음

(2) 위의 루프에 대해 "Hello"가 몇 번 출력되는지를 n의 함수로 적절히 나타낸 것은?

① $n - 2$ ② $2n - 2$

③ $n(n-1)/2$ ④ $n(n+1)/2$

⑤ 답 없음

22. 다음의 중첩 for-루프에 대해 답하라.

```
for i = 1 to n
    for j = 1 to n
        if i * j <= n
            print("Hello")
```

(1) $n = 4$일 때 "Hello"는 몇 번 출력되는가?

    ① 7   ② 8   ③ 10   ④ 12   ⑤ 답 없음

(2) 위의 루프에 대해 "Hello"가 몇 번 출력되는지를 n의 점근 표기법으로 가장 적절히 나타낸 것은?

    ① $O(n)$ ② $O(n \log n)$ ③ $\theta(n^2)$ ④ $\Omega(n^3)$ ⑤ 답 없음

23. 다음의 while-루프에 대해 답하라. 단, i / 2는 나눗셈 후 몫의 정수만을 취한다.

```
i = n
    while i > 0
        print("Hello")
        i = i / 2
```

(1) $n = 4$일 때 "Hello"는 몇 번 출력되는가?

    ① 1   ② 2   ③ 3   ④ 6   ⑤ 답 없음

(2) 위의 루프에 대해 "Hello"가 몇 번 출력되는지를 n의 점근 표기법으로 가장 적절히 나타낸 것은?

    ① $\theta(n)$ ② $O(\log n)$ ③ $\theta(n \log n)$ ④ $\Omega(n^2)$ ⑤ 답 없음

24. 다음 함수에 대해 답하라.

```
function fib(n)
    if n <= 0
        return 1
    return fib(n−1) + fib(n−2)
```

(1) 위의 함수가 $n = 3$일 때, 즉 fib(3)이 호출되면 함수가 최종적으로 반환하는 값은?

    ① 5   ② 6   ③ 7   ④ 8   ⑤ 답 없음

(2) 위의 함수의 시간복잡도를 가장 적절히 나타낸 것은?

    ① $\theta(n)$ ② $O(n \log n)$ ③ $\theta(n^2)$ ④ $O(2^n)$ ⑤ 답 없음

25. $T(n) = 6T\left(\dfrac{n}{4}\right) + n^{1.5}$을 부록의 마스터 정리를 이용하여 O-표기로 나타내라. 단, $T(1) = 1$이다.

26. $T(n) = 5T\left(\dfrac{n}{5}\right) + n^2$을 부록의 마스터 정리를 이용하여 O-표기로 나타내라. 단, $T(1) = 1$이다.

27. $T(n) = 9T\left(\dfrac{n}{3}\right) + n^2$을 부록의 마스터 정리를 이용하여 O-표기로 나타내라. 단, $T(1) = 1$이다.

28. $T(n) = 4T\left(\dfrac{n}{2}\right) + n^2$을 부록의 마스터 정리를 이용하여 O-표기로 나타내라. 단, $T(1) = 1$이다.

29. $T(n) = 4T\left(\dfrac{n}{2}\right) + n$을 부록의 마스터 정리를 이용하여 O-표기로 나타내라. 단, $T(1) = 1$이다.

30. $T(n) = 8T\left(\dfrac{n}{2}\right) + n \log n$을 부록의 마스터 정리를 이용하여 O-표기로 나타내라. 단, $T(1) = 1$이다.

31. 다음의 순환 관계에 대해 부록의 귀납법을 이용하여 O-표기로 나타내라. 단, $T(1) = 1$이다.

$$T(n) = 2T\left(\frac{n}{2}\right) + n,\ n > 1$$

32. 다음의 순환 관계에 대해 부록의 귀납법을 이용하여 O-표기로 나타내라. 단, $T(0) = 0$, $T(1) = 1$이다.

$$T(n) = T(n-1) + n, \ n > 1$$

33. 다음의 순환 관계에 대해 부록의 귀납법을 이용하여 O-표기로 나타내라. 단, $T(n) = 1$, $n \leq 5$이다.

$$T(n) = T\left(\frac{n}{2}\right) + T\left(\frac{n}{4}\right) + n$$

34. 360과 96의 최대공약수를 나눗셈을 이용한 유클리드 알고리즘으로 구하라.

35. 유클리드의 최대공약수 mod 연산 알고리즘의 시간복잡도를 O-표기로 표현하라.

36. 최대 숫자 찾기 알고리즘을 플로차트로 표현하라.

37. 유클리드의 최대공약수 알고리즘을 플로차트로 표현하라.

38. 임의의 숫자를 찾기 위한 순차탐색을 의사 코드로 표현하라.

39. 정렬된 숫자들에서 임의의 숫자를 찾기 위한 보간탐색(Interpolation Search)을 의사 코드로 표현하라.

40. 정렬된 숫자들에서 임의의 숫자를 찾기 위한 이진탐색 알고리즘을 의사 코드로 표현하라.

41. 한붓그리기 문제를 해결하는 알고리즘을 의사 코드로 표현하라.

42. 분할 정복(Divide-and-Conquer) 알고리즘을 적용할 수 있는 문제들을 조사하라.

43. 그리디(Greedy) 알고리즘을 적용할 수 있는 문제들을 조사하라.

44. 동적 계획(Dynamic Programming) 알고리즘을 적용할 수 있는 문제들을 조사하라.

45. 근사(Approximation) 알고리즘을 적용할 수 있는 문제들을 조사하라.

46. 랜덤(Random) 알고리즘을 적용할 수 있는 문제들을 조사하라.

47. 정렬 문제를 해결하는 알고리즘들을 조사하라.

48. 그래프 문제에는 어떤 문제들이 있는지 조사하라.

49. 기하 문제에는 어떤 문제들이 있는지 조사하라.

50. 최대 숫자 찾기 알고리즘의 시간복잡도를 구하라. 단, n개의 숫자가 있다고 가정하라.

51. 임의의 숫자를 찾기 위한 순차탐색의 최악 경우 시간복잡도를 구하라. 단, n개의 숫자가 있다고 가정하라.

52. 임의의 숫자를 찾기 위한 순차탐색의 평균 경우 시간복잡도를 구하라. 단, n개의 숫자가 있다고 가정하라.

53. 임의의 숫자를 찾기 위한 순차탐색의 최선 경우 시간복잡도를 구하라. 단, n개의 숫자가 있다고 가정하라.

54. n개의 정렬된 숫자에서 임의의 숫자를 찾기 위한 보간탐색의 최악의 경우 시간복잡도를 구하라.

55. n개의 정렬된 숫자에서 임의의 숫자를 찾기 위한 보간탐색의 최선/평균 경우 시간복잡도를 구하라.

56. n개의 정렬된 숫자에서 임의의 숫자를 찾기 위한 이진탐색의 최악의 경우 시간복잡도를 구하라.

57. n개의 정렬된 숫자에서 임의의 숫자를 찾기 위한 이진탐색 알고리즘의 평균 경우 시간복잡도를 구하라.

58. 한붓그리기 알고리즘의 최악 경우 시간복잡도를 구하라. 단, 그래프의 정점의 수는 n이고, 간선의 수는 m이다.

59. 다음의 함수를 각각 O-표기로 나타내라.

> $10000, \quad 4\log n - 9, \quad 6n - 1000, \quad 2n\log n + 3n + \log n - 7, \quad 5n^2 + 9n - 15,$
>
> $3n^3 + 5n - 7n + 16, \quad 6n^9 + 2n^7 - n^6 + 2n + 1, \quad 2^n + n^{15} + n^4 - 3$

분할 정복 알고리즘

Contents

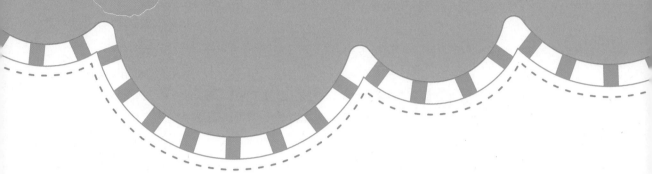

CHAPTER
03 분할 정복 알고리즘

분할 정복(Divide-and-Conquer) 알고리즘이란 주어진 문제의 입력을 분할하여 문제를 해결(정복)하는 방식의 알고리즘이다. 분할된 입력에 대하여 동일한 알고리즘을 적용하여 해를 계산하며, 이들의 해를 취합하여 원래 문제의 해를 얻는다. 여기서 분할된 입력에 대한 문제를 부분문제(subproblem)라고 하고, 부분문제의 해를 부분해라고 한다. 부분문제는 더 이상 분할할 수 없을 때까지 계속 분할한다.

크기가 n인 입력을 3개로 분할하고, 각각 분할된 부분문제의 크기가 $n/2$이라고 하면, [그림 3-1]과 같이 문제가 분할된다.

[입력 크기]

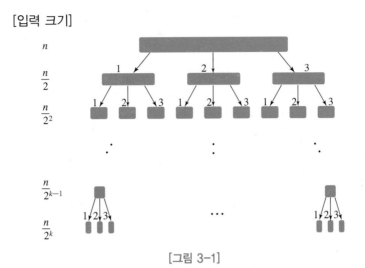

[그림 3-1]

앞의 분할 과정은 처음에 주어진 문제가 3개의 부분문제로 분할되고, 각각의 입력 크기는 반(즉, $n/2$)이 된다. 두 번 분할되면 각각의 부분문제가 다시 3개로 분할되고, 입력 크기는 반의 반(즉, $n/4=n/2^2$)이 된다. 이처럼 계속해서 입력 크기가 반씩 줄어들면, 입력 크기가 1이 되어 더 이상 분할할 수 없게 된다.

문제

입력 크기가 n일 때 총 몇 번 분할하여야 더 이상 분할할 수 없는 크기인 1이 될까?

답을 계산하기 위해서 분할한 총 횟수를 k라고 하자. [그림 3-1]의 [입력 크기]를 보면 1번 분할 후 각각의 입력 크기가 $n/2$이고, 2번 분할 후 각각의 입력 크기가 $n/2^2$이고, …, k번 분할 후 각각의 입력 크기가 $n/2^k$인 것을 확인할 수 있다. 따라서 입력 크기가 $n/2^k = 1$일 때 더 이상 분할할 수 없으므로, $k = \log_2 n$임을 알 수 있다.

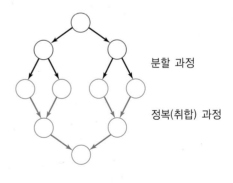

대부분의 분할 정복 알고리즘은 문제의 입력을 단순히 분할만 해서는 해를 구할 수 없다. 따라서 분할된 부분문제들을 정복해야 한다. 즉, 부분해를 찾아야 한다. 정복하는 방법은 문제에 따라 다르나 일반적으로 부분문제들의 해를 취합하여 보다 큰 부분문제의 해를 구한다.

분할 정복 알고리즘의 분류: 분할 정복 알고리즘은 분할되는 부분문제의 수와 부분문제의 크기에 따라서 다음과 같이 분류할 수 있다.

- 문제가 a개로 분할되고, 부분문제의 크기가 $1/b$로 감소하는 알고리즘
  - $a=b=2$인 경우, 합병 정렬(3.1절), 최근접 점의 쌍 찾기(3.4절), 공제선 문제 (연습문제 43)
  - $a=3$, $b=2$인 경우, 큰 정수의 곱셈(연습문제 26)
  - $a=4$, $b=2$인 경우, 큰 정수의 곱셈(연습문제 25)
  - $a=7$, $b=2$인 경우, 스트라센(Strassen)의 행렬 곱셈 알고리즘(연습문제 27)
- 문제가 2개로 분할되고, 부분문제의 크기가 일정하지 않은 크기로 감소하는 알고리즘: 퀵 정렬(3.2절)
- 문제가 2개로 분할되나, 그중에 1개의 부분문제는 고려할 필요 없으며, 부분문제의 크기가 $1/2$로 감소하는 알고리즘: 이진탐색(1.2절)
- 문제가 2개로 분할되나, 그중에 1개의 부분문제는 고려할 필요 없으며, 부분문제의 크기가 일정하지 않은 크기로 감소하는 알고리즘: 선택 문제 알고리즘(3.3절)
- 부분문제의 크기가 1, 2개씩 감소하는 알고리즘: 삽입 정렬(6.3절), 피보나치 수의 계산(3.5절) 등

3.1 합병 정렬

핵심아이디어

합병 정렬(Merge Sort)은 입력이 2개의 부분문제로 분할되고, 부분문제의 크기가 $1/2$로 감소하는 분할 정복 알고리즘이다. 즉, n개의 숫자들을 $n/2$개씩 2개의 부분문제로 분할하고, 각각의 부분문제를 순환적으로 합병 정렬한 후, 2개의 정렬된 부분을 합병하여 정렬(정복)한다. 즉, 합병 과정이 (문제를) 정복하는 것이다.

합병(merge)이란 2개의 각각 정렬된 숫자들을 1개의 정렬된 숫자들로 합치는 것이다. 다음은 원소들이 각각 정렬되어 있는 배열 A와 B가 합병되어 배열 C에 저장된 것을 보여주고 있다.

배열 A: 6 14 18 20 29

⇨ 배열 C: 1 2 6 14 15 18 20 25 29 30 45

배열 B: 1 2 15 25 30 45

알고리즘

다음은 분할 정복에 기반을 둔 합병 정렬 알고리즘이다.

MergeSort(A,p,q)	
입력: A[p]~A[q]	
출력: 정렬된 A[p]~A[q]	
1	if (p < q) { // 배열의 원소의 수가 2개 이상이면
2	k = $\lfloor(p+q)/2\rfloor$ // k=반으로 나누기 위한 중간 원소의 인덱스
3	MergeSort(A,p,k) // 앞부분 순환 호출
4	MergeSort(A,k+1,q) // 뒷부분 순환 호출
5	A[p]~A[k]와 A[k+1]~A[q]를 합병한다.
6	}

- Line 1에서는 정렬할 부분의 원소의 수가 2개 이상일 때에만 다음 단계가 수행되도록 한다. 만일 p=q(즉, 원소의 수가 1)이면, 그 자체로 정렬된 것이므로 line 2~5가 수행되지 않은 채 이전 호출했던 곳으로 리턴한다.
- Line 2에서는 정렬할 부분의 원소들을 1/2로 나누기 위해, k = $\lfloor(p+q)/2\rfloor$를 계산한다. 단, 원소의 수가 홀수인 경우, k는 소수점 이하를 버린 정수이다.
- Line 3~4에서는 MergeSort(A,p,k)와 MergeSort(A,k+1,q)를 순환 호출하여 각각 정렬한다.
- Line 5에서는 line 3~4에서 각각 정렬된 부분을 합병한다. 합병 과정의 마지막에는 임시 배열에 있는 합병된 원소들을 배열 A로 복사한다. 즉, 임시 배열 B[p]~B[q]를 A[p]~A[q]로 복사한다.

예제 따라
이해하기

[그림 3-2]는 입력 크기 *n*=8인 배열 A=[37, 10, 22, 30, 35, 13, 25, 24]에 대하여 MergeSort 알고리즘이 수행되는 과정을 보이고 있다. 원 속의 숫자들은 알고리즘이 수행된 순서를 나타낸다.

다음의 그림에서 분할하여 순환 호출하는 것은 line 3~4에서 수행되고, 합병은 line 5에서 수행된다.

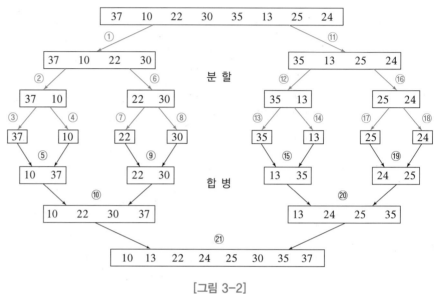

[그림 3-2]

시간복잡도
알아보기

합병 정렬의 시간복잡도를 [그림 3-2]를 통해 알아보자. 정렬의 시간복잡도는 일반적으로 숫자의 비교 횟수로 나타낸다. 이 그림에서 알고리즘이 수행한 비교 횟수를 모두 계산해보자. 단, 비교 횟수를 계산할 때, 수행 순서는 무시해도 된다. 그림에서는 분할과 합병을 모두 보여주고 있는데, 분할하는 부분은 배열의 중간 인덱스 계산과 2번의 순환 호출을 하는 것이므로 O(1) 시간이 걸린다.

반면에 합병을 하는 수행 시간은 입력의 크기에 비례한다. 즉, 2개의 정렬된 배열 A와 B의 크기가 각각 n과 m이라면, 최대 비교 횟수는 $(n+m-1)$이다. 왜냐하면 합병하는데 2개의 숫자를 1번 비교할 때마다, 하나의 '승자'(즉, 작은 숫자)가 탄생하고, 승자는 합병된 배열 C에 저장되기 때문이다. 따라서 배열 C에는 결국 배열 A와 B의 모든 $(n+m)$개의 숫자들이 저장되나, 가장 마지막에 저장되는 숫자는 비교할 숫자가 없으므로 최대 비교 횟수는 $(n+m-1)$이다. 즉, 합병의 시간복잡도는 O($m+n$)이다.

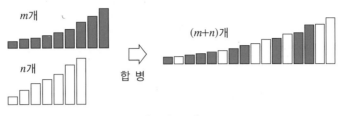

[그림 3-3]

합병 정렬에서 수행되는 총 비교 횟수는 각각의 합병에 대해서 몇 번의 비교가 수행되었는지를 계산하여 이들을 모두 합한 수이다. 그러나 이보다 쉬운 계산 방법은 [그림 3-4]에서 층별로 살펴보는 것이다.

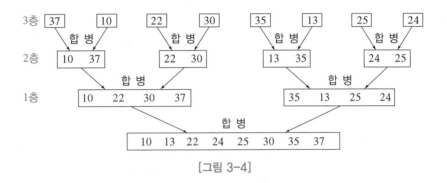

[그림 3-4]

[그림 3-4]에서 각 층을 살펴보면 모든 숫자(즉, n=8개의 숫자)가 합병에 참여하고 있다. 합병의 수행시간은 합병되는 입력 크기에 비례하므로 각 층에서 수행된 비교 횟수는 O(n)이다.[1] 그 다음에는 층 수를 세어보자. 8개의 숫자를 반으로, 반의 반으로, 반의 반의 반으로 나누었다. 이 과정을 통하여 3층이 만들어진 것이다. 그렇다면 입력의 크기가 n일 때에는 몇 개의 층이 만들어질까?

〈표 3-1〉

입력크기	예	층
n	8	
$n/2$	4	1층
$n/4 = n/2^2$	2	2층
$n/8 = n/2^3$	1	3층

---

1) 또한 합병 과정의 마지막에 임시 배열의 합병된 원소들을 배열 A(원래 입력이 저장된 배열)로 복사하는 시간을 살펴보면, 층마다 모든 n개의 원소가 복사되므로 이때 걸리는 시간도 O(n)이다. 따라서 각 층에서의 비교 횟수와 같은 복잡도이므로, 이 둘을 합하여도 각 층에서의 시간복잡도는 O(n)이다.

n을 계속하여 1/2로 나누다가, 더 이상 나눌 수 없는 크기인 1이 될 때 분할을 중단한다. 따라서 k번 1/2로 분할했으면 k개의 층이 생기는 것이고, k는 $n=2^k$으로부터 $\log_2 n$임을 알 수 있다.

결과적으로 합병 정렬의 시간복잡도는 (층수)×O(n) = $\log_2 n$×O(n) = O($n \log n$)이다.

대부분의 정렬 알고리즘들은 입력을 위한 메모리 공간과 O(1) 크기의 메모리 공간만을 사용하면서 정렬을 수행한다. O(1) 크기의 메모리 공간이란 입력 크기 n과 상관없는 크기의 공간(예를 들어, 변수, 인덱스 등)을 의미한다. 그러나 합병 정렬의 공간복잡도는 O(n)이다.[2] 즉, 입력을 위한 메모리 공간(입력 배열) 외에 추가로 입력과 같은 크기의 공간(임시 배열)이 별도로 필요하다. 이는 2개의 정렬된 부분을 하나로 합병하는 데 있어서, 합병된 결과를 저장할 곳이 필요하기 때문이다.

 응용

합병 정렬은 외부정렬의 기본이 되는 정렬 알고리즘이다. 연결 리스트에 있는 데이터를 정렬할 때에도 퀵 정렬이나 힙 정렬보다 훨씬 효율적이다. 또한 멀티코어(Multi-Core) CPU와 다수의 프로세서로 구성된 그래픽 처리 장치(Graphic Processing Unit)의 등장으로 정렬 알고리즘을 병렬화하는 데에 합병 정렬 알고리즘이 활용된다.

3.2 퀵 정렬

퀵 정렬(Quick Sort)은 분할 정복 알고리즘으로 분류되나, 사실 알고리즘이 수행되는 과정을 살펴보면 정복 후 분할하는 알고리즘이다. 퀵 정렬 알고리즘은 문제를 2개의 부분문제로 분할하는데, 각 부분문제의 크기가 일정하지 않은 형태의 분할 정복 알고리즘이다.

 핵심아이디어

퀵 정렬의 아이디어는 피봇(pivot)이라 일컫는 배열의 원소(숫자)를 기준으로 피봇보다 작은 숫자들은 왼편으로, 피봇보다 큰 숫자들은 오른편에 위치하도록 분할하고, 피봇을 그 사이에 놓는 것이다. 퀵 정렬은 분할된 부분문제들에 대하여

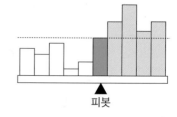
피봇

---

2) 합병 정렬을 입력 크기의 보조 배열 없이 O($n \log n$) 시간에 수행하는 알고리즘이 있으나, 알고리즘이 복잡하여 실제 사용되지 않는다.

서도 위와 동일한 과정을 순환적으로 수행하여 정렬한다.

단, 주의할 점은 피봇은 분할된 왼편이나 오른편 부분에 포함되지 않는다. [그림 3-5]에서, 만일 피봇이 60이라면, 60은 [20 40 10 30 50]과 [70 90 80] 사이에 위치하며, 부분문제 [20 40 10 30 50]이나 [70 90 80]에 포함되지 않는다.

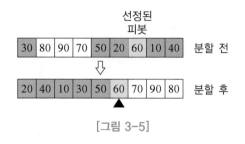

[그림 3-5]

알고리즘

다음은 퀵 정렬 알고리즘이다.

QuickSort(A, left, right)
입력: 배열 A[left]~A[right]
출력: 정렬된 배열 A[left]~A[right]
1 if (left < right) {
2   피봇을 A[left]~A[right] 중에서 선택하고[3], 피봇을 A[left]와 자리를 바꾼 후, 피봇과 배열의 각 원소를 비교하여 피봇보다 작은 숫자들은 A[left]~A[p−1]로 옮기고, 피봇보다 큰 숫자들은 A[p+1]~A[right]로 옮기며, 피봇은 A[p]에 놓는다.
3   QuickSort(A, left, p−1)   // 피봇보다 작은 그룹
4   QuickSort(A, p+1 right)   // 피봇보다 큰 그룹
   }

- Line 1에서는 배열 A의 가장 왼쪽 원소의 인덱스(left)가 가장 오른쪽 원소의 인덱스(right)보다 작으면, line 2~4에서 정렬을 수행한다. 만일 그렇지 않으면 left = right이므로, 더 이상 분할할 수 없는 크기, 즉 1개의 원소를 정렬하는 경우이다. 그러나 1개의 원소는 그 자체가 이미 정렬된 것이므로, line 2~4의 정렬 과정을 수행할 필요 없이 그대로 호출을 마친다.

- Line 2에서는 A[left]~A[right]에서 피봇을 선택하고, 배열 A[left+1]~A[right]의 원소들을 피봇과 각각 비교하여, 피봇보다 작은 그룹인 A[left]~A[p−1]과

---

3) 피봇을 선정하는 방법은 78쪽에서 상세히 설명한다.

피봇보다 큰 그룹인 A[p+1]~A[right]로 분할하고 피봇을 A[p]에 위치시킨다.
즉, p는 피봇이 위치하게 되는 배열 A의 인덱스이다.

● Line 3에서는 피봇보다 작은 그룹인 A[left]~A[p−1]을 순환적으로 호출한다.
● Line 4에서는 피봇보다 큰 숫자들은 A[p+1]~A[right]를 순환적으로 호출한다.

예제 따라
이해하기

다음의 예제에 대하여 QuickSort 알고리즘이 수행되는 과정을 살펴보자.

● QuickSort(A,0,11) 호출

0	1	2	3	4	5	6	7	8	9	10	11
6	3	11	9	12	2	8	15	18	10	7	14

피봇 A[6]=8이라고 가정하면, line 2에서 다음과 같이 차례로 원소들의 자리를
바꾼다. 먼저 피봇을 가장 왼쪽으로 이동시킨다.

0	1	2	3	4	5	6	7	8	9	10	11
8	3	11	9	12	2	6	15	18	10	7	14

그 다음에는 피봇보다 큰 수와 피봇보다 작은 수를 다음과 같이 각각 교환한다.

0	1	2	3	4	5	6	7	8	9	10	11
8	3	11	9	12	2	6	15	18	10	7	14

0	1	2	3	4	5	6	7	8	9	10	11
8	3	7	6	2	12	9	15	18	10	11	14

마지막으로 피봇을 A[4]로 옮기기 위해 A[0]과 교환한다. 피봇을 A[4]로 이동
하는 이유는 피봇(즉, 8)보다 작으면서 가장 오른쪽에 있는 숫자(즉, 2)가 A[4]
에 있기 때문이다.

0	1	2	3	4	5	6	7	8	9	10	11
2	3	7	6	8	12	9	15	18	10	11	14

그리고 line 3에서 QuickSort(A,0,4−1) = QuickSort(A,0,3)이 호출되고, 그
다음 line 4에서 QuickSort(A,4+1,11) = QuickSort(A,5,11)이 호출된다.

● QuickSort(A,0,3) 호출

0	1	2	3
2	3	7	6

피봇 A[3]=6이라면, line 2에서 먼저 A[3]과 A[0]을 바꾼다.

0	1	2	3
6	3	7	2

그 다음에는 피봇보다 큰 수와 피봇보다 작은 수를 다음과 같이 교환한다.

0	1	2	3
6	3	7	2

 ⇨

0	1	2	3
6	3	2	7

마지막으로 피봇을 A[2]로 옮긴다.

0	1	2	3
2	3	6	7

그리고 line 3에서 QuickSort(A,0,2−1) = QuickSort(A,0,1)이 호출되고, 그 다음 line 4에서 QuickSort(A,2+1,3) = QuickSort(A,3,3)이 호출된다.

● QuickSort(A,0,1) 호출

0	1
2	3

● 피봇 A[1]=3이라면, line 2에서 다음과 같이 원소들의 자리를 바꾼다.

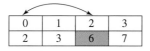

0	1
3	2

0	1
2	3

그리고 line 3에서 QuickSort(A,0,1−1) = QuickSort(A,0,0)이 호출되고, line 4에서 QuickSort(A,1+1,1) = QuickSort(A,2,1)이 호출된다.

● QuickSort(A,0,0) 호출: Line 1의 if-조건이 '거짓'이 되어서 알고리즘을 더 이상 수행하지 않는다.

● QuickSort(A,2,1) 호출: Line 1의 if-조건이 '거짓'이므로 알고리즘을 수행하지 않는다.

QuickSort(A,3,3)은 A[3] 자체로 정렬된 것이므로 QuickSort(A,0,3)이 다음과 같이 완성된다.

0	1	2	3
2	3	6	7

● 이후에 QuickSort(A,5,11)이 호출되어 QuickSort 알고리즘이 수행되는데, 이는 위의 과정과 유사하므로 연습문제로 남긴다.

시간복잡도 알아보기

퀵 정렬의 성능은 피봇 선택이 좌우한다. 피봇으로 가장 작은 숫자 또는 가장 큰 숫자가 선택되면, 한 부분으로 치우치는 분할을 야기한다.

다음 그림에 있는 예제는 피봇으로 항상 가장 작은 숫자가 선택되는 경우이다. 이 경우는 퀵 정렬의 최악의 경우들 중의 하나이다. 이때의 시간복잡도를 알아보기 위해 피봇이 다른 숫자들과 비교된 횟수를 세어보자.

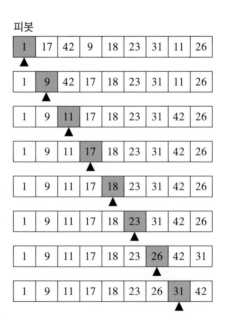

- 피봇 = 1일 때: 8회 – [17 42 9 18 23 31 11 26]과 각각 1회씩 비교
- 피봇 = 9일 때: 7회 – [42 17 18 23 31 11 26]과 각각 1회씩 비교
- 피봇 = 11일 때: 6회 – [17 18 23 31 42 26]과 각각 1회씩 비교
 ...
- 피봇=31일 때: 1회 – [42]와 1회 비교

따라서 총 비교 횟수는 8+7+6+⋯+1 = 36이다. 만일 입력의 크기가 n이라면, 퀵 정렬의 최악 경우 시간복잡도는 $(n-1)+(n-2)+(n-3)+\cdots+2+1 = n(n-1)/2 = O(n^2)$이다.

그렇다면 최선의 경우는 어떤 분할일까? 불균형의 상반되는 말인 '균형'이라는 것에서 힌트를 얻어 생각해 볼 때, 항상 1/2씩 분할한다면 최선의 경우가 될 것이다. 피봇이 입력을 2등분으로 분할하는 경우는 입력의 중앙값이 피봇으로 선택될 때이다. 이때의 시간복잡도를 다음의 그림을 통해 알아보자.[4]

각 층에서는 각각의 원소가 각 부분의 피봇과 1회씩 비교된다. 따라서 비교 횟수는 $O(n)$이다. 그러므로 총 비교 횟수는 $O(n)\times$(층수) = $O(n)\times(\log_2 n)$이다. 층수가 $\log_2 n$인 이유는 $n/2^k=1$일 때 $k=\log_2 n$이기 때문이다. 그러므로 퀵 정렬의 최선 경우 시간복잡도는 $O(n\log_2 n)$이다.

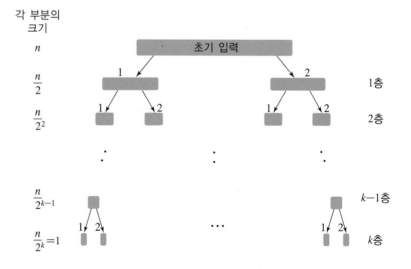

---

4) 그림에서는 피봇들은 생략되었고, 각 부분문제의 크기는 1/2 크기의 2개의 부분문제로 분할된다고 가정하였다.

피봇을 항상 랜덤하게 선택한다고 가정하면, 퀵 정렬의 평균 경우 시간복잡도를 계산할 수 있다. 이때의 시간복잡도도 역시 최선 경우와 동일하게 $O(n\log_2 n)$이다. 이에 대한 증명은 연습문제에서 다룬다.

피봇 선정 방법: 퀵 정렬의 불균형한 분할을 완화시키기 위해서, 일반적으로 다음과 같은 피봇 선정 방법이 사용된다.

● 랜덤하게 선정하는 방법

● 3 숫자의 중앙값으로 선정하는 방법(Median of Three): 가장 왼쪽 숫자, 중간 숫자, 가장 오른쪽 숫자 중에서 중앙값으로 피봇을 정한다. 다음의 예제를 보면, 31, 1, 26 중에서 중앙값인 26을 피봇으로 사용한다.

● 중앙값들 중의 중앙값(Median of Medians): 입력을 3등분하여 각 부분에서 3 숫자의 중앙값을 찾아서 3개의 중앙값에서 중앙값을 피봇으로 삼는다.

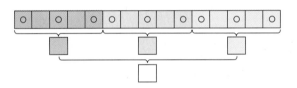

입력의 크기가 매우 클 때, 퀵 정렬의 성능을 더 향상시키기 위해서, 삽입 정렬이 동시에 사용되기도 한다. 입력의 크기가 작을 때에는 퀵 정렬이 삽입 정렬보다 빠르지만은 않다. 왜냐하면 퀵 정렬은 순환 호출로 수행되기 때문이다. 따라서 부분문제의 크기가 작아지면(예를 들어, 25에서 50이 되면), 더 이상의 분할(순환 호출)을 중단하고 삽입 정렬을 사용하는 것이다.

응용

퀵 정렬은 커다란 크기의 입력에 대해서 가장 좋은 성능을 보이는 정렬 알고리즘이다. 퀵 정렬은 실질적으로 어느 정렬 알고리즘보다 좋은 성능을 보인다. 또한 생물 정보 공학(Bioinformatics)에서 특정 유전자를 효율적으로 찾는 데 접미 배열(suffix array)과 함께 퀵 정렬이 활용된다.

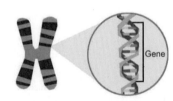

▶ 퀵 정렬은 특정 유전자를 찾는 데 활용된다.

3.3 선택 문제

선택(Selection) 문제는 n개의 숫자들 중에서 k번째로 작은 숫자를 찾는 문제이다. 선택 문제를 해결하기 위한 간단한 방법은 다음과 같다.

- 최소 숫자를 k번 찾는다. 단, 최소 숫자를 찾은 뒤에는 입력에서 그 숫자를 제거한다.
- 숫자들을 오름차순으로 정렬한 후, k번째 숫자를 찾는다.

그러나 위의 알고리즘들은 각각 최악의 경우 $O(kn)$과 $O(n \log n)$의 수행 시간이 걸린다. 여기서 $O(n \log n)$은 정렬의 시간복잡도이다. 이보다 효율적인 해결을 위해서, 분할 정복 개념을 활용해보자.

핵심아이디어

선택 문제는 숫자 찾기 문제이다. 따라서 임의의 숫자를 효율적으로 찾는 이진탐색(Binary Search)에서 아이디어를 찾아보자. 이진탐색은 정렬된 입력의 중간에 있는 숫자와 찾고자 하는 숫자를 비교함으로써, 입력을 1/2로 나눈 두 부분 중에서 한 부분만을 검색한다. 선택 문제는 입력이 정렬되어 있지 않으므로, 입력 숫자들 중에서 (퀵 정렬에서와 같이) 피봇을 선택하여 다음의 그림과 같이 분할한다. 단, 입력의 숫자들이 각각 다르다고 가정하자.

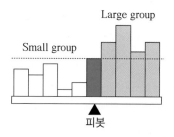
피봇

Small group은 피봇보다 작은 숫자의 그룹이고, Large group은 피봇보다 큰 숫자의 그룹이다. 이렇게 분할했을 때 알아야 할 것은 각 그룹의 크기, 즉 숫자의 개수이다. 각 그룹의 크기를 알면, k번째 작은 숫자가 어느 그룹에 있는지를 알 수 있고, 그 다음에는 그 그룹에서 몇 번째로 작은 숫자를 찾아야 하는지를 또한 알 수 있다.

- Small group에 k번째 작은 숫자가 속한 경우: k번째 작은 숫자를 Small group에서 찾는다.
- Large group에 k번째 작은 숫자가 있는 경우: $(k-|\text{Small group}|-1)$번째로 작은 숫자를 Large group에서 찾아야 한다. 여기서 |Small group|은 Small group에 있는 숫자의 개수이고, 1은 피봇에 해당된다.

선택 문제 알고리즘은 문제가 2개의 부분문제로 분할되나, 그중에 1개의 부분문제는 고려할 필요 없으며, 부분문제의 크기가 일정하지 않은 크기로 감소하는 형태의 분할 정복 알고리즘이다.

알고리즘

다음은 선택 문제를 위한 분할 정복 알고리즘이다.

	Selection(A, left, right, k)
	입력: A[left]~A[right]와 k, 단, 1 ≦ k ≦ |A|, |A|=right−left+1
	출력: A[left]~A[right]에서 k번째 작은 원소
1	피봇을 A[left]~A[right]에서 랜덤하게 선택하고, 피봇과 A[left]의 자리를 바꾼 후, 피봇과 배열의 각 원소를 비교하여 피봇보다 작은 숫자는 A[left]~A[p−1]로 옮기고, 피봇보다 큰 숫자는 A[p+1]~A[right]로 옮기며, 피봇은 A[p]에 놓는다.
2	S = (p−1)−left+1 // S = Small group의 크기
3	if (k ≤ S) Selection(A, left, p−1, k) // Small group에서 찾기
4	else if (k = S +1) return A[p] // 피봇 = k번째 작은 숫자
5	else Selection(A, p+1 right, k−S−1) // large group에서 찾기

- Line 1은 피봇을 랜덤하게 선택하는 것을 제외하고는 퀵 정렬 알고리즘의 line 2와 동일하다.
- Line 2에서는 입력을 두 그룹으로 분할한 후, A[p]가 피봇이 있는 곳이기 때문에 Small group의 크기를 알 수 있다. 즉, Small group의 가장 오른쪽 원소의 인덱스가 (p−1)이므로, Small group의 크기 S는 (p−1)−left+1이다.
- Line 3은 k번째 작은 수가 Small group에 속한 경우이므로 Selection(A, left, p−1, k)를 호출한다.
- Line 4는 k번째 작은 수가 피봇인 A[p]와 같은 경우이므로 해를 찾은 것이다.
- Line 5에서는 k번째 작은 수가 Large group에 속한 경우이므로 Selection(A, p+1, right, k−S−1)을 호출한다. 이때에는 (k−S−1)번째 작은 수를 Large group에서 찾아야 한다. 왜냐하면 피봇이 k번째 작은 수보다 작고, S는 Small

group의 크기이기 때문이다.

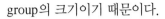

다음의 입력에서 k=7 번째 작은 숫자를 찾기 위해 Selection 알고리즘이 수행되는 과정을 살펴보자.

0	1	2	3	4	5	6	7	8	9	10	11
6	3	11	9	12	2	8	15	18	10	7	14

● 최초로 Selection(A,0,11,7)을 호출한다.
  k=7, left=0, right=11

Line 1에서 피봇 A[6]=8이라고 가정하면, 피봇이 A[0]에 오도록 A[0]과 A[6]을 서로 바꾼다.

0	1	2	3	4	5	6	7	8	9	10	11
8	3	11	9	12	2	6	15	18	10	7	14

그리고 다음과 같이 차례로 원소들이 자리를 서로 바꾼다. 이 과정은 퀵 정렬 알고리즘의 line 2의 수행 과정과 같다.

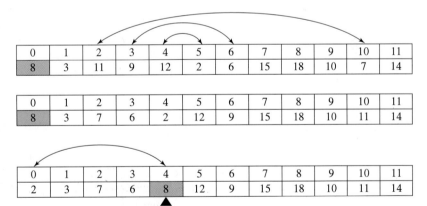

Line 2에서는 Small group의 크기를 계산한다. 즉, S = (p−1)−left+1 = (4−1)−0+1 = 4이다. 따라서 Small group에는 7번째 작은 수가 없고, line 4의 if-조건 (7=S+1) = (7=4+1) = (7=5)가 '거짓'이 되어, line 5에서 Selection (A, p+1,right,k−S−1) = Selection(A,4+1,11,7−4−1) = Selection (A,5,11,2)를 호출한다. 즉, Large group에서 2번째로 작은 수를 찾는다.

● Selection(A,5,11,2) 호출

  k=2, left=5, right=11

5	6	7	8	9	10	11
12	9	15	18	10	11	14

Line 1에서 피봇 A[11]=14라면, 피봇이 A[5]에 오도록 A[5]와 A[11]을 서로 바꾼다.

5	6	7	8	9	10	11
14	9	15	18	10	11	12

그리고 다음과 같이 차례로 원소들이 자리를 서로 바꾼다.

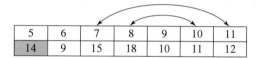

5	6	7	8	9	10	11
14	9	15	18	10	11	12

5	6	7	8	9	10	11
14	9	12	11	10	18	15

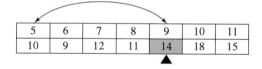

5	6	7	8	9	10	11
10	9	12	11	14	18	15

Line 2에서 Small group의 크기를 계산한다. 즉, S = (p−1)−left+1 = (9−1)−5+1 = 4이다. 따라서 k=2번째 작은 수를 찾아야 하므로 line 3의 if−조건인 (k ≤ S) = (2 ≤ 4)가 '참'이 되어 Selection(A,left,p−1,k) = Selection (A,5,9−1, 2) = Selection(A,5,8,2)를 호출한다. 즉, Small group에서 2번째로 작은 수를 찾으면 된다.

● Selection(A, 5, 8, 2) 호출

  k=2, left=5, right=8

5	6	7	8
10	9	12	11

Line 1에서 피봇 A[5]=10이라면, 피봇을 위한 원소 간 자리바꿈은 없으나, A[6]의 9가 피봇보다 작으므로 다음과 같이 된다.

5	6	7	8
10	9	12	11

5	6	7	8
9	10	12	11
	▲		

Line 2에서 Small group의 크기를 계산한다. 즉, S = (p−1)−left+1 = (6−1)−5+1 = 1이다. 따라서 k=2번째 작은 수를 찾아야 하고, line 3의 if−조건 (k ≤ S) = (2 ≤ 1)이 '거짓'이 되지만, line 4의 if−조건 (2=S+1) = (2=1+1) = (2=2)가 '참'이 되므로, 최종적으로 A[6]=10을 k=7번째 작은 수로서 해를 리턴한다.

Selection 알고리즘은 분할 정복 알고리즘이기도 하지만 랜덤(random) 알고리즘이기도 하다. 왜냐하면 Selection 알고리즘의 line 1에서 피봇을 랜덤하게 정하기 때문이다. 만일 피봇이 입력을 너무 한 쪽으로 치우치게 분할하면, 즉, |Small group| ≪ |Large group| 또는 |Small group| ≫ |Large group|일 때에는 알고리즘의 수행 시간이 길어진다.

선택 알고리즘이 호출될 때마다 line 1에서 입력이 한쪽으로 치우치게 분할될 확률은 마치 동전을 던질 때 한쪽 면이 나오는 확률과 같다. 따라서 이를 고려한 분석이 필요하다.

피봇이 입력을 Small group과 Large group으로 분할하고, 두 그룹 중의 하나의 크기가 입력 크기의 3/4과 같거나 그보다 크게 분할하면 bad(나쁜) 분할이라고 정의하자. good(좋은) 분할은 그 반대의 경우이다.

	3/4보다 같거나 크다
bad 분할	▓▓▓▓▓

good 분할	▓▓▓
3/4보다 작다	3/4보다 작다

다음의 예를 살펴보면 good 분할이 되는 피봇을 선택할 확률과 bad 분할이 되는 피봇을 선택할 확률이 각각 1/2로 동일함을 확인할 수 있다. 다음과 같이 16개의 숫자가 있다고 가정하자.

1 2 3 4 5 6 7 8 9 10 11 12 13 14 15 16

이 16개 숫자들 중에서 5~12 중의 하나가 피봇이 되면 good 분할이 된다. 예를 들어, 피봇이 5라면 [1 2 3 4]와 [6 7 8 9 10 11 12 13 14 15 16]으로 분할하여 Large group의 크기는 11인데, 이는 16의 3/4인 12보다 크지 않으므로 5는 good 분할을 한다. 이처럼 5~12 중에서 어느 숫자가 피봇으로 정해지더라도 한쪽 그룹의 크기가 12를 넘지 않으므로 good 분할이 된다.

반면에 1~4 또는 13~16 중 하나가 피봇으로 정해지면 bad 분할이 된다. 만일 피봇이 4라면 [1 2 3]과 [5 6 7 8 9 10 11 12 13 14 15 16]으로 분할되어 Large group의 크기는 12이고, 이는 16의 3/4인 12와 같으므로 bad 분할이 된다. 역시 1~3 또는 13~16 중 하나가 피봇으로 정해지면 한쪽 그룹의 크기가 12와 같거나 그보다 크므로 bad 분할이 된다.

앞의 예에서 확인하였듯이 16개 숫자 중에서 1/2인 8개는 good 분할, 나머지 1/2은 bad 분할을 야기하는 숫자들임을 알 수 있다. 이는 마치 동전을 던져서 앞면이 나올 확률이 1/2이고, 뒷면이 나올 확률이 1/2인 것과 같다. 이를 고려하여 Selection 알고리즘의 시간복잡도를 계산해보자.

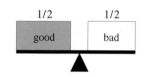

시간복잡도
알아보기

피봇을 랜덤하게 정했을 때 good 분할이 될 확률이 1/2이므로 평균 2회[5] 연속해서 랜덤하게 피봇을 정하면 good 분할을 할 수 있다. 즉, 매 2회 호출마다 good 분할이 되므로, good 분할만 연속하여 이루어졌을 때만의 시간복잡도를 구하여, 그 값에 2를 곱하면 평균 경우 시간복잡도를 얻을 수 있다.

● 처음 입력의 크기가 n일 때 피봇을 랜덤하게 정한 후 입력은 두 그룹으로 분할된다. 이 과정에 소요되는 시간은 $O(n)$이다. 분할 후 큰 부분의 최대 크기는 $(3/4n-1)$이다. 왜냐하면 good 분할만 일어난다고 가정하였기 때문이다. $(3/4n-1)$을 편의상 $3/4n$이라고 놓자.

_____

5) 앞면이 나올 때까지 동전을 평균 몇 회 연속적으로 던져야 하는 것인지를 계산하는 것과 동일하다.

1번째 good 분할

각각 $\frac{3}{4}$보다 작다

● 2번째 good 분할: 큰 부분의 크기는 $3/4n$이고, 이 부분을 랜덤 피봇으로 두 그룹으로 분할하면, 그 분할 시간은 $O(3/4n)$이고, 분할 후 큰 리스트의 최대 크기는 $(3/4)(3/4n) = (3/4)^2n$보다 작다.

2번째 good 분할

각각 $\left(\frac{3}{4}\right)^2$보다 작다

● 3번째 good 분할: 역시 크기가 $(3/4)^2n$인 부분을 랜덤 피봇으로 두 그룹으로 분할하는 데 걸리는 시간은 $O((3/4)^2n)$이다. 분할 후 큰 부분의 최대크기는 $(3/4)(3/4)^2n = (3/4)^3n$보다 작다.

3번째 good 분할

각각 $\left(\frac{3}{4}\right)^3$보다 작다

● i번째 good 분할: 크기가 $(3/4)^{i-1}n$인 부분을 랜덤 피봇으로 두 그룹으로 분할하는 데 걸리는 시간은 $O((3/4)^{i-1}n)$이다. 분할 후 큰 부분의 최대크기는 $(3/4)(3/4)^{i-1}n = (3/4)^in$보다 작다.

i번째 good 분할

각각 $\left(\frac{3}{4}\right)^i$보다 작다

즉, 입력 크기가 n에서부터 3/4배로 연속적으로 감소되고, 입력 크기가 1일 때에는 더 이상 분할할 수 없게 된다. 그러므로 Selection 알고리즘의 평균 경우 시간복잡도는 다음과 같다.

$$O[n + 3/4n + (3/4)^2n + (3/4)^3n + \cdots + (3/4)^{i-1}n + (3/4)^in] = O(n)$$

그러므로 Selection 알고리즘의 평균 경우 시간복잡도는 $2 \times O(n) = O(n)$이다. 여기서 2를 곱한 이유는 평균 2번 만에 good 분할이 되기 때문이다.

선택 알고리즘은 이진탐색과 매우 유사한 성격을 가지고 있다. 이진탐색은 분할 과정을 진행하면서 범위를 1/2씩 좁혀가며 찾고자 하는 숫자를 탐색하고, 선택 알고리즘도 피봇으로 분할하여 범위를 좁혀간다. 또한 이 알고리즘들은 부분문제들을 취합하는 과정이 별도로 필요 없다는 공통점을 가진다.

응용

선택 알고리즘은 정렬을 하지 않고 k번째 작은 수를 선형 시간에 찾을 수 있게 해준다. 따라서 선택 알고리즘은 데이터 분석을 위한 중앙값(median)을 찾는 데 활용된다. 데이터 분석에서 평균값도 유용하지만, 중앙값이 더 설득력 있는 데이터 분석을 제공하기도 한다. 예를 들어, 대부분의 데이터가 1이고, 오직 1개의 숫자가 매우 큰 숫자(노이즈(noise), 잘못 측정된 데이터)이면, 평균값은 매우 왜곡된 분석 결과를 가져다 줄 수 있다. 실제로 대학 졸업 후 바로 취업한 직장인의 연간 소득을 분석할 때에 평균값보다 중앙값이 더 의미 있는 분석 자료가 된다.

▶선택 알고리즘은 소득 자료 분석에 활용된다.

3.4 최근접 점의 쌍 찾기

문제

최근접 점의 쌍(Closest Pair)을 찾는 문제는 2차원 평면상의 n개의 점이 입력으로 주어질 때, 거리가 가장 가까운 한 쌍의 점을 찾는 문제이다.

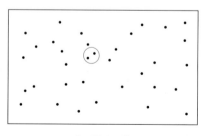

[그림 3-6]

[그림 3-6]에서 동그라미 내의 두 점이 최근접 점의 쌍이다. 최근접 점의 쌍을 찾는 가장 간단한 방법은 모든 점에 대하여 각각의 두 점 사이의 거리를 계산하여 가장 가까운 점의 쌍을 찾는 것이다. 예를 들어, 5개의 점이 [그림 3-7]처럼 주어지면, 1—2, 1—3, 1—4, 1—5, 2—3, 2—4, 2—5, 3—4, 3—5, 4—5 사이의 거리를 각각 계산하여 그중에 최소 거리를 가진 쌍을 찾으면 되는 것이다. 그러면 거리를 계산하여야 할 쌍은 총 몇 개인가?

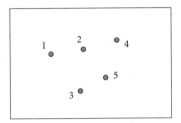

[그림 3-7]

답은 서로 다른 색의 구슬 5개 중에서 2개를 짝짓는 경우의 수와 동일하다. 즉, $_nC_2$ = $n(n-1)/2$개이다. $n = 5$이면, $5(5-1)/2 = 5 \times 4/2 = 20/2 = 10$개이다. 따라서 $n(n-1)/2 = O(n^2)$이고, 한 쌍의 거리 계산은 두 점 간의 거리 공식을 이용하면 O(1) 시간이 걸리므로, 이 간단한 방법의 시간복잡도는 $O(n^2) \times O(1) = O(n^2)$이다.

핵심아이디어

$O(n^2)$보다 효율적인 방법은 분할 정복을 이용하는 것이다. 즉, n개의 점을 1/2로 분할하여 각각의 부분문제에서 최근접 점의 쌍을 찾고, 2개의 부분해 중에서 짧은 거리를 가진 점의 쌍을 일단 찾는다. 그러나 2개의 부분해를 취합할 때에는 반드시 다음과 같은 경우를 고려해야 한다.

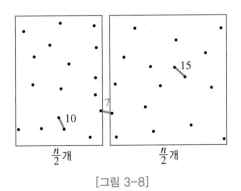

[그림 3-8]

[그림 3-8]을 보면 왼쪽 부분문제의 최근접 쌍의 거리가 10이고, 오른쪽 부분문제의 최근접 쌍의 거리가 15인데, 왼쪽 부분문제의 가장 오른쪽 점과 오른쪽 부분문제의 가장 왼쪽 점 사이의 거리가 7인 경우를 보여주고 있다. 따라서 2개의 부분문제의 해를 취합할 때 단순히 10과 15 중에서 짧은 거리인 10을 최근접 거리라고 할 수 없는 것이다. 그러므로 [그림 3-9]에서와 같이 각각 거리가 10 이내의 중간 영역 안에 있는 점들 중에 최근접 점의 쌍이 있는지도 확인해보아야 한다.

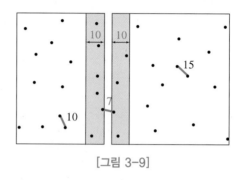

[그림 3-9]

다음은 배열에 점의 좌표가 저장되어 있을 때, 중간 영역에 있는 점들을 찾는 방법을 설명한다. 단, $d = \min\{$왼쪽 부분의 최근접 점의 쌍 사이의 거리, 오른쪽 부분의 최근접 점의 쌍 사이의 거리$\}$이다. 배열에는 점들이 x-좌표의 오름차순으로 정렬되어 있고, 각 점의 y-좌표는 생략되었다.

		왼쪽 부분문제의 가장 오른쪽 점				오른쪽 부분문제의 가장 왼쪽 점			
0	1	2	3	4	5	6	7	8	9
(1, −)	(13, −)	(17, −)	(25, −)	(26, −)	(28, −)	(30, −)	(37, −)	(45, −)	(56, −)

중간 영역에 속한 점들은 왼쪽 부분문제의 가장 오른쪽 점(왼쪽 중간점)의 x-좌표에서 d를 뺀 값과 오른쪽 부분문제의 가장 왼쪽 점(오른쪽 중간점)의 x-좌표에 d를 더한 값 사이의 x-좌표 값을 가진 점들이다. 앞의 예에서 $d=10$이라면, 점 $(17,-)$, $(25,-)$, $(26,-)$, $(28,-)$, $(30,-)$, $(37,-)$이 중간 영역에 속한 점들이다.

$d = 10$

0	1	2	3	4	5	6	7	8	9
(1, –)	(13, –)	(17, –)	(25, –)	(26, –)	(28, –)	(30, –)	(37, –)	(45, –)	(56, –)

$26 - d = 16$ $28 + d = 38$

다음의 최근접 점의 쌍을 찾는 알고리즘은 문제가 2개의 부분문제로 분할되고, 부분문제의 크기가 1/2로 감소하는 전형적인 분할 정복 형태의 알고리즘이다. 단, 입력 점들은 x-좌표를 기준으로 미리 정렬되어 있다고 가정한다.

알고리즘

다음은 최근접 점의 쌍을 찾는 분할 정복 알고리즘이다.

ClosestPair(S)

> 입력: x-좌표의 오름차순으로 정렬된 배열 S에는 i개의 점(단, 각 점은 (x,y)로 표현된다.)이 주어진다.
> 출력: S에 있는 점들 중 최근접 점의 쌍의 거리
> 1   if (i ≤ 3) return (2 또는 3개의 점들 사이의 최근접 쌍)
> 2   정렬된 S를 같은 크기의 S_L과 S_R로 분할한다. 단, |S|가 홀수이면, $|S_L| = |S_R| +1$ 이 되도록 분할한다.
> 3 CP_L = ClosestPair(S_L)   // CP_L은 S_L에서의 최근접 점의 쌍이다.
> 4 CP_R = ClosestPair(S_R)   // CP_R은 S_R에서의 최근접 점의 쌍이다.
> 5   d = min{dist(CP_L), dist(CP_R)}일 때, 중간 영역에 속하는 점들 중에서 최근접 점의 쌍을 찾아서 이를 CP_C라고 하자. 단, dist()는 두 점 사이의 거리이다.
> 6   return (CP_L, CP_C, CP_R 중에서 거리가 가장 짧은 쌍)

- Line 1에서는 S에 있는 점의 수가 3개 이하이면 더 이상 분할하지 않는다. S에 2개의 점이 있으면 S를 그대로 리턴하고, 3개의 점이 있으면 3개의 쌍에 대하여 최근접 점의 쌍을 리턴한다.
- Line 2에서는 x-좌표로 정렬된 S를 왼쪽과 오른쪽에 같은 개수의 점을 가지는 S_L과 S_R로 분할한다. 만일 S의 점의 수가 홀수이면 S_L쪽에 1개 많게 분할한다.
- Line 3~4에서는 분할된 S_L과 S_R에 대해서 순환 호출하여 최근접 점의 쌍을 찾아서 각각을 CP_L과 CP_R이라고 놓는다.
- Line 5는 line 3에서 찾은 최근접 점의 쌍인 CP_L간의 거리인 dist(CP_L)과 line 4에서 찾은 최근접 점의 쌍 CP_R간의 거리인 dist(CP_R) 중에서, 짧은 거리를 d라고 놓는다. 그리고 d를 이용하여 중간 영역에 속하는 점들을 찾고, 이 점들 중에

서 최근접 점의 쌍을 찾아서 이를 CP_C라고 놓는다.

$$d=\min\{CP_L, CP_R\}=\min\{10, 15\}=10$$

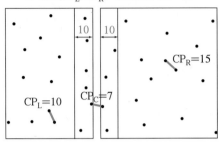

- Line 6에서는 line 3~4에서 각각 찾은 최근접 점의 쌍 CP_L과 CP_R, 그리고 line 5에서 찾은 CP_C 중에서 가장 짧은 거리를 가진 쌍을 해로서 리턴한다.

예제 따라
이해하기

ClosestPair 알고리즘이 다음의 예제에 대해서 수행되는 과정을 살펴보자.

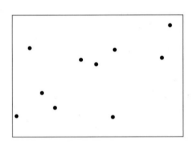

[그림 3-10]

- ClosestPair(S)로 호출 [1]: 단, S는 [그림 3-10]에 주어진 점들이다.
  - Line 1에서는 S의 점의 수가 3보다 크므로 다음 line을 수행한다.
  - Line 2에서는 S를 S_L과 S_R로 분할한다.

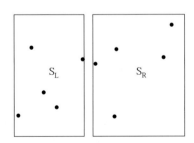

• Line 3에서는 ClosestPair(S_L)을 호출한다. ClosestPair(S_L)을 수행한 후 리턴된 점의 쌍을 CP_L이라고 놓은 후에 line 4~6을 차례로 수행한다.

● **ClosestPair(S_L) 호출 [2]**

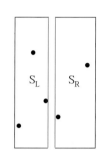

• Line 1의 if-조건이 '거짓'이므로 line 2에서 옆 그림과 같이 다시 분할한다.

• Line 3에서는 ClosestPair(S_L)을 호출한다. 여기서의 S_L은 처음 S_L의 왼쪽 반이다. ClosestPair(S_L)을 수행한 후, 리턴된 점의 쌍을 CP_L이라고 놓은 후에 line 4~6을 차례로 수행한다.

● **ClosestPair(S_L) 호출**

• Line 1의 if-조건이 '참'이므로, S_L의 3개의 점들에 대해서 최근접 점의 쌍을 찾는다. 옆 그림과 같이 3개의 쌍에 대해 거리를 각각 계산하여 최근접 쌍을 해로서 리턴한다. 여기서 최근접 점의 쌍의 거리를 20이라고 가정하자.

● **ClosestPair(S_R) 호출**

• Line 1에서 점의 수가 2이므로, 이 두 점을 최근접 점의 쌍으로 리턴한다. 여기서 최근접 점의 쌍의 거리를 25라고 가정하자.

• [2]의 ClosestPair(S_L) 호출 당시 line 3~4가 수행되었고, 이제 line 5가 수행된다. Line 3~4에서 찾은 최근접 점의 쌍 사이의 거리인 dist(CP_L)=20과 dist(CP_R)=25 중에 작은 값을 d라고 놓는다. 즉, d=20이다. 그리고 왼쪽 중간점의 x-좌표에서 20을 뺀 값과 오른쪽 중간점의 x-좌표에 20을 더한 값 사이의 x-좌표 값을 가진 점들 중에서 CP_C를 찾는다. [그림 3-11]과 같이 거리가 10인 CP_C를 찾는다.

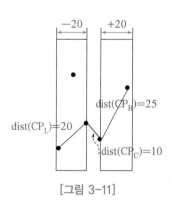

[그림 3-11]

● Line 6에서는 dist(CP$_L$)=20, dist(CP$_C$)=10, dist(CP$_R$)=25 중에서 가장 거리가 짧은 쌍인 CP$_C$를 리턴한다.

● [1]의 ClosestPair(S) 호출 당시 line 3이 수행되었고, 이제 line 4에서는 ClosestPair(S$_R$)을 호출한다. 여기서 S$_R$은 초 기 입력의 오른쪽 반인 영역이다. ClosestPair(S$_R$) 호출은 앞의 과정과 매우 유사하게 진행되며, 이 과정은 연습문제 로 남긴다. 그 결과로 옆 그림의 최근접 점의 쌍을 리턴하 고 이를 CP$_R$로 놓는다. 이때 dist(CP$_R$)=15라고 하자.

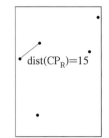

● Line 5에서는 line 3~4에서 찾은 최근접 점의 쌍 사이의 거리인 dist(CP$_L$)=10 과 dist(CP$_R$)=15 중에 작은 값을 d라고 놓는데, d=10이 된다. 그리고 중간 영 역에 있는 점들 중에서 CP$_C$를 찾는다. 여기서는 다음 그림과 같이 거리가 5인 CP$_C$를 최종적으로 찾는다.

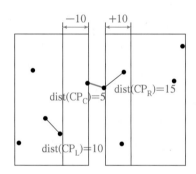

● Line 6에서는 dist(CP$_L$)=10, dist(CP$_C$)=5, dist(CP$_R$)=15 중에서 가장 거리가 짧은 쌍인 CP$_C$를 최근접 쌍의 점으로 리턴한다. 다음 그림은 최종해를 보이고 있다.

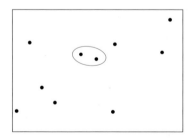

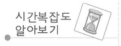
시간복잡도
알아보기

ClosestPair 알고리즘의 시간복잡도를 알아보자. 입력 S에 n개의 점이 있다고 가정하고, 알고리즘을 단계별로 살펴보자. 알고리즘의 전처리(preprocessing) 과정으로서 S의 점을 x-좌표로 정렬하는데, 이 과정은 O($n$log$n$)[6]의 시간이 소요된다.

- Line 1에서는 S에 3개의 점이 있는 경우에 3번의 거리 계산이 필요하고, S의 점의 수가 2이면 1번의 거리 계산이 필요하므로 O(1) 시간이 걸린다.

- Line 2에서는 정렬된 S를 S_L과 S_R로 분할하는데, 이미 배열이 x-좌표로 정렬되어 있으므로, 배열의 중간 인덱스를 계산하여 분할하면 된다. 이는 O(1) 시간이 걸린다.

- Line 3~4에서는 S_L과 S_R에 대하여 각각 ClosestPair를 호출하는데, 분할하며 호출되는 과정은 합병 정렬과 동일하다.

- Line 5에서는 $d = \min\{\text{dist}(CP_L), \text{dist}(CP_R)\}$일 때 중간 영역에 속하는 점들 중에서 최근접 점의 쌍을 찾는다. 이를 위해 먼저 중간 영역에 있는 점들을 y-좌표 기준으로 정렬한 후에, 아래에서 위로(또는 위에서 아래로) 각 점을 기준으로 거리가 d이내인 주변의 점들 사이의 거리를 각각 계산하며, 이 영역에 속한 점들 중에서 최근접 점의 쌍을 찾는다. 따라서 y-좌표로 정렬하는 데 O($n$log$n$) 시간이 걸리고, 그 다음에는 아래에서 위로 올라가며 각 점에서 주변의 점들 사이의 거리를 계산하는 데 O(1) 시간이 걸린다. 왜냐하면 각 점과 거리를 계산해야 하는 주변 점들의 수는 O(1)개[7]이기 때문이다. 이에 대한 상세한 설명은 연습문제에서 다룬다.

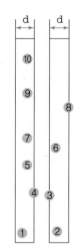

따라서 line 5에서는 y-좌표의 오름차순으로 중간 영역의 점들을 정렬하는 시간과 거리를 계산하는 시간, 즉, O($n$log$n$) + O(n) = O($n$log$n$) 시간이 걸린다. 여기서 거리를 계산하는 시간이 O(n)인 것은 중간 영역에 있는 점의 수가 n을 넘지 않기 때문이다.

- Line 6에서는 3개의 점의 쌍 중에 가장 짧은 거리를 가진 점의 쌍을 리턴하므로 O(1) 시간이 걸린다.

ClosestPair 알고리즘의 분할 과정은 합병 정렬의 분할 과정과 동일하다. 그러나

---

6) 정렬에 소요되는 시간은 합병 정렬 또는 힙 정렬을 사용하면 O($n$log$n$)이다.
7) 각 점 p에 대해 거리 계산을 해야 되는 점의 수는 p와의 거리가 d 이내에 있는 점들로 한정되기 때문이다. p와의 거리가 d를 초과하는 점들은 현재까지 찾아놓은 최근접 점의 쌍 사이의 거리인 d보다 크므로 p와 최근접 점의 쌍이 될 수 없다.

합병 정렬에서는 합병 과정에서 $O(n)$ 시간이 걸리고, ClosestPair 알고리즘에서는 해를 취합하여 올라가는 과정인 line 5~6에서 $O(n\log n)$ 시간이 걸린다. [그림 3-12]에서 k층까지 분할된 후, 층별로 line 5~6이 수행되는 (취합) 과정을 보여준다. 여기서 층 수인 k는 $\log_2 n$보다는 작다. 왜냐하면 점의 수가 3 또는 2일 때 분할을 중단하기 때문이다. 이때 각 층의 수행 시간은 $O(n\log n)$이다. 여기에 층 수인 $\log n$을 곱하면 $O(n\log^2 n)$이 된다. 이것이 ClosestPair 알고리즘의 시간복잡도이다.

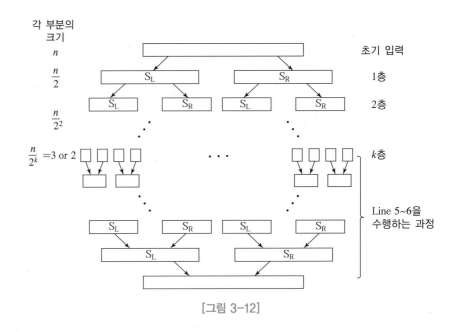

[그림 3-12]

한편 ClosestPair 알고리즘의 시간복잡도를 좀 더 향상시킬 수 있다. ClosestPair 알고리즘의 시간복잡도가 $O(n\log^2 n)$인 이유는 순환 호출되어 line 5를 수행할 때마다 y-좌표를 기준으로 중간 영역의 점들을 정렬하기 때문이다. 시간복잡도를 향상시키려면 입력의 점들을 y-좌표를 기준으로 전처리 과정에서 미리 정렬하여 다른 배열에 저장해두고 필요할 때, 즉 중간 영역에 속한 점들에 대해서 이 배열을 참조하는 것이다. 따라서 매번 정렬할 필요가 없게 된다. 이를 반영하기 위해 line 5를 수정하여야 하는데 이는 연습문제로 남긴다.

응용

최근접 점의 쌍을 찾는 ClosestPair 알고리즘은 매우 다양한 곳에 활용된다. 컴퓨터 그래픽스, 컴퓨터 비전(Vision), 지리 정보 시스템(Geographic Information System, GIS), 분자 모델링(Molecular Modeling), 항공 트래픽 제어(Air Traffic

Control), 마케팅(주유소, 프랜차이즈 신규 가맹점 등의 위치 선정) 등의 분야에 최근접 점 쌍을 찾는 알고리즘이 사용된다.

▶ 프랜차이즈 신규 가맹점, 주유소, 편의점의 위치 선정 등의 마케팅 분야에 최근접 점 쌍을 찾는 알고리즘이 사용된다.

3.5 분할 정복을 적용하는 데 있어서 주의할 점

분할 정복이 부적절한 경우는 입력이 분할될 때마다 분할된 부분문제의 입력 크기의 합이 분할되기 전의 입력 크기보다 매우 커지는 경우이다.

예를 들어, n번째의 피보나치 수를 구하는 데 $F(n) = F(n-1) + F(n-2)$로 정의되므로 순환 호출을 사용하는 것이 자연스러워 보이나, 이 경우의 입력은 1개이지만, 사실상 n의 값 자체가 입력 크기인 것이다. 따라서 n이라는 숫자로 인해 2개의 부분문제인 $F(n-1)$과 $F(n-2)$가 만들어지고, 2개의 입력 크기의 합이 $(n-1)$ $+ (n-2) = (2n-3)$이 되어서, 분할 후 입력 크기가 거의 2배로 늘어난다. [그림 3-13]은 피보나치 수 $F(5)$를 구하기 위해 분할된 부분문제들을 보여준다. $F(2)$를 5번이나 중복하여 계산해야 하고, $F(3)$은 3번 계산된다.

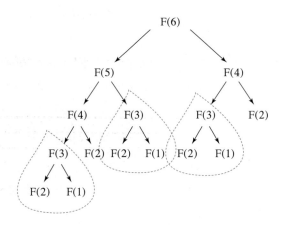

[그림 3-13]

이러한 경우에 분할 정복 알고리즘을 사용하는 것은 매우 부적절하며, 다른 방법을 찾아야 한다. 그 방법은 매우 간단하다. 다음 알고리즘과 같이 for-루프를 사용하는 것이다. 이 경우는 피보나치 숫자 F(n)을 중복된 계산 없이 구할 수 있고, 이 알고리즘의 시간복잡도는 루프의 수행 횟수로서 O(n)인 것을 쉽게 알 수 있다. 단, n은 1보다 큰 정수이다.

알고리즘

피보나치 수 계산을 위한 O(n) 시간 알고리즘

```
    FibNumber(n)
1   F[0]=0
2   F[1]=1
3   for i=2 to n
4       F[i] = F[i−1]+ F[i−2]
```

주어진 문제를 분할 정복 알고리즘으로 해결하려고 할 때에 주의해야 하는 또 하나의 요소는 취합(정복) 과정이다. 입력을 분할만 한다고 해서 효율적인 알고리즘이 만들어지는 것은 아니다. 3장에서 살펴본 문제들은 취합 과정이 간단하거나 필요가 없었고, 최근접 점의 쌍을 위한 알고리즘만이 조금 복잡한 편이었다. 또한 기하(geometry)에 관련된 다수의 문제들이 효율적인 분할 정복 알고리즘으로 해결되는데, 이는 기하 문제들의 특성상 취합 과정이 문제 해결에 잘 부합되기 때문이다. 다음에 열거된 문제들에 대한 분할 정복 알고리즘들은 연습문제로 주어진다.

- 큰 정수의 곱셈(연습문제 25, 26)
- 스트라센의 행렬 곱셈 알고리즘(연습문제 27)
- 결정적(deterministic)[8] 선택 알고리즘(연습문제 28)
- 점의 쌍 찾기 문제(연습문제 42)
- 공제선 문제(연습문제 43)

---

8) 결정적(deterministic)이란 '랜덤한 선택을 하지 않는' 이란 뜻으로 쓰였다.

- 분할 정복(Divide-and-Conquer) 알고리즘이란 주어진 문제의 입력을 분할하여 문제를 해결(정복)하는 방식의 알고리즘이다.

- 합병 정렬(Merge Sort)은 입력이 2개의 부분문제로 분할되고, 부분문제의 크기가 1/2로 감소하는 분할 정복 알고리즘이다. 즉, n개의 숫자들을 $n/2$개씩 2개의 부분문제로 분할하고, 각각의 부분문제를 순환 호출하여 합병 정렬한 후, 2개의 정렬된 부분을 합병하여 정렬(정복)한다. 시간복잡도는 O($n$log$n$)이다.

- 합병 정렬의 공간복잡도는 O(n)이다.

- 퀵 정렬(Quick Sort)은 피봇(pivot)이라 일컫는 배열의 원소를 기준으로 피봇보다 작은 숫자들은 왼편으로, 피봇보다 큰 숫자들은 오른편에 위치하도록 분할하고, 피봇을 그 사이에 놓는다. 퀵 정렬은 분할된 부분문제들을 순환 호출하여 정렬한다.

- 퀵 정렬의 평균 경우 시간복잡도는 O($n$log$n$), 최악 경우 시간복잡도는 O(n^2), 최선 경우 시간복잡도는 O($n$log$n$)이다.

- 선택(Selection) 문제는 k번째 작은 수를 찾는 문제로서, 입력에서 퀵 정렬에서와 같이 피봇을 선택하여 피봇보다 작은 부분과 큰 부분으로 분할한 후에 k번째 작은 수가 들어 있는 부분을 순환적으로 탐색한다. 평균 경우 시간복잡도는 O(n)이다.

- 최근접 점의 쌍(Closest Pair) 문제는 n개의 점들을 1/2로 분할하여 각각의 부분문제에서 최근접 점의 쌍을 찾고, 2개의 부분해 중에서 짧은 거리를 가진 점의 쌍을 일단 찾는다. 그리고 2개의 부분해를 취합할 때, 반드시 중간 영역 안에 있는 점들 중에 최근접 점의 쌍이 있는지도 확인해보아야 한다. 향상된 알고리즘의 시간복잡도는 O($n$log$n$)이다.

- 분할 정복이 부적절한 경우는 입력이 분할될 때마다 분할된 부분문제들의 입력 크기의 합이 분할되기 전의 입력 크기보다 커지는 경우이다. 또 하나 주의해야 할 요소는 취합(정복) 과정이다.

연습문제

1. 다음의 괄호 안에 알맞은 단어를 채워 넣어라.

   (1) 분할 정복 알고리즘이란 주어진 문제의 입력을 분할한 (   )들을 해결하여 그 해를 취합하는 방식의 알고리즘이다.

   (2) 분할 정복이 부적절한 경우는 입력이 분할될 때마다 부분문제들의 크기의 합이 분할되기 전의 크기보다 (   ) 경우이다.

   (3) 합병 정렬에서 2개의 정렬된 부분을 (   )하는 것은 분할 정복 알고리즘의 (   )하는 과정이다.

   (4) 퀵 정렬에서는 피봇으로 (   )하여 부분문제가 만들어지며, 별도의 (   ) 과정이 없다.

   (5) 선택 문제를 해결하는 분할 정복 알고리즘은 (   ) 알고리즘과 같이 피봇을 사용하여 (   )를 만들며, 이진탐색과 같이 별도의 (   ) 과정이 필요 없다.

   (6) 최근접 점의 쌍 문제를 해결하는 분할 정복 알고리즘의 (   ) 과정은 좌측, 중간, 우측 부분에서 (   ) 점의 쌍을 찾는 것이다.

2. 다음 중 합병 정렬에 대해 맞는 것은? 단 입력 크기는 n이다.

   ① 입력과 같은 크기의 보조 배열 없이 구현할 수 없다.

   ② 입력과 같은 크기의 보조 배열 없이 구현하려면 $O(n^2)$ 시간이 소요된다.

   ③ 입력과 같은 크기의 보조 배열 없이 $O(n \log n)$ 시간에 구현할 수 있다.

   ④ 항상 $n/2$ 크기의 배열 2개가 필요하다.

   ⑤ 답 없음

3. 다음 중 퀵 정렬을 맞게 서술한 것은?

   ① 입력을 비슷한 크기의 두 부분으로 합병하여 정렬한다.

   ② 입력을 크기가 서로 다를 수 있는 두 부분으로 나누어 보조 배열 없이 정렬한다.

   ③ 중앙값을 찾아 피봇으로 삼아 두 부분으로 나누어 정렬한다.

   ④ 이웃한 원소끼리 비교하여 비교 결과에 따라 자리바꿈을 수행하여 정렬한다.

   ⑤ 답 없음

4. 다음 중 퀵 정렬을 맞게 서술한 것은?

① 평균 시간복잡도는 $O(n \log n)$이고, 최선 경우도 $O(n \log n)$이다.

② 평균과 최악 경우의 시간복잡도는 $O(n \log n)$이다.

③ 평균과 최악 경우의 시간복잡도는 $O(n^2)$이다.

④ 최선 경우의 시간복잡도는 $O(n)$이고, 최악 경우는 $O(n \log n)$이다.

⑤ 답 없음

5. 다음의 입력에 대해 선택 문제를 위한 분할 정복 알고리즘으로 7번째 작은 수를 찾으려고 한다. 피봇이 8일 때 오른쪽 부분에서 몇 번째 작은 수를 찾아야 하는가?

8	1	15	9	13	16	3	14	6	4

① 1   ② 2   ③ 3   ④ 4   ⑤ 답 없음

6. 크기가 n인 입력을 2개로 분할하고, 각각 분할된 부분문제의 크기가 $n/2$이라고 가정하자. 분할 정복 알고리즘의 분할 방식으로 더 이상 분할할 수 없는 (즉, 입력 크기가 1인) 부분문제의 수를 계산하라.

7. 크기가 n인 입력을 3개로 분할하고, 각각 분할된 부분문제의 크기가 $n/2$이라고 가정하자. 분할 정복 알고리즘의 분할 방식으로 최대 몇 회 분할할 수 있는가? 또, 입력 크기가 1인 부분문제의 수를 계산하라.

8. 크기가 n인 입력을 a개로 분할하고, 각각 분할된 부분문제의 크기가 n/b이라고 가정하자. 분할 정복 알고리즘의 분할 방식으로 i번 분할했을 때 부분문제의 수와 부분문제의 입력 크기를 각각 계산하라.

9. 크기가 n인 입력을 a개로 분할하고, 각각 분할된 부분문제의 크기가 n/b이라고 가정하자. 분할 정복 알고리즘의 분할 방식으로 최대 몇 회 분할할 수 있는가? 또, 입력 크기가 1인 부분문제의 수를 계산하라.

10. 다음의 배열에 있는 숫자들에 대해서 합병 정렬이 수행되는 과정을 보이라.

0	1	2	3	4	5	6	7	8	9	10	11
6	3	11	9	12	2	8	15	18	10	7	14

11. 반복적 합병(Iterative Merge) 방식으로 정렬하는 합병 정렬을 설명하고, 3.1 절의 합병 정렬과의 장단점을 비교하라.

12. 3.2절의 QuickSort 알고리즘의 line 2에서는 피봇을 A[left]~A[right] 중에서 선택하고, 피봇과 배열의 각 원소를 비교하여 피봇보다 작은 숫자들은 A[left]~A[p−1]로 옮기고, 피봇보다 큰 숫자들은 A[p+1]~A[right]로 옮기며, 피봇은 A[p]에 놓는다. 이러한 분할을 위해 선택한 피봇을 A[left]와 교환한 다음에 A[left]에 위치한 피봇을 이용하여 A[left+1]~A[right]를 분할(partition)하는 알고리즘을 작성하라.

13. 문제 12에서 작성한 퀵 정렬을 위한 분할 알고리즘이 다음 입력에 대하여 수행되는 과정을 보이라. 단, 가장 왼쪽 원소인 A[0]에 있는 8이 피봇이다.

0	1	2	3	4	5	6	7	8	9	10	11
8	3	11	9	12	2	6	15	18	10	7	14

14. 퀵 정렬 알고리즘의 피봇이 랜덤하게 정해진다는 가정하에 퀵 정렬 알고리즘의 평균 경우 시간복잡도가 $O(n\log_2 n)$임을 보이라.

15. 다음 배열의 A[5]~A[11]에 대해 QuickSort 알고리즘이 단계별로 수행된 결과를 보이라. 단 피봇은 A[11]에 있는 14이다.

0	1	2	3	4	5	6	7	8	9	10	11
6	7	3	2	9	12	17	19	18	13	15	14

16. Selection 알고리즘의 line 1에서 피봇을 입력에서 랜덤하게 정하기 때문에 피봇이 입력 배열을 너무 한쪽으로 치우치게 분할할 수도 있다. 즉, |Small group| ≪ |Large group| 또는 |Small group| ≫ |Large group|인 경우, 알고리즘의 수행 시간이 길어지는 이유를 예를 들어 설명하라.

17. Selection 알고리즘의 평균 경우 시간복잡도를 위한 다음의 식을 간단히 만들어서 $O(n)$이 됨을 보이라.

$$O(n + 3/4n + (3/4)^2n + (3/4)^3n + \cdots + (3/4)^{i-1}n + (3/4)^i n)$$

18. Selection 알고리즘의 평균 경우 시간복잡도를 [부록]에 있는 연속 대치법과 마스터 정리를 사용하여 각각 O(n)임을 보이라.

19. 다음의 입력에서 9번째 작은 수를 3.3절의 Selection 알고리즘으로 수행되는 과정을 보이라.

0	1	2	3	4	5	6	7	8	9	10	11
6	3	11	9	12	2	8	15	18	10	7	14

20. 다음 입력의 S_R 영역에서 최근접 점의 쌍을 찾기 위해 ClosestPair 알고리즘이 수행되는 과정을 3.4절의 예제와 같이 상세히 보이라.

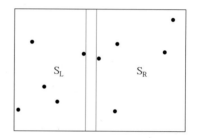

21. 다음의 입력에서 최근접 점의 쌍을 찾으라. 단, ClosestPair 알고리즘이 수행되는 과정을 상세히 보이라.

[입력] (10, 15), (5, 15), (20, 3), (6, 1), (9, 7), (15, 9), (8, 15), (20, 14), (17, 13), (16, 11), (7, 12), (10, 10), (1, 19), (8, 8), (30, 9), (22, 4)

22. 최근접 점의 쌍을 위한 ClosestPair 알고리즘의 시간복잡도를 분석하는데 line 5에서 점 하나당 최대 6개의 점 사이의 거리만을 계산하면 된다. 그 이유를 설명하라.

23. 다음의 그림에서 점 1과 점 2, 3, 4가 분할선 왼쪽에 위치하여 서로의 거리를 계산할 필요가 없으며, 점 5와 점 6, 7, 8도 서로의 거리를 계산할 필요가 없다. 이러한 중복 계산을 피하는 방법을 설명하라.

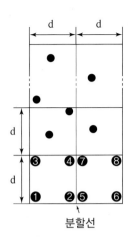

24. ClosestPair 알고리즘의 시간복잡도는 $O(n\log^2 n)$이다. 이는 매번 순환 호출 되어 line 5를 수행할 때마다 y-좌표를 기준으로 중간 영역의 점들을 정렬하 기 때문이다. 시간복잡도를 $O(n\log n)$으로 줄이려면 입력의 점들을 y-좌표를 기준으로 전처리 과정에서 미리 정렬하면 된다. 이를 위해 알고리즘의 line 5 는 약간의 수정이 필요하다. 어떻게 수정해야 하는지 서술하라.

25. 2개의 n—bit 정수의 곱을 분할 정복으로 계산하는 $O(n^2)$ 알고리즘을 제시하 고, 시간복잡도가 $O(n^2)$임을 보이라.

26. 2개의 n—bit 정수의 곱을 분할 정복으로 계산하기 위한 개선된 $O(n^{\log_2 3})$ 알 고리즘을 제시하라.

27. 2개의 $n \times n$ 행렬을 곱하는 데는 일반적으로 $O(n^3)$의 간단한 알고리즘을 사용 한다. 이의 시간복잡도를 $O(n^{2.81})$로 향상시킨 Strassen의 분할 정복 알고리 즘을 알아보고, 시간복잡도를 구하라.

28. 선택 문제를 위한 랜덤 알고리즘이 아닌 결정적(deterministic) 선택 알고리 즘을 알아보고, 그 알고리즘의 시간복잡도도 $O(n)$임을 보이라.

29. n개의 서로 다른 정수가 저장된 배열 a에서 가장 큰 k개의 숫자를 다음과 같이 3가지 방법으로 찾고자 한다. 각 방법의 시간복잡도를 계산하라. 단, 배열 a의 인덱스는 1, 2, $\cdots$, n이고, k는 n보다 작은 양의 정수이다.

> (1) 배열을 정렬한 후에 가장 큰 k개의 숫자를 찾는다.
> (2) 최대 힙을 만든 후에 k번의 delete_max(루트 삭제)를 수행한다.
> (3) 선택 문제를 위한 분할 정복 알고리즘으로 ($n-k$)번째 작은 숫자를 찾았을 때 분할된 오른쪽 부분의 숫자들을 정렬한다.

30. n개의 서로 다른 정수가 저장된 배열에서 중앙값에 가장 가까운 k개의 숫자를 찾는 $O(n)$ 시간 알고리즘을 작성하라.

31. n개의 점들이 일직선상에 있을 때 최근접 쌍의 점을 찾는 $O(n \log n)$ 시간 분할 정복 알고리즘을 작성하라.

32. 크기가 n인 배열 a에 두 종류의 정수가 저장되어 있는데 같은 정수들이 연속하여 저장되어 있다. 단, $n > 1$이고, 배열의 첫 원소와 마지막 원소는 다르다. 즉, $a[0] \neq a[n-1]$이다. 이러한 배열 a에서 두 개의 인접한 원소가 서로 다른 곳을 찾아서, 앞 원소의 인덱스를 찾으려고 한다. 즉, $a[i] \neq a[i+1]$일 때의 i를 찾는 $O(\log n)$ 시간 알고리즘을 작성하라. 아래의 예제에 대해 i는 3이다.

0	1	2	3	4	5	6
1	1	1	1	7	7	7

33. n개의 정수가 저장된 배열 a가 주어지고 어떤 정수 k가 주어질 때, 합이 k가 되는 서로 다른 2개의 원소를 배열 a에서 찾는 $O(n \log n)$ 시간 알고리즘을 작성하라.

34. 총 n개의 정수가 배열 a와 배열 b에 저장되어 있고 어떤 정수 k가 주어질 때, 합이 k가 되는 a의 원소 1개와 b의 원소 1개를 찾으려고 한다. 이 문제를 해결하기 위한 $O(n \log n)$ 시간 알고리즘을 작성하라.

35. 크기가 n인 배열에 0부터 n까지의 정수들 중에서 1개만 빠진 채 정렬되어 저장되어 있다. 빠진 숫자를 찾는 $O(\log n)$ 시간 알고리즘을 작성하라. 예를 들어 다음의 배열에서 빠진 숫자는 3이다.

0	1	2	3	4	5	6
0	1	2	4	5	6	7

36. 서로 다른 n개의 정수가 배열 a에 저장되어 있다. 배열의 앞부분에 있는 정수들은 증가 순으로 저장되어 있고, 그 이후에는 감소 순으로 저장되어 있다. 이 배열에서 최댓값을 찾는 $O(\log n)$ 알고리즘을 작성하라.

37. 서로 다른 n개의 정수가 배열 a에 정렬되어 있다. 이 배열에서 $a[i] = i$ 인 원소를 찾는 $O(\log n)$ 시간 알고리즘을 작성하라.

38. 배열 a와 b에 서로 다른 n개의 정수가 각각 정렬되어 있다. 두 배열에 있는 $2n$개의 숫자들의 중앙값을 찾는 $O(\log n)$ 시간 알고리즘을 작성하라. 예를 들어 a = [1, 3, 7, 10, 11, 14, 18, 23]이고, b = [2, 5, 6, 8, 15, 20, 25, 30]이라면 10이 중앙값이다.

39. 크기가 m과 n인 배열 a와 b에 정수들이 정렬되어 있다. 배열 a와 b에서 k번째 작은 수를 찾는 $O(\log m + \log n)$ 시간 알고리즘을 작성하라. 단, $k = 1, 2, \cdots, m + n$이다.

40. n개의 정수가 저장된 배열 a에서 원소의 합의 절댓값이 최소인 2개의 원소를 찾으려고 한다. 즉, 배열의 원소 x와 y에 대해 $|x + y|$의 값이 최소인 x와 y를 찾으려고 한다.
(1) $O(n^2)$ 알고리즘을 작성하라.
(2) $O(n \log n)$ 알고리즘을 작성하라.

41. n개의 서로 다른 정수가 증가 순으로 저장되다가 감소 순으로 저장된 배열 a에서 k번째 작은 수를 찾는 $O(\log k)$ 시간 알고리즘을 작성하라. 다음 예제에서 5번째 작은 수는 8이다.

3	4	8	9	10	7	6	2

42. n개의 흑점과 n개의 백점이 2차원 평면상에 주어진다. 단, 어느 3개의 점도, 흑점이나 백점이나 막론하고, 일직선상에 있지 않다. 이때 흑점과 백점을 하나의 쌍으로 간선을 그리되 어떤 간선도 교차하지 않도록 n개의 흑-백 점 쌍을 찾고자 한다. 이 문제를 해결하기 위한 분할 정복 알고리즘을 제시하고, 알고리즘의 시간복잡도를 구하라. 아래의 그림에서 왼쪽은 잘 짝이 지어졌으나, 오른쪽은 간선이 교차하여 잘못 짝이 지어진 경우이다.

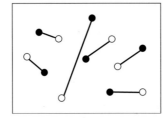 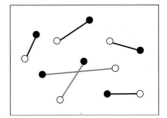

43. 어느 도시의 빌딩들이 다음의 왼쪽 그림과 같이 사각형 모양으로 겹쳐서 보일 때 하늘과 빌딩들의 가장자리를 오른쪽 그림과 같이 찾고자 한다.

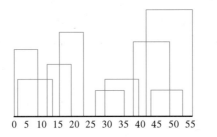 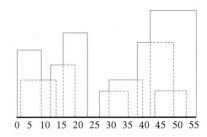

이 문제를 해결하기 위한 분할 정복 알고리즘을 제시하고, 시간복잡도를 구하라. 입력은 각 빌딩에 대해서 (왼쪽 x-좌표, y-좌표, 오른쪽 x-좌표)로 주어진다. 여기서 y-좌표는 빌딩의 높이이다.

예를 들어, 앞 그림의 입력은 (0,5,9), (1,3,13), (11,4,18), (15,7,23), (27,2,35), (30,3,40), (38,6,48), (42,10,55), (43,2,53)이다.

그리디 알고리즘

Contents

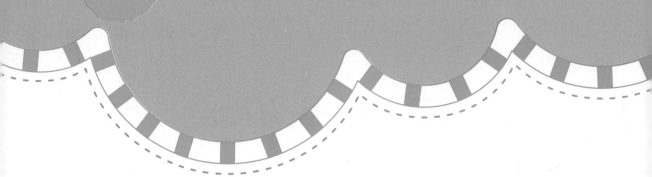

CHAPTER

04 그리디 알고리즘

그리디(Greedy) 알고리즘은 최적화 문제를 해결하는 알고리즘이다. 최적화 (optimization) 문제는 가능한 해들 중에서 가장 좋은(최대 또는 최소) 해를 찾는 문제이다. 그리디 알고리즘은 욕심쟁이 방법, 탐욕적 방법, 탐욕 알고리즘 등으로 불리기도 한다.

그리디

그리디 알고리즘은 (입력)데이터 간의 관계를 고려하지 않고 수행 과정에서 '욕심 내어' 최솟값 또는 최댓값을 가진 데이터를 선택한다. 이러한 선택을 '근시안적' 인 선택이라고 말하기도 한다. 그리디 알고리즘은 근시안적인 선택으로 부분적인 최적해를 찾고, 이들을 모아서 문제의 최적해를 얻는다.

가장 작은 것 선택

부분해

가장 큰 것 선택

또한 그리디 알고리즘은 일단 한번 선택하면, 이를 절대로 번복하지 않는다. 즉, 선택한 데이터를 버리고 다른 것을 취하지 않는다. 이러한 특성 때문에 대부분의 그리디 알고리즘들은 매우 단순하며, 또한 제한적인 문제들만이 그리디 알고리즘으로 해결된다. 그러나 8장에서 다루는 다수의 근사 알고리즘들은 그리디 알고리즘들이고, 9장의 해를 탐색하는 기법들 중의 하나인 분기 한정 기법도 그리디 알고리즘의 일종이다. 4장에서는 그리디 알고리즘으로 해결 가능한 대표적인 문제들을 살펴본다.

4.1 동전 거스름돈

1.3절에서 설명했던 동전 거스름돈(Coin Change) 문제에 대해 상세히 살펴보자. 거스름돈을 동전으로 받아야 할 때, 누구나 적은 수의 동전으로 거스름돈을 받기를 원한다. 예를 들어, 거스름돈이 760원이라면, 500원짜리 동전 1개, 100원짜리 동전 2개, 50원짜리 동전 1개, 10원짜리 동전 1개, 즉, 5개가 760원에 대한 최소의 동전 수이다.

자, 500원짜리 1개, 100원짜리 2개, 50원짜리 1개, 10원짜리 1개입니다.

감사합니다.

핵심아이디어

동전 거스름돈 문제를 해결하는 가장 간단하고 효율적인 방법은 남은 액수를 초과하지 않는 조건하에 '욕심내어' 가장 큰 액면의 동전을 취하는 것이다. 다음은 동전 거스름돈 문제의 최소 동전 수를 찾는 그리디 알고리즘이다. 단, 동전의 액면은 500원, 100원, 50원, 10원, 1원이다.

알고리즘

CoinChange

	입력: 거스름돈 액수 W
	출력: 거스름돈 액수에 대한 최소 동전 수
1	change=W, n500=n100=n50=n10=n1=0
	// n500, n100, n50, n10, n1은 각각의 동전 수를 위한 변수이다.
2	while (change ≧ 500)
	change = change−500, n500++　// 500원짜리 동전 수를 1 증가
3	while (change ≧ 100)
	change = change−100, n100++　// 100원짜리 동전 수를 1 증가
4	while (change ≧ 50)
	change = change−50, n50++　// 50원짜리 동전 수를 1 증가
5	while (change ≧ 10)
	change = change−10, n10++　// 10원짜리 동전 수를 1 증가
6	while (change ≧ 1)
	change = change−1, n1++　// 1원짜리 동전 수를 1 증가
7	return (n500+n100+n50+n10+n1)　// 총 동전 수를 리턴한다.

- Line 1은 change를 입력인 거스름돈 액수 W로 놓고, 각 동전 수를 저장하는 변수(동전 카운트)를 n500 = n100 = n50 = n10 = n1 = 0으로 각각 초기화한다. 여기서 n500은 500원짜리 동전 수, n100은 100원짜리 동전 수, n50은 50원짜리 동전 수, n10은 10원짜리 동전 수, n1은 1원짜리 동전 수이다.
- Line 2~6에서는 차례로 500원, 100원, 50원, 10원, 1원짜리 동전을 각각의 while-루프를 통해 현재 남은 거스름돈 액수인 change를 넘지 않는 한 계속해서 같은 동전으로 거슬러 주고, 그때마다 각각의 동전 카운트를 1 증가시킨다.
- Line 7에서는 동전 카운트들의 합을 리턴한다.

CoinChange 알고리즘은 남아있는 거스름돈인 change에 대해 가장 높은 액면의 동전을 거스르며, 500원짜리 동전을 처리하는 line 2에서는 100원짜리, 50원짜리, 10원짜리, 1원짜리 동전을 몇 개씩 거슬러 주어야 할 것인지에 대해서는 전혀 고려하지 않는다. 이것이 바로 그리디 알고리즘의 근시안적인 특성이다.

예제 따라
이해하기

거스름돈 760원에 대해 CoinChange 알고리즘이 수행되는 과정을 살펴보자.

- Line 1에서는 change = 760, n500 = n100 = n50= n10 = n1 = 0으로 초기화된다.

- Line 2에서는 change가 500보다 크므로 while-조건이 '참'이어서 change = change−500 = 760−500 = 260이 되고, n500=1이 된다. 다음은 change가 500보다 작으므로 line 2의 while-루프는 더 이상 수행되지 않는다.

- Line 3에서는 change가 100보다 크므로 while-조건이 '참'이 되어서 change = change−100 = 260−100 = 160이 되고, n100 = 1이 된다. 다음도 change가 100보다 크므로 while-조건이 역시 '참'이라서 change = change−100 = 160−100 = 60이 되고, n100=2가 된다. 그러나 그 다음에는 change가 60이므로 100보다 작아서 while-루프는 수행되지 않는다.

- Line 4에서는 change가 50보다 크므로 while-조건이 '참'이라서 change = change−50 = 60−50 = 10이 되고, n50=1이 된다. 다음은 change가 50보다 작으므로 while-루프는 수행되지 않는다.

- Line 5에서는 change가 10보다 크므로 while-조건이 '참'이라서 change = change−10 = 10−10 = 0이 되고, n10=1이 된다. 그 다음에는 change가 10보다 작으므로 while-루프는 수행되지 않는다.

- Line 6에서는 change가 0이므로 while-조건이 '거짓'이 되어 while-루프는 수행되지 않는다.

- Line 7에서는 n500+n100+n50+n10+n1 = 1+2+1+1+0 = 5를 리턴한다.

문제

그런데 만일 한국은행에서 160원짜리 동전을 추가로 발행한다면, CoinChange 알고리즘이 항상 최소 동전 수를 계산할 수 있을까?

거스름돈이 200원이라고 하자. CoinChange 알고리즘은 160원짜리 동전 1개와 10원짜리 동전 4개로서 총 5개를 리턴한다.

그러나 200원에 대한 최소 동전 수는 100원짜리 동전 2개이다. 따라서 CoinChange 알고리즘이 항상 최적의 답을 주지 못한다.[1] 5장에서는 어떤 경우에도 최적해를 찾는 동전 거스름돈을 위한 동적 계획 알고리즘을 소개한다.

4.2 최소 신장 트리

문제

최소 신장 트리(Minimum Spanning Tree)란 주어진 가중치 그래프에서 사이클이 없이 모든 점들을 연결시킨 트리들 중 간선들의 가중치 합이 최소인 트리이다. [그림 4-1]에서 (a)는 주어진 가중치 그래프이고, (b)는 최소 신장 트리이다. 반면에 (c)와 (d)는 최소 신장 트리가 아니다. (c)는 가중치의 합이 (b)보다 크고, (d)는 트리가 주어진 그래프의 모든 노드를 포함하지 않고 있다.

---

1) 실제로는 거스름돈에 대한 그리디 알고리즘이 적용되도록 동전이 발행된다.

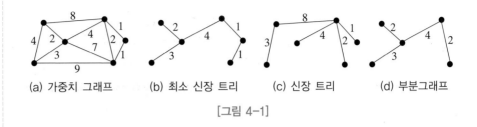

(a) 가중치 그래프 (b) 최소 신장 트리 (c) 신장 트리 (d) 부분그래프

[그림 4-1]

주어진 그래프의 신장 트리를 찾으려면 사이클이 없도록 모든 점을 연결시키면 된다. 그래프의 점의 수가 n이면, 신장 트리에는 정확히 $(n-1)$개의 간선이 있다. 만일 트리에 간선을 하나 추가시키면, 반드시 사이클이 만들어진다. [그림 4-2]에서 왼쪽의 트리에 점선으로 된 간선을 추가시키면, 사이클이 만들어져 이제 더 이상 트리가 아닌 경우들을 보여준다.

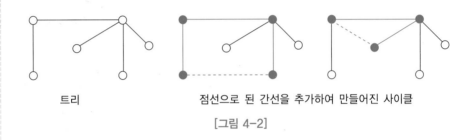

트리   점선으로 된 간선을 추가하여 만들어진 사이클

[그림 4-2]

최소 신장 트리를 찾는 대표적인 그리디 알고리즘으로는 크러스컬(Kruskal)과 프림(Prim) 알고리즘이 있다. 먼저 크러스컬 알고리즘을 살펴보자. 단, 알고리즘의 입력은 1개의 연결성분(connected component)[2]으로 된 가중치 그래프이다.

크러스컬 알고리즘은 가중치가 가장 작은 간선이 사이클을 만들지 않을 때에만 '욕심내어' 그 간선을 추가시킨다. 다음은 크러스컬의 최소 신장 트리 알고리즘이다.

KruskalMST(G)

입력: 가중치 그래프 G=(V,E), |V|=n (점의 수), |E|=m (간선의 수)
출력: 최소 신장 트리 T

[2] 그래프에서의 연결성분(connected component)이란 연결성분 내의 점들 사이에 경로가 있는 극대 부분그래프(maximal subgraph)를 의미한다. 그래프가 2개 이상의 연결성분을 가지면, 서로 다른 연결성분의 점들 사이에는 경로가 없다.

```
1   가중치의 오름차순으로 간선들을 정렬한다. 정렬된 간선 리스트를 L이라고 하자.
2   T=∅   // 트리 T를 초기화시킨다.
3   while ( T의 간선 수 < n−1 ) {
4       L에서 가장 작은 가중치를 가진 간선 e를 가져오고, e를 L에서 제거한다.
5       if (간선 e가 T에 추가되어 사이클을 만들지 않으면)
6           e를 T에 추가시킨다.
7       else   // e가 T에 추가되어 사이클이 만들어지는 경우
8           e를 버린다.
    }
9   return 트리 T   // T는 최소 신장 트리이다.
```

- Line 1에서는 모든 간선들을 가중치의 오름차순으로 정렬한다. 정렬된 간선들의 리스트를 L이라고 하자.
- Line 2에서는 T를 초기화시킨다. 즉, T에는 아무 간선도 없는 상태에서 다음 단계가 시작된다.
- Line 3~8의 while-루프는 T의 간선 수가 $(n-1)$이 될 때까지 수행되는데 1번 수행될 때마다 L에서 가중치가 가장 작은 간선 e를 가져온다. 단, 가져온 간선 e는 L에서 삭제되어 다시는 고려되지 않는다.
- Line 5~8에서는 가져온 간선 e를 T에 추가하여 사이클을 만들지 않으면 e를 T에 추가시키고, 사이클을 만들면 간선 e를 버린다. 왜냐하면 모든 노드들이 연결되어 있으면서 사이클이 없는 그래프가 신장 트리이기 때문이다.

크러스컬 알고리즘이 그리디 알고리즘인 이유는 L에서 '항상 욕심내어서' 가장 작은 가중치를 가진 간선을 가져오기 때문이다.

예제 따라
이해하기

다음 그래프에 대해서 KruskalMST 알고리즘이 최소 신장 트리를 찾는 과정을 살펴보자.

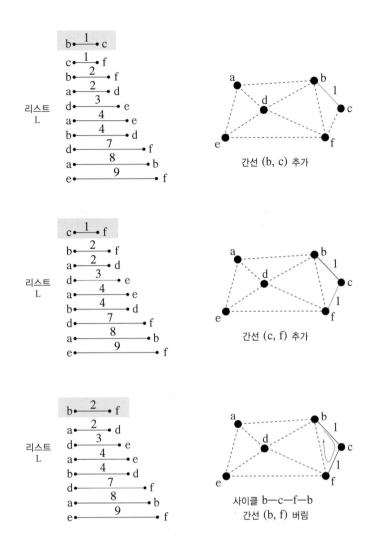

간선 (b, c) 추가

간선 (c, f) 추가

사이클 b—c—f—b
간선 (b, f) 버림

앞과 같은 과정이 반복되면서 간선 (a, d)와 (d, e)가 추가된 후, 간선 (b, d)가 다음과 같이 T에 마지막으로 추가되고, T의 간선 수가 $n-1 = 6-1 = 5$이므로 알고리즘이 종료된다.

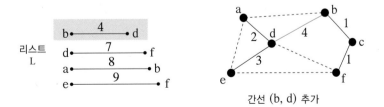

간선 (b, d) 추가

시간복잡도
알아보기

KruskalMST 알고리즘의 시간복잡도를 살펴보자. Line 1에서는 간선들을 가중치로 정렬하는 데 O($m\log m$) 시간이 걸린다. 단, m은 입력 그래프에 있는 간선의 수이다. Line 2에서는 T를 단순히 초기화하는 것이므로 O(1) 시간이 걸린다. Line 3~8의 while-루프는 최악의 경우 m번 수행된다. 즉, 그래프의 모든 간선이 while-루프 내에서 처리되는 경우이다. 그리고 while-루프 내에서는 L로부터 가져온 간선 e가 사이클을 만드는지를 검사[3]하는데, 이는 O($\log^* m$)[4] 시간이 걸린다. 따라서 크러스컬 알고리즘의 시간복잡도는 O($m\log m$)+O($m\log^* m$) = O($m\log m$)이다.

핵심아이디어

두 번째로 소개할 프림(Prim)의 최소 신장 트리 알고리즘은 주어진 가중치 그래프에서 임의의 점 하나를 선택한 후, ($n-1$)개의 간선을 하나씩 추가시켜 트리를 만든다. 현재까지 만들어진 트리에 새로운 간선을 추가하면서 연결시킬 때 '욕심을 내어서' 항상 최소의 가중치로 연결되는 간선을 추가시킨다. 다음은 프림의 최소 신장 트리 알고리즘이다.

알고리즘

PrimMST(G)

```
입력: 가중치 그래프 G=(V,E), |V|=n(점의 수), |E|=m(간선의 수)
출력: 최소 신장 트리 T
1   그래프 G에서 임의의 점 p를 시작점으로 선택하고, D[p]=0으로 놓는다.
    // D[v]는 T에 있는 점 u와 v를 연결하는 간선의 최소 가중치를 저장한다.
2   for (점 p가 아닌 각 점 v에 대하여) {   // 배열 D의 초기화
3     if ( 간선 (p,v)가 그래프에 있으면 )
4       D[v] = 간선 (p,v)의 가중치
5     else
6       D[v]=∞
    }
7   T= {p}   // 초기에 트리 T는 점 p만을 가진다.
8   while (T에 있는 점의 수 < n) {
```

---

3) 서로소 집합(disjoint set) 연산을 이용한 사이클 검사 방법은 연습문제에서 다룬다.

4) $\log^* n$은 매우 느리게 증가하는 함수로, $\log^* 2=1$, $\log^* 2^2=2$, $\log^* 4^2=3$, $\log^* 16^2=4$, $\log^* 256^2=5$, $\log^* 65536^2=6$이다. 모든 간선들에 대한 사이클 검사에 걸리는 시간은 O($m\log^* m$)인데, 이를 증명하기 위해서 서로소 집합 연산을 이용한 상각 분석(amortized analysis)이 필요하므로 이에 대한 설명은 생략한다.

9	T에 속하지 않은 각 점 v에 대하여, D[v]가 최소인 점 v_{min}과 연결된 간선 (u, v_{min}) 을 T에 추가한다. 단, u는 T에 속한 점이고, 이때 점 v_{min}도 T에 추가된다.
10	for (T에 속하지 않은 각 점 w에 대해서) {
11	if (간선 (v_{min}, w)의 가중치 < D[w])
12	D[w] = 간선 (v_{min}, w)의 가중치 // D[w]를 갱신한다.
	}
	}
13	return T // T는 최소 신장 트리이다.

- Line 1에서 임의로 점 p를 선택하고, D[p]=0으로 놓는다. 여기서 D[v]에는 알고리즘이 수행되는 과정 중에 점 v와 T에 속한 점들을 연결하는 간선들 중에서 최소 가중치를 가진 간선의 가중치를 저장한다. 예를 들어, [그림4-3] 에서 D[v]에는 10, 7, 15 중에서 최소 가중치인 7이 저장된다.

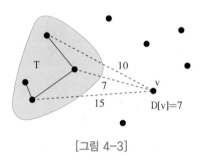

[그림 4-3]

- Line 2~6에서는 입력 그래프에서 시작점 p와 간선으로 연결된 점 v의 D[v]를 간선 (p,v)의 가중치로 초기화시키고, 점 p와 간선으로 연결되지 않은 점 v에 대해서 D[v]=∞로 놓는다.

- Line 7에서는 T = {p}로 초기화시킨다.

- Line 8~12의 while-루프는 T의 점의 수가 n이 될 때까지 수행된다. T에 속한 점의 수가 n이 되면, T는 신장 트리이다.

- Line 9에서는 T에 속하지 않은 각 점 v에 대하여, D[v]가 최소인 점 v_{min}을 찾는다. 그리고 점 v_{min}과 연결된 간선 (u, v_{min})을 T에 추가한다. 단, u는 T에 속한 점이고, 간선 (u, v_{min})이 T에 추가된다는 것은 점 v_{min}도 T에 추가되는 것이다.

- Line 10~12의 for-루프에서는 line 9에서 새로이 추가된 점 v_{min}에 연결되어 있으면서 T에 속하지 않은 각 점 w의 D[w]를 간선 (v_{min}, w)의 가중치가 D[w]보다 작으면 (if-조건), D[w]를 간선 (v_{min}, w)의 가중치로 갱신한다.

- 마지막으로 line 13에서는 최소 신장 트리 T를 리턴한다.

예제 따라
이해하기

다음의 그래프에 대해서 PrimMST 알고리즘이 수행되는 과정을 살펴보자.

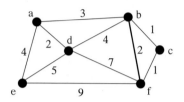

- Line 1에서 임의의 시작점으로 점 c가 선택되었다고 가정하자.[5] 그리고 D[c]=0으로 초기화시킨다.

- Line 2~6에서는 시작점 c와 간선으로 연결된 각 점 v에 대해서, D[v]를 각 간선의 가중치로 초기화시키고, 나머지 각 점 v에 대해서, D[v]는 ∞로 초기화시킨다([그림 4-4] 참조).

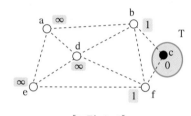

[그림 4-4]

- Line 7에서는 T={c}로 초기화시킨다.

- Line 8의 while-루프의 조건이 '참'이다. 즉, 현재 T에는 점 c만이 있다. 따라서 line 9에서 T에 속하지 않은 각 점 v에 대하여, D[v]가 최소인 점 v_{min}을 선택한다. D[b]=D[f]=1로서 최솟값이므로 점 b나 점 f 중에서 하나를 임의로 선택한다. 여기서는 점 b를 선택하자. 따라서 점 b와 간선 (c,b)가 T에 추가된다.

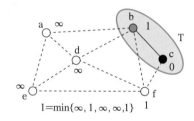

$1=\min\{\infty, 1, \infty, \infty, 1\}$

- Line 10~12에서 점 b에 연결된 점 a와 d의 D[a]와 D[d]를 각각 3과 4로 갱신한다. 점 f 는 점 b와 간선으로 연결은 되어 있으나, 간선 (b,f)의 가중치인 2가 현재 D[f]보다 크므로 D[f]는 갱신되지 않는다.

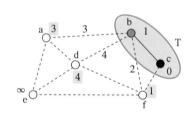

---

5) 어떤 점이 선택되어도 무방하다. 왜냐하면 그래프의 모든 점들이 신장 트리에 포함되기 때문이다.

- Line 8의 while-루프의 조건이 '참'이므로, line 9에서 T에 속하지 않은 각 점 v에 대하여, v_{min}인 점 f를 찾고, 점 f와 간선 (c,f)를 T에 추가시킨다.

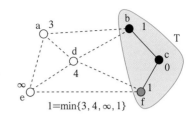

$1=\min\{3, 4, \infty, 1\}$

- Line 10~12에서 점 f에 연결된 점 e의 D[e]를 9로 갱신한다. D[d]는 간선 (f,d)의 가중치인 7보다 작기 때문에 갱신되지 않는다.

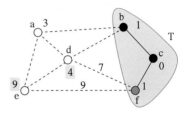

그 다음부터는 점 a와 간선 (b,a), 점 d와 간선 (a,d)가 차례로 T에 추가되고, 최종적으로 점 e와 간선 (a,e)가 추가되면서, 최소 신장 트리 T가 완성된다. Line 13에서는 T를 리턴하고, 알고리즘을 마친다. 다음 그림들이 앞의 과정을 차례로 보여준다.

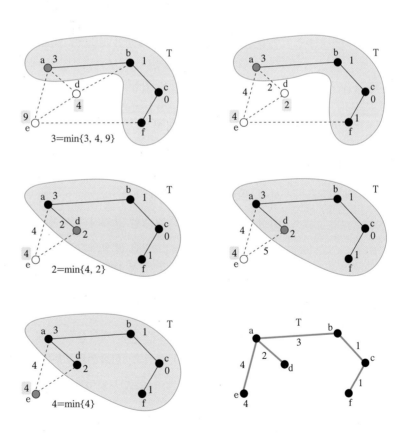

$3=\min\{3, 4, 9\}$

$2=\min\{4, 2\}$

$4=\min\{4\}$

PrimMST 알고리즘이 최종적으로 리턴하는 T에는 왜 사이클이 없을까? [그림 4-5]는 PrimMST 알고리즘이 T를 만드는 과정의 한 단계를 보여준다. 오른쪽 그래프에서 만일 간선 (u,v)가 최소 가중치를 가지고 있어서 T에 추가되면, 점 v가 T에 속하지 않으므로 사이클이 만들어질 수 없다. 즉, 프림 알고리즘은 T 밖에 있는 점을 항상 추가하므로 사이클을 만들지 않는다.

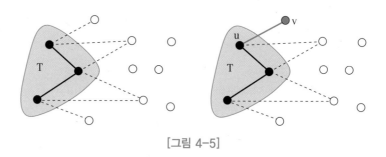

[그림 4-5]

프림 알고리즘의 시간복잡도를 살펴보면, while-루프가 $(n-1)$번 반복되고, 1회 반복될 때 line 9에서 T에 속하지 않은 각 점 v에 대하여, D[v]가 최소인 점 v_{min}을 찾는 데 $O(n)$ 시간이 걸린다. 왜냐하면 1차원 배열 D에서 (현재 T에 속하지 않은 점들에 대해서) 최솟값을 찾는 것이고, 배열의 크기는 그래프의 점의 수인 n이기 때문이다. 따라서 프림 알고리즘의 시간복잡도는 $(n-1) \times O(n) = O(n^2)$이다.[6]

크러스컬 알고리즘과 프림 알고리즘의 수행 과정 비교

- 크러스컬 알고리즘에서는 간선이 하나씩 T에 추가되는데, 이는 마치 n개의 점들이 각각의 트리인 상태에서 간선이 추가되면 2개의 트리가 1개의 트리로 합쳐지는 것과 같다. 크러스컬 알고리즘은 이를 반복하여 1개의 트리인 T를 만든다. 즉, n개의 트리들이 점차 합쳐져서 1개의 신장 트리가 만들어진다.
- 프림 알고리즘에서는 T가 점 1개인 트리에서 시작되어 간선을 하나씩 추가시킨다. 즉, 1개의 트리가 자라나서 신장 트리가 된다.

최소 신장 트리 알고리즘은 최소 비용으로 선로 또는 파이프 네트워크(인터넷 광케이블 선로, 케이블 TV 선로, 전화선로, 송유관로, 가스관로, 배수로 등)를 설치하는 데 활용되며, 여행자 문제(Traveling Salesman Problem)를 근사적[7]으로 해

---

6) 배열 D를 힙 자료구조로 구현하면 프림 알고리즘의 시간복잡도는 $O(m \log n)$이 될 수 있다. 여기서 m은 입력 그래프의 간선 수이다(부록의 힙 자료구조 참조).
7) 8.1절의 여행자 문제를 위한 근사 알고리즘에서 최소 신장 트리가 활용된다.

결하는 데 이용된다.

▶ 최소 신장 트리 알고리즘은 최소 비용으로 선로(왼쪽)와 송유관로(오른쪽)를 설치
하는 데 활용된다.

4.3 최단 경로 찾기

문제

최단 경로(Shortest Path) 문제는 주어진 가중치 그래프에서 어느 한 출발점에서
또 다른 도착점까지의 최단 경로를 찾는 문제이다. 최단 경로를 찾는 가장 대표적
인 알고리즘은 다익스트라(Dijkstra) 최단 경로 알고리즘이며, 이 또한 그리디 알
고리즘이다.

핵심아이디어

다익스트라 알고리즘은 프림의 최소 신장 트리 알고리즘과 거의 흡사한 과정으로
진행된다. 2가지 차이점이 있는데, 하나는 프림 알고리즘은 임의의 점에서 시작하
나 다익스트라 알고리즘은 주어진 출발점에서 시작한다는 것이고, 다른 하나는 프
림 알고리즘은 트리에 하나의 점(간선)을 추가시킬 때 현재 상태의 트리에서 가장
가까운 점을 추가시킨다. 그러나 다익스트라의 알고리즘은 출발점으로부터 최단
거리가 확정되지 않은 점들[8] 중에서 출발점으로부터 가장 가까운 점을 추가하고,
그 점의 최단 거리를 확정한다.

다음은 다익스트라의 최단 경로 알고리즘이다. 입력 그래프는 양수의 가중치 그래
프로서 하나의 연결성분(connected component)으로 되어 있다. 단, s는 출발점이다.

---

8) 최단 거리가 '확정된 점들'은 프림의 최소 신장 트리 알고리즘에서 현재까지 만들어온 T에 속한
점들이라고 생각하고, '확정되지 않은 점들'은 T에 속하지 않은 점들이라고 생각하면 된다.

ShortestPath(G, s)

입력: 가중치 그래프 G=(V,E), |V|=n(점의 수), |E|=m(간선의 수)
출력: 출발점 s로부터 (n−1)개의 점까지 각각 최단 거리를 저장한 배열 D

1 배열 D를 ∞로 초기화시킨다. 단, D[s]=0으로 초기화한다.
   // 배열 D[v]에는 출발점 s로부터 점 v까지의 거리가 저장된다.
2 while (s로부터의 최단 거리가 확정되지 않은 점이 있으면) {
3   현재까지 s로부터 최단 거리가 확정되지 않은 각 점 v에 대해서 최소의 D[v]의 값을 가진 점 v_{min}을 선택하고, 출발점 s로부터 점 v_{min}까지의 최단 거리 $D[v_{min}]$을 확정시킨다.
4   s로부터 현재보다 짧은 거리로 점 v_{min}을 통해 우회 가능한 각 점 w에 대해서 D[w]를 갱신한다.
   }
5 return D

- ShortestPath 알고리즘에서 배열 D[v]는 출발점 s로부터 점 v까지의 거리를 저장하는 데 사용되고, 최종적으로는 출발점 s로부터 점 v까지의 최단 거리가 저장된다. Line 1에서는 출발점 s의 D[s]=0으로, 또 다른 각 점 v에 대해서 D[v]=∞로 초기화시킨다.

- Line 2~4의 while-루프는 (n−1)회 수행된다. 현재까지 s로부터 최단 거리가 확정된 점들의 집합을 T라고 놓으면, V−T는 현재까지 s로부터 최단 거리가 확정되지 않은 점들의 집합이다. 따라서 V−T에 속한 각 점 v에 대해서 D[v]가 최소인 점 v_{min}을 선택하고, v_{min}의 최단 거리를 확정시킨다. 즉, $D[v_{min}] \le D[v]$, v ∈ V−T이다. '확정한다는 것'은 2가지의 의미를 갖는다.
  - $D[v_{min}]$이 확정된 후에는 다시 변하지 않는다.
  - 점 v_{min}이 T에 포함된다.

- Line 4에서는 V−T에 속한 점들 중 v_{min}을 거쳐 감(경유함)으로써 s로부터의 거리가 현재보다 더 짧아지는 점 w가 있으면, 그 점의 D[w]를 갱신한다. [그림 4−6]은 v_{min}이 T에 포함된 상태를 보이고 있는데, v_{min}에 인접한 점 w_1, w_2, w_3 각각에 대해서 만일 $(D[v_{min}]+$간선(v_{min}, w_i)의 가중치$) \langle D[w_i]$이면, $D[w_i] = (D[v_{min}]+$간선(v_{min}, w_i)의 가중치$)$로 갱신한다.

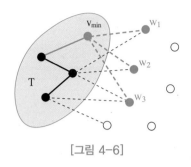

[그림 4-6]

● 마지막으로 line 5에서 배열 D를 리턴한다.

예제 따라
이해하기

다음 입력 그래프에 대해 ShortestPath 알고리즘이 수행되는 과정을 살펴보자.
단, 출발점은 서울이다.

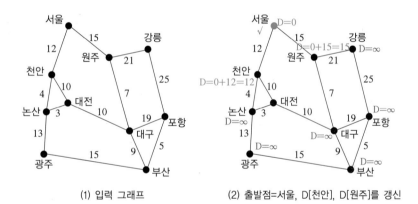

(1) 입력 그래프

(2) 출발점=서울, D[천안], D[원주]를 갱신

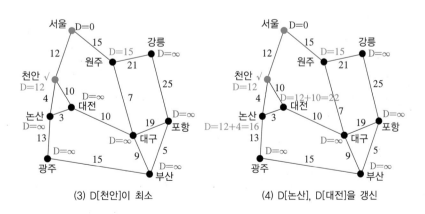

(3) D[천안]이 최소

(4) D[논산], D[대전]을 갱신

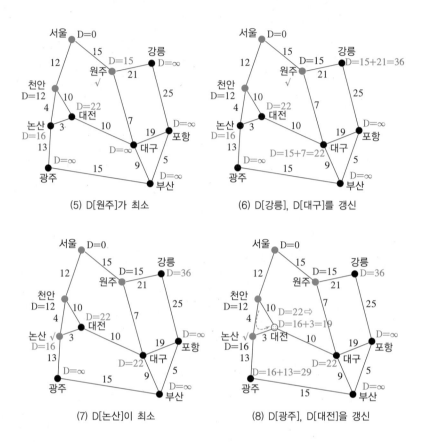

(5) D[원주]가 최소

(6) D[강릉], D[대구]를 갱신

(7) D[논산]이 최소

(8) D[광주], D[대전]을 갱신

다음으로 대전이 선택되고, 이후의 수행과정은 생략한다. 최종적으로 다음과 같은
결과를 얻는다.

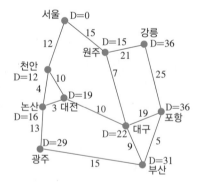

시간복잡도
알아보기

ShortestPath 알고리즘의 시간복잡도를 살펴보면, while-루프가 $(n-1)$번 반복되
고, 1회 반복될 때 line 3에서 최소의 D[v]를 가진 점 v_{min}을 찾는 데 $O(n)$ 시간이

걸린다. 왜냐하면 1차원 배열 D에서 최솟값을 찾는 것이기 때문이다. 또한 line 4에서도 v_{min}에 연결된 점의 수가 최대 $(n-1)$개이므로, 각 D[w]를 갱신하는 데 걸리는 시간은 O(n)이다. 따라서 시간복잡도는 $(n-1) \times \{O(n)+O(n)\} = O(n^2)$[9]이다.

응용

최단 경로 알고리즘은 맵퀘스트(Mapquest)와 구글(Google) 웹사이트의 지도 서비스에서 사용되며, 자동차 내비게이션, 네트워크와 통신 분야, 모바일 네트워크, 산업 공학과 경영 공학의 운영 연구(Operation Research), 로봇 공학, 교통 공학, VLSI 디자인 분야 등에 널리 활용된다.

▶ 최단 경로 알고리즘은 맵퀘스트(왼쪽)와 구글 웹사이트의 지도 서비스(오른쪽)에 사용된다.

4.4 부분 배낭 문제

문제

배낭(Knapsack) 문제는 n개의 물건이 있고, 각 물건이 무게와 가치를 가지고 있을 때, 최대의 가치를 갖도록 한정된 용량의 배낭에 넣을 물건들을 정하는 문제이다. 원래 배낭 문제는 물건을 통째로 배낭에 넣어야 되지만, 부분 배낭(Fractional Knapsack) 문제는 물건을 부분적으로 담는 것이 허용된다.[10]

---

9) 점 v_{min}을 찾는 데 힙 자료구조를 사용하면 시간복잡도는 O($m\log n$)(부록의 힙 자료구조 참조)이고, 피보나치 힙을 사용하면 O($m+n\log n$)이 된다. 여기서 m은 입력 그래프의 간선 수이다.

10) 즉, 물건이 분말이라고 생각하면 된다.

 핵심 아이디어

부분 배낭 문제에서는 물건을 부분적으로 배낭에 담을 수 있으므로, 최적해를 위해서 '욕심을 내어' 단위 무게당 가장 값나가는 물건을 배낭에 넣고, 계속해서 그 다음으로 값나가는 물건을 넣는다. 그런데 만일 그 다음으로 값나가는 물건을 '통째로' 배낭에 넣을 수 없게 되면, 배낭에 넣을 수 있을 만큼만 물건을 부분적으로 배낭에 담는다.

다음은 부분 배낭 문제를 위한 그리디 알고리즘이다.

 알고리즘

FractionalKnapsack

입력: n개의 물건과 각 물건의 무게와 가치, 배낭의 용량 C
출력: 배낭에 담은 물건 리스트 L과 배낭에 담은 물건의 가치 합 v

1 각 물건의 단위 무게당 가치를 계산한다.
2 물건들을 단위 무게당 가치를 기준으로 내림차순으로 정렬하고, 정렬된 물건 리스트를 S라고 하자.
3 L=∅, w=0, v=0
   // L은 배낭에 담을 물건 리스트, w는 배낭에 담긴 물건들의 무게의 합, v는 배낭에 담긴 물건들의 가치의 합이다.
4 S에서 단위 무게당 가치가 가장 큰 물건 x를 가져온다.
5 while ((w+x의 무게) ≦ C) {
6   x를 L에 추가시킨다.
7   w = w +x의 무게
8   v = v +x의 가치
9   x를 S에서 제거한다.
10   S에서 단위 무게당 가치가 가장 큰 물건 x를 가져온다.

```
        }
11   if ((C-w) > 0)  { // 배낭에 물건을 부분적으로 더 담을 여유가 있으면
12      물건 x를 (C-w)만큼만 L에 추가한다.
13      v = v +(C-w)만큼의 x의 가치
        }
14   return L, v
```

- Line 1~2에서는 각 물건의 단위 무게당 가치를 계산하여, 이를 기준으로 물건들을 내림차순으로 정렬한다.

- Line 5~10의 while-루프를 통해서 다음으로 단위 무게당 값나가는 물건을 가져다 배낭에 담고, 만일 가져온 물건을 배낭에 담을 경우 배낭의 용량이 초과되면(즉, while-루프의 조건이 '거짓'이 되면) 가져온 물건을 '통째로' 담을 수 없게 되어 루프를 종료한다.

- Line 11에서는 현재까지 배낭에 담은 물건들의 무게 w가 배낭의 용량 C보다 작으면 (즉, if-조건이 '참'이면) line 12~13에서 해당 물건을 (C-w)만큼만 부분적으로 배낭에 담고, (C-w)만큼의 x의 가치만큼 v를 증가시킨다.

- Line 14에서는 최종적으로 배낭에 담긴 물건들의 리스트 L과 배낭에 담긴 물건들의 가치의 합 v를 리턴한다.

 예제 따라
이해하기

4개의 금속 분말이 다음 그림과 같이 있다. 배낭의 최대 용량이 40g일 때, FractionalKnapsack 알고리즘이 수행되는 과정을 살펴보자.

무엇부터
담을까?

50g   10g   25g   15g
주석   백금   은   금
5만 원   60만 원   10만 원   75만 원

- Line 1~2의 결과: S=[백금, 금, 은, 주석]

물건	단위 그램당 가치
백금	6만 원
금	5만 원
은	4천 원
주석	1천 원

- Line 3: L=∅, w=0, v=0로 각각 초기화한다.
- Line 4: S=[백금, 금, 은, 주석]로부터 단위 그램당 가치가 가장 높은 백금을 가져온다.
- Line 5: while-루프의 조건 ((w+백금의 무게) ≤ C) = ((0+10)<40)이 '참'이다.
- Line 6: 백금을 배낭 L에 추가시킨다. 즉, L=[백금]이 된다.
- Line 7: w = w+(백금의 무게) = 0+10g = 10g
- Line 8: v = v+(백금의 가치) = 0+60만 원 = 60만 원
- Line 9: S에서 백금을 제거한다. S=[금, 은, 주석]
- Line 10: S에서 금을 가져온다.
- Line 5: while-루프의 조건 ((w+금의 무게) ≤ C) = ((10+15)<40)이 '참'이다.
- Line 6: 금을 배낭 L에 추가시킨다. L=[백금, 금]
- Line 7: w = w+(금의 무게) = 10g+15g = 25g
- Line 8: v = v+(금의 가치) = 60만 원+75만 원 = 135만 원
- Line 9: S에서 금을 제거한다. S=[은, 주석]
- Line 10: S에서 은을 가져온다.
- Line 5: while-루프의 조건 ((w+은의 무게) ≤ C) = ((25+25)<40)이 '거짓'이므로 루프를 종료한다.
- Line 11: if-조건 ((C-w) > 0)이 '참'이다. 즉, 40-25 = 15 > 0이기 때문이다.
- Line 12: 따라서 은을 C-w=(40-25)=15g만큼만 배낭 L에 추가시킨다.
- Line 13: v = v+(15g×4천 원/g) = 135만 원+6만 원 = 141만 원
- Line 14: 배낭 L=[백금 10g, 금 15g, 은 15g]과 가치의 합 v = 141만 원을 리턴한다.

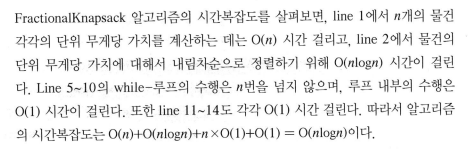
시간복잡도
알아보기

FractionalKnapsack 알고리즘의 시간복잡도를 살펴보면, line 1에서 n개의 물건 각각의 단위 무게당 가치를 계산하는 데는 O(n) 시간 걸리고, line 2에서 물건의 단위 무게당 가치에 대해서 내림차순으로 정렬하기 위해 O($n\log n$) 시간이 걸린다. Line 5~10의 while-루프의 수행은 n번을 넘지 않으며, 루프 내부의 수행은 O(1) 시간이 걸린다. 또한 line 11~14도 각각 O(1) 시간 걸린다. 따라서 알고리즘의 시간복잡도는 O(n)+O($n\log n$)+$n \times$O(1)+O(1) = O($n\log n$)이다.

부분 배낭 문제의 원형은 0-1 배낭 문제[11]이다. 0-1 배낭 문제는 부분 배낭 문제의 모든 조건이 같으나, 물건을 부분적으로 배낭에 넣을 수 없다. 문제의 이름의 '0'은 물건을 배낭에 안 넣는다는 것이고, '1'은 물건을 배낭에 넣는다는 의미를 가진다.

0-1 배낭 문제는 그리디 알고리즘으로 해결할 수 없다. 다른 해결 방법으로는 동적 계획 알고리즘, 백트래킹(Backtracking) 기법, 분기 한정(Branch-and-Bound) 기법이 있다. 0-1 배낭 문제를 위한 동적 계획 알고리즘은 5장에서 다루고, 백트래킹 기법과 분기 한정 기법은 9장에서 다룬다.

응용

0-1 배낭 문제는 조합론, 계산이론, 암호학, 응용수학 분야에서 기본적인 문제로 다루어진다. 이것은 '버리는 부분 최소화시키는' 원자재 자르기(Raw Material Cutting), 자산투자 및 금융 포트폴리오(Financial Portfolio)에서의 최선의 선택에 사용되며, Merkle-Hellman 배낭 암호 시스템에도 활용된다.

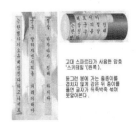

고대 스파르타가 사용한 암호 '스키테일'(왼쪽).

둥그런 봉에 가는 종이를 겹치지 않게 감은 뒤 종이를 풀면 글자가 뒤죽박죽 섞여 못알아본다.

▶ 0-1 배낭 문제는 공개키 암호 시스템에서 활용된다.

4.5 집합 커버 문제

문제

n개의 원소를 가진 집합인 U가 있고, U의 부분 집합들을 원소로 하는 집합 F가 주어질 때, F의 원소들인 집합들 중에서 어떤 집합들을 선택하여 합집합하면 U와

---

11) 0/1 배낭 문제라고도 표기한다.

같게 되는가? 집합 커버(Set Cover) 문제는 F에서 선택하는 집합들의 수를 최소화하는 문제이다.

집합 문제의 예로 신도시를 계획하는 데 있어서 학교를 어떻게 배치하여야 하는지를 살펴보자. [그림 4-7(a)]와 같이 10개의 마을이 신도시에 만들어질 계획이다. 이때 아래의 2가지 조건이 만족되도록 학교의 위치를 선정하여야 한다고 가정하자.

● 학교는 마을에 위치해야 한다.
● 등교 거리는 걸어서 15분 이내이어야 한다.

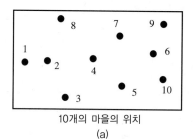

10개의 마을의 위치
(a)

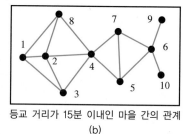

등교 거리가 15분 이내인 마을 간의 관계
(b)

[그림 4-7]

[그림 4-7(b)]에서 두 마을을 잇는 간선은 두 마을 간의 거리가 걸어서 15분 이내에 통학할 수 있음을 나타낸다. 어느 마을에 학교를 신설해야 학교의 수가 최소로 될까?

답은 2번 마을에 학교를 만들면 마을 1, 2, 3, 4, 8의 학생들이 15분 이내에 등교할 수 있고(즉, 마을 1, 2, 3, 4, 8이 '커버' 되고), 6번 마을에 학교를 만들면 마을 5, 6, 7, 9, 10이 커버된다. 즉, 2번과 6번 마을에 학교를 배치하면 모든 마을이 커버된다. 따라서 최소의 학교 수는 2개이다. 이보다 적은 수의 학교(즉, 1개의 학교)로 모든 마을을 커버할 수 없다.

앞의 신도시 계획 문제를 집합 커버 문제로 변환시키면, 다음과 같다. 여기서 S_i는 마을 i에 학교를 배치했을 때 커버되는 마을의 집합이다.

U={1, 2, 3, 4, 5, 6, 7, 8, 9, 10} // 신도시의 마을 10개
F={S_1, S_2, S_3, S_4, S_5, S_6, S_7, S_8, S_9, S_{10}}

S_1={1, 2, 3, 8}　　　　　S_5={4, 5, 6, 7}　　　　　S_9={6, 9}

S_2={1, 2, 3, 4, 8}　　　S_6={5, 6, 7, 9, 10}　　S_{10}={6, 10}

S_3={1, 2, 3, 4}　　　　　S_7={4, 5, 6, 7}

S_4={2, 3, 4, 5, 7, 8}　　S_8={1, 2, 4, 8}

S_i 집합들 중에서 어떤 집합들을 선택하여야 그들의 합집합이 U와 같은가? 단, 선택된 집합의 수는 최소이어야 한다.

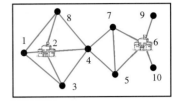

이 문제의 답은 $S_2 \cup S_6 = \{1, 2, 3, 4, 8\} \cup \{5, 6, 7, 9, 10\} = \{1, 2, 3, 4, 5, 6, 7, 8, 9, 10\} = U$이다.

집합 커버 문제의 최적해는 어떻게 찾아야 할까? F에 n개의 집합이 있다고 가정해보자. 가장 단순한 방법은 F에 있는 집합들의 모든 조합을 하나씩 합집합하여 U가 되는지 확인하고, U가 되는 조합의 집합 수가 최소인 것을 찾는 것이다.

예를 들면, F=$\{S_1, S_2, S_3\}$일 경우, 모든 조합이란, $S_1, S_2, S_3, S_1 \cup S_2, S_1 \cup S_3, S_2 \cup S_3, S_1 \cup S_2 \cup S_3$이다. 즉, 집합이 1개인 경우 3개 = $_3C_1$, 집합이 2개인 경우 3개 = $_3C_2$, 집합이 3개인 경우 1개 = $_3C_3$이다. 총합은 3+3+1= 7 = 2^3-1개이다. 그러므로 n개의 원소가 있으면 (2^n-1)개를 다 검사하여야 하고, n이 커지면 최적해를 찾는 것은 실질적으로 불가능하다.

핵심아이디어

이를 극복하기 위해서는 최적해를 찾는 대신에 최적해에 근접한 근사해[12] (approximation solution)를 찾는 것이다. 또한 집합 S_i가 현재 상태의 U에 있는 원소를 가장 많이 커버하면 그리디하게 S_i를 집합 커버에 포함시킨다. 다음은 집합 커버 문제를 위한 근사(Approximation) 알고리즘이다.

알고리즘

SetCover

```
입력: U, F={Sᵢ}, i=1,…,n
출력: 집합 커버 C
1  C=∅
2  while (U≠∅) do  {
3     U의 원소들을 가장 많이 포함하고 있는 집합 Sᵢ를 F에서 선택한다.
4     U = U−Sᵢ
5     Sᵢ를 F에서 제거하고, Sᵢ를 C에 추가한다.
   }
6  return C
```

---

12) 근사해란 최적해에 가까운 값을 가진 해를 말한다.

- Line 1에서는 C를 공집합으로 초기화시킨다.
- Line 2~5의 while-루프에서는 집합 U가 공집합이 될 때까지 수행된다.
- Line 3에서는 '그리디' 하게 U와 가장 많은 수의 원소들을 공유하는 집합 S_i를 선택한다.
- Line 4에서 S_i의 원소들을 U에서 제거한다. 왜냐하면 제거되는 원소들은 S_i로 커버된 것이기 때문이다. 따라서 U는 아직 커버되지 않은 원소들의 집합이다.
- Line 5에서는 S_i를 F로부터 제거하여, S_i가 line 3에서 더 이상 고려되지 않도록 하며, S_i를 집합 커버 C에 추가한다.
- Line 6에서는 C를 리턴한다.

앞의 도시 계획 문제에 대해서 SetCover 알고리즘이 수행되는 과정을 살펴보자.

U={1, 2, 3, 4, 5, 6, 7, 8, 9, 10}
F={S_1, S_2, S_3, S_4, S_5, S_6, S_7, S_8, S_9, S_{10}}
S_1={1, 2, 3, 8} S_6={5, 6, 7, 9, 10}
S_2={1, 2, 3, 4, 8} S_7={4, 5, 6, 7}
S_3={1, 2, 3, 4} S_8={1, 2, 4, 8}
S_4={2, 3, 4, 5, 7, 8} S_9={6, 9}
S_5={4, 5, 6, 7} S_{10}={6, 10}

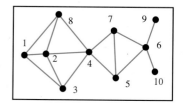

- Line 1: C=∅로 초기화한다.
- Line 2: while-조건 (U≠∅)=({1, 2, 3, 4, 5, 6, 7, 8, 9, 10}≠∅)이 '참' 이다.
- Line 3: U의 원소들을 가장 많이 커버하는 집합인 S_4={2, 3, 4, 5, 7, 8}을 F에서 선택한다.
- Line 4: U = U − S_4 = {1, 2, 3, 4, 5, 6, 7, 8, 9, 10} − {2, 3, 4, 5, 7, 8} = {1, 6, 9, 10}
- Line 5: S_4를 F에서 제거하고, 즉 F ={S_1, S_2, S_3, S_4, S_5, S_6, S_7, S_8, S_9, S_{10}} − {S_4} = {S_1, S_2, S_3, S_5, S_6, S_7, S_8, S_9, S_{10}}가 되고, S_4를 C에 추가한다. 즉, C = {S_4}이다.
- Line 2: while-조건 (U≠∅) = ({1, 6, 9, 10}≠∅)이 '참' 이다.
- Line 3: U의 원소들을 가장 많이 커버하는 집합인 S_6={5, 6, 7, 9, 10}을 F에서 선택한다.

- Line 4: $U = U - S_6 = \{1, 6, 9, 10\} - \{5, 6, 7, 9, 10\} = \{1\}$
- Line 5: S_6을 F에서 제거하고, 즉 F$=\{S_1, S_2, S_3, S_5, S_6, S_7, S_8, S_9, S_{10}\}$ — $\{S_6\} = \{S_1, S_2, S_3, S_5, S_7, S_8, S_9, S_{10}\}$이 되고, S_6을 C에 추가한다. 즉, C $= \{S_4, S_6\}$이다.
- Line 2: while-조건 $(U \neq \varnothing) = (\{1\} \neq \varnothing)$이 '참'이다.
- Line 3: U의 원소들을 가장 많이 커버하는 집합인 $S_1 = \{1, 2, 3, 8\}$을 F에서 선택한다. 여기서 S_1 대신에 S_2, S_3, S_8 중에서 어느 하나를 선택해도 무방하다.
- Line 4: $U = U - S_1 = \{1\} - \{1, 2, 3, 8\} = \varnothing$
- Line 5: S_1을 F에서 제거하고, 즉 F$=\{S_1, S_2, S_3, S_5, S_6, S_7, S_8, S_9, S_{10}\}$ — $\{S_1\} = \{S_2, S_3, S_5, S_7, S_8, S_9, S_{10}\}$이 되고, S_1을 C에 추가한다. 즉, C $= \{S_1, S_4, S_6\}$이다.
- Line 2: while-조건 $(U \neq \varnothing) = (\varnothing \neq \varnothing)$이 '거짓'이므로, 루프를 끝낸다.
- Line 6: C$=\{S_1, S_4, S_6\}$을 리턴한다.

다음 그림이 SetCover 알고리즘의 최종해를 보이고 있다.

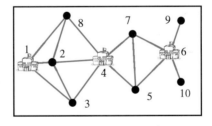

SetCover 알고리즘의 시간복잡도를 생각해보자. 먼저 while-루프가 수행되는 횟수는 최대 n번이다. 왜냐하면 루프가 1번 수행될 때마다 집합 U의 원소 1개씩만 커버된다면, 최악의 경우 루프가 n번 수행되어야 하기 때문이다. 루프가 1번 수행될 때의 시간복잡도를 살펴보자.

- Line 2의 while-루프 조건 $(U \neq \varnothing)$을 검사는 $O(1)$ 시간이 걸린다. 왜냐하면 U의 현재 원소 수를 위한 변수를 두고 그 값이 0인지를 검사하면 되기 때문이다.
- Line 3에서 U의 원소들을 가장 많이 포함하고 있는 집합 S를 찾으려면, 현재 남아 있는 S_i 각각을 U와 비교하여야 한다. 따라서 S_i들의 수가 최대 n이라면 각 S_i와 U의 비교는 $O(n)$ 시간이 걸리므로, line 3은 $O(n^2)$ 시간이 걸린다.

- Line 4에서는 집합 U에서 집합 S_i의 원소를 제거하는 것이므로 $O(n)$ 시간이 걸린다.
- Line 5에서는 S_i를 F에서 제거하고, S_i를 C에 추가하는 것이므로 $O(1)$ 시간이 걸린다.

따라서 루프 1회의 시간복잡도는 $O(1)+O(n^2)+O(n)+O(1) = O(n^2)$이다. 그러므로 SetCover 알고리즘의 시간복잡도는 $O(n)×O(n^2) = O(n^3)$이다.

근사 알고리즘은 근사해가 최적해에 얼마나 근사한지(즉, 최적해에 얼마나 가까운지)를 나타내는 근사 비율(approximation ratio)을 알고리즘과 함께 제시하여야 한다. SetCover 알고리즘의 근사 비율은 $K\ln n$[13])으로서, 그 의미는 SetCover 알고리즘의 최악 경우의 해일지라도 그 집합 수가 $K\ln n$개를 넘지 않는다는 뜻이다. 여기서 K는 최적해의 집합의 수이다. 신도시 계획 예제에서는 최적해가 집합 2개로 모든 마을을 커버했으므로, $K\ln n = 2×\ln 10 < 2×3 = 6$이다. 즉, SetCover 알고리즘이 찾은 근사해의 집합 수는 6개를 초과하지 않는다는 것이다. 집합 문제의 최적해를 찾는 데는 지수 시간이 걸리나, SetCover 알고리즘은 $O(n^3)$ 시간에 근사해를 찾으며 그 해도 실질적으로 최적해와 비슷하다.

응용

집합 커버 문제는 실제로 매우 다양한 분야에서 활용된다.

- 도시 계획(City Planning)에서 공공 기관 배치하기
- 경비 시스템: 미술관, 박물관, 기타 철저한 경비가 요구되는 장소(Art Gallery 문제)의 CCTV 카메라의 최적 배치

▶ 집합 커버 문제는 철저한 경비가 요구되는 장소의 CCTV 카메라의 최적 배치에 활용된다.

---

13) SetCover 알고리즘의 근사 비율에 대한 증명은 생략한다.

- 컴퓨터 바이러스 찾기: 알려진 바이러스들을 '커버'하는 부분 스트링들의 집합 찾기 — IBM 에서 5,000개의 알려진 바이러스들로부터 9,000개의 부분 스트링들을 추출하였고, 이 부분 스트링들의 집합 커버를 찾았는데, 총 180 개의 부분 스트링들이었다. 이 180개로 컴퓨터 바이러스의 존재를 확인하는 데 성공하였다.

- 대기업의 구매 업체 선정: 미국의 자동차 회사인 GM은 부품 업체 선정에 있어서 각 업체가 제시하는 여러 종류의 부품들과 가격에 대해, 최소의 비용으로 구입하려고 하는 부품들을 모두 '커버'하는 업체를 찾기 위해 집합 문제의 해를 사용하였다.

- 기업의 경력 직원 고용: 예를 들어, 어느 IT 회사에서 경력 직원들을 고용하는 데, 회사에서 필요로 하는 기술은 알고리즘, 컴파일러, 앱(App) 개발, 게임 엔진, 3D 그래픽스, 소셜 네트워크 서비스, 모바일 컴퓨팅, 네트워크 보안이고, 지원자들은 여러 개의 기술을 보유하고 있다. 이 회사가 모든 기술을 커버하는 최소 인원을 찾으려면, 집합 문제의 해를 사용하면 된다.

- 그 외에도 비행기 조종사 스케줄링(Flight Crew Scheduling), 조립 라인 균형화(Assembly Line Balancing), 정보 검색(Information Retrieval) 등에 활용된다.

▶ 집합 커버 문제는 비행기 조종사 스케줄링(왼쪽)과 조립 라인 균형화(오른쪽)에 활용된다.

4.6 작업 스케줄링

기계에서 수행되는 n개의 작업 t_1, t_2, …, t_n이 있고, 각 작업은 시작시간과 종료시간이 있다. 작업 스케줄링(Task Scheduling) 문제는 작업의 수행 시간이 중복되지 않도록 모든 작업을 가장 적은 수의 기계에 배정하는 문제이다.[14]

작업 스케줄링 문제는 학술대회에서 발표자들을 강의실에 배정하는 문제와 같다. 학술대회의 각 발표는 발표자의 요청에 따라 발표 시작시간과 종료시간이 정해진다. 또한 한 강의실에 배정된 발표는 서로 중복되어서는 안 된다. 그러므로 강의실 배정 문제는 이러한 조건하에 모든 발표를 가장 적은 수의 강의실에 배정하는 문제이다. 따라서 작업 스케줄링 문제에 빗대자면, 발표가 '작업'이고, 강의실이 '기계'인 셈이다.

작업 스케줄링 문제에 주어진 문제 요소들은 작업의 수, 각 작업의 시작시간과 종료시간이다. 작업의 시작시간과 종료시간은 정해져 있으므로 작업의 길이도 주어진 것이다. 여기서 작업의 수는 입력의 크기이므로 알고리즘을 고안하기 위해 고려되어야 하는 직접적인 요소는 아니다. 그렇다면 시작시간, 종료시간, 작업 길이에 대해 다음과 같은 그리디 알고리즘들을 생각해볼 수 있다.

- 빠른 시작시간 작업을 우선(Earliest start time first) 배정
- 빠른 종료시간 작업을 우선(Earliest finish time first) 배정
- 짧은 작업을 우선(Shortest job first) 배정
- 긴 작업을 우선(Longest job first) 배정

앞의 4가지 알고리즘들 중 첫 번째 알고리즘을 제외하고 나머지 3가지는 항상 최적해를 찾지 못한다. 이는 연습문제에서 다루기로 한다.

다음은 작업 스케줄링 문제를 위한 빠른 시작시간 작업을 우선(Earliest start time first) 배정하는 그리디 알고리즘이다.

---

14) 작업 스케줄링 문제는 주어진 조건에 따라 다양한 종류의 스케줄링 문제가 있다.

알고리즘

JobScheduling

> 입력: n개의 작업 t_1, t_2, $\cdots$, t_n
> 출력: 각 기계에 배정된 작업 순서
> 1 시작시간의 오름차순으로 정렬한 작업 리스트를 L이라고 하자.
> 2 while (L ≠ ∅) {
> 3   L에서 가장 이른 시작시간을 가진 작업 t_i를 가져온다.
> 4   if (t_i를 수행할 기계가 있으면)
> 5 t_i를 수행할 수 있는 기계에 배정한다.
> 6   else
> 7   새로운 기계에 t_i를 배정한다.
> 8 t_i를 L에서 제거한다.
>   }
> 9 return 각 기계에 배정된 작업 순서

- Line 1에서 시작시간을 기준으로 작업들을 오름차순으로 정렬한다.
- Line 2~8의 while-루프는 L에 있는 작업이 다 배정될 때까지 수행된다.
- Line 3에서는 L에서 가장 이른 시작시간을 가진 작업 t_i를 가져온다.
- Line 4~5에서는 작업 t_i를 수행 시간이 중복되지 않게 수행할 기계를 찾아서, 그러한 기계가 있으면 t_i를 그 기계에 배정한다.
- Line 6~7에서는 기존의 기계들에 t_i를 배정할 수 없는 경우에는 새로운 기계에 t_i를 배정한다.
- Line 8에서는 작업 t_i를 L에서 제거하여, 더 이상 t_i가 작업 배정에 고려되지 않도록 한다.
- Line 9에서는 마지막으로 각 기계에 배정된 작업 순서를 리턴한다.

예제 따라
이해하기

다음 예제에 대해 JobScheduling 알고리즘이 수행되는 과정을 살펴보자.

t_1=[7,8], t_2=[3,7], t_3=[1,5], t_4=[5,9], t_5=[0,2], t_6=[6,8], t_7=[1,6], 단, [s,f]에서, s는 작업의 시작시간이고, f는 작업의 종료시간이다.

- Line 1: 시작시간의 오름차순으로 정렬한다. 따라서 L = {[0,2], [1,6], [1,5], [3,7], [5,9], [6,8], [7,8]}이다.
- 다음 그림은 line 2~8까지의 while-루프가 수행되면서, 각 작업이 적절한 기계

에 배정되는 것을 차례로 보이고 있다.

[0, 2]

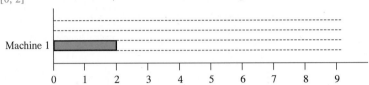

[0, 2], [1, 6]

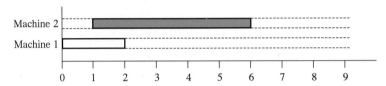

[0, 2], [1, 6], [1, 5]

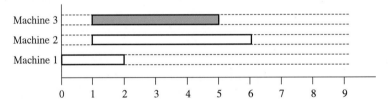

[0, 2], [1, 6], [1, 5], [3, 7]

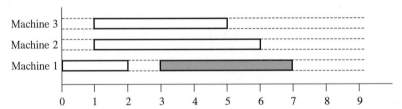

[0, 2], [1, 6], [1, 5], [3, 7], [5, 9]

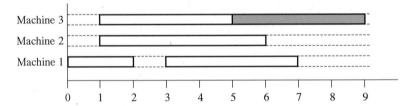

[0, 2], [1, 6], [1, 5], [3, 7], [5, 9], [6, 8]

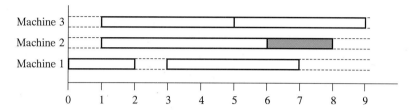

[0, 2], [1, 6], [1, 5], [3, 7], [5, 9], [6, 8], [7, 8]

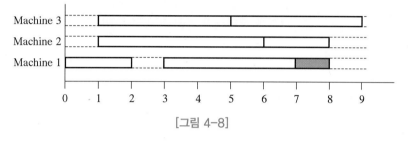

[그림 4-8]

따라서 앞의 예제에 대한 최적해는 3대의 기계에 모든 작업을 [그림 4-8]의 마지막 그림과 같이 배정하는 것이다.

시간복잡도
알아보기

JobScheduling 알고리즘의 시간복잡도를 살펴보면, line 1에서 n개의 작업을 정렬하는 데 $O(n\log n)$ 시간이 걸리고, while-루프에서는 작업을 L에서 가져다가 수행 가능한 기계를 찾아서 배정하므로 $O(m)$ 시간이 걸린다. 단, m은 사용된 기계의 수이다. while-루프가 수행된 총 횟수는 n번이므로, line 2~9까지는 $O(m) \times n = O(mn)$ 시간이 걸린다. 따라서 JobScheduling 알고리즘의 시간복잡도는 $O(n\log n)+O(mn)$이다.

응용

작업 스케줄링은 다양한 환경에서 응용된다. 예를 들면, 비즈니스 프로세싱, 공장 생산 공정, 강의실/세미나룸 배정, 컴퓨터 태스크 스케줄링 등이 있다.

▶ 작업 스케줄링은 공장 생산 공정에 응용된다.

4.7 허프만 압축

파일의 각 문자가 8bit 아스키(ASCII) 코드로 저장되면, 그 파일의 bit 수는 $8 \times$ (파일의 문자 수)이다. 이와 같이 파일의 각 문자는 일반적으로 고정된 크기의 코드로 표현된다. 이러한 고정된 크기의 코드로 구성된 파일을 저장하거나 전송할 때 파일의 크기를 줄이고, 필요시 원래의 파일로 변환할 수 있으면, 메모리 공간을 효율적으로 사용할 수 있고, 파일 전송 시간도 단축시킬 수 있다. 주어진 파일의 크기를 줄이는 방법을 파일 압축(file compression)이라고 한다.

핵심아이디어

허프만(Huffman) 압축은 파일에 빈번히 나타나는 문자에는 짧은 이진 코드를 할당하고, 드물게 나타나는 문자에는 긴 이진 코드를 할당한다.

허프만 압축 방법으로 변환시킨 문자 코드들 사이에는 접두부 특성(prefix property)이 존재한다. 이는 각 문자에 할당된 이진 코드는 어떤 다른 문자에 할당된 이진 코드의 접두부가 되지 않는다는 것을 의미한다. 즉, 문자 'a'에 할당된 코드가 '101'이라면, 모든 다른 문자의 코드는 '101'로 시작되지 않으며 또한 '1'이나 '10'으로도 시작되지 않는다. 접두부 특성을 가진 코드의 장점은 코드와 코드 사이를 구분할 특별한 코드가 필요 없다. 예를 들어, 101#100#0#111#0#…에서 '#'가 인접한 코드를 구분 짓고 있는데, 허프만 압축에서는 이러한 특별한 코드 없이 파일을 압축하고 해제(복구)할 수 있다.

허프만 압축은 입력 파일에 대해 각 문자의 출현 빈도수(문자가 파일에 나타나는 횟수)에 기반을 둔 이진트리를 만들어서, 각 문자에 이진 코드를 할당한다. 이러한 이진 코드를 허프만 코드라고 한다. 다음은 파일 압축을 위한 허프만 코드를 찾기 위한 그리디 알고리즘이다. 이 알고리즘은 입력 파일에 대해 각 문자에 할당될 이진 코드를 추출할 이진 트리인 허프만 트리를 리턴한다.

알고리즘

HuffmanCoding

> 입력: 입력 파일의 n개의 문자에 대한 각각의 빈도수
> 출력: 허프만 트리
> 1 각 문자에 대해 노드를 만들고, 그 문자의 빈도수를 노드에 저장한다.

```
2    n개의 노드들의 빈도수에 대해 우선순위 큐 Q를 만든다.
3    while ( Q에 있는 노드 수 ≥ 2 ) {
4        빈도수가 가장 낮은 2개의 노드(A와 B)를 Q에서 제거한다.
5        새 노드 N을 만들고, A와 B를 N의 자식 노드로 만든다.
6        N의 빈도수 ← A의 빈도수 + B의 빈도수
7        노드 N을 Q에 삽입한다.
         }
8    return Q  // 허프만 트리의 루트를 리턴하는 것이다.
```

예제 따라
이해하기

다음 예제에 대해서 HuffmanCoding 알고리즘이 수행하는 과정을 살펴보자. 입력 파일은 4개의 문자로 되어 있고, 각 문자의 빈도수는 다음과 같다.

A: 450   T: 90   G: 120   C: 270

● Line 2를 수행한 후의 Q:

$$Q \quad \begin{array}{cccc} \bigcirc{T} & \bigcirc{C} & \bigcirc{G} & \bigcirc{A} \\ 90 & 270 & 120 & 450 \end{array}$$

● Line 3의 while-루프 조건이 '참'이므로, line 4~7을 수행한다. 즉, Q에서 'T'와 'G'를 제거한 후, 새 부모 노드를 Q에 삽입한다.

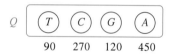

● Line 3의 while-루프 조건이 '참'이므로, line 4~7을 수행한다. 즉, Q에서 'T'와 'G'의 부모 노드와 'C'를 제거한 후, 새 부모 노드를 Q에 삽입한다.

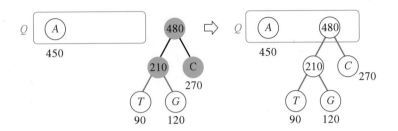

● Line 3의 while-루프 조건이 '참'이므로, line 4~7을 수행한다. 즉, Q에서 'C' 의 부모 노드와 'A'를 제거한 후, 새 부모 노드를 Q에 삽입한다.

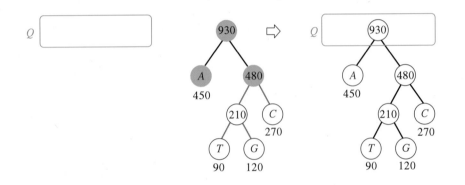

● Line 3의 while-루프 조건이 '거짓'이므로, (Q에 1개의 노드만 있으므로) line 8 에서 Q에 있는 노드를 리턴한다. 즉, 허프만 트리의 루트가 리턴되는 것이다.

리턴된 트리를 살펴보면 각 이파리(단말) 노드에만 문자가 있다. 따라서 루트로부 터 왼쪽 자식 노드로 내려가면 '0'을, 오른쪽 자식 노드로 내려가면 '1'을 부여하면 서, 각 이파리에 도달할 때까지의 이진수를 추출하여 문자의 이진 코드를 구한다.

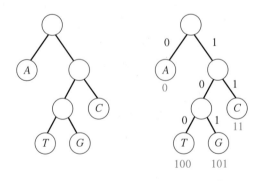

앞의 예제에서 'A'는 '0', 'T'는 '100', 'G'는 '101', 'C'는 '11'의 코드가 각각 할당된다. 이 할당된 코드들을 보면, 가장 빈도수가 높은 'A'가 가장 짧은 코드를 가지고, 따라서 루트의 자식이 되어 있고, 빈도수가 낮은 문자는 루트에서 멀리 떨어지게 되어 긴 코드를 가지게 된다. 또한 이렇게 얻은 코드가 접두부 특성을 가지고 있음을 쉽게 확인할 수 있다.[15]

앞의 예제에서 압축된 파일의 크기의 bit 수는 $(450 \times 1)+(90 \times 3)+(120 \times 3)+(270 \times 2) = 1620$bit이다. 반면에 아스키 코드로 된 파일 크기는 $(450+90+120+270) \times 8 = 7440$bit이다. 따라서 파일 압축률은 $(1620/7440) \times 100 = 21.8\%$이며, 원래 크기의 약 1/5 크기로 압축되었다.

앞의 예제에서 얻은 허프만 코드로 다음의 압축된 부분에 대해서 압축을 해제하여 보면 다음과 같다.

$$10110010001110101010100$$

$$101 / 100 / 100 / 0 / 11 / 101 / 0 / 101 / 0 / 100$$

$$G \quad T \quad T \quad A \quad C \quad G \quad A \quad G \quad A \quad T$$

시간복잡도
알아보기

HuffmanCoding 알고리즘의 시간복잡도를 살펴보자.

● Line 1에서는 n개의 노드를 만들고, 각 빈도수를 노드에 저장하므로 $O(n)$ 시간이 걸린다.

● Line 2에서는 n개의 노드로 우선순위 큐 Q를 만든다. 여기서 우선순위 큐로서 힙(heap) 자료구조를 사용하면 $O(n)$ 시간[16]이 걸린다.

● Line 3~7은 최소 빈도수를 가진 노드 2개를 Q에서 제거하는 힙의 삭제 연산과 새 노드를 Q에 삽입하는 연산을 수행하므로 $O(\log n)$ 시간이 걸린다. 그런데 while-루프는 $(n-1)$번 반복된다. 왜냐하면 루프가 1번 수행될 때마다 Q에서 2개의 노드를 제거하고 1개를 Q에 추가하기 때문이다. 따라서 line 3~7은 $(n-1) \times O(\log n) = O(n\log n)$이 걸린다.

● Line 8은 트리의 루트를 리턴하는 것이므로 $O(1)$ 시간이 걸린다.
  따라서 HuffmanCoding 알고리즘의 시간복잡도는 $O(n)+O(n)+O(n\log n)+O(1)$

---

15) 허프만 트리의 이파리 노드에만 문자가 있고 어느 내부 노드에도 문자가 없기 때문이다.
16) 부록의 힙 자료구조의 힙 만들기 참조

$= O(n\log n)$이다.

응용

압축 알고리즘은 팩스(FAX), 대용량 데이터 저장, 멀티미디어(Multimedia), MP3 압축 등에 활용된다. 또한 정보 이론(Information Theory) 분야에서 엔트로피 (Entropy)를 계산하는 데 활용되며, 이는 자료의 불특정성을 분석하고 예측하는 데 이용된다.

▶ 압축 알고리즘은 팩스(왼쪽)와 MP3 파일(오른쪽) 압축에 활용된다.

요약

● 그리디 알고리즘은 (입력) 데이터 간의 관계를 고려하지 않고 수행 과정에서 '욕심내어' 최적값을 가진 데이터를 선택하며, 선택한 값들을 모아서 문제의 최적해를 찾는다.

● 그리디 알고리즘은 문제의 최적해 속에 부분문제의 최적해가 포함되어 있고, 부분문제의 해 속에 그보다 작은 부분문제의 해가 포함되어 있다. 이를 최적 부분 구조(optimal substructure) 또는 최적성 원칙(principle of optimality)이라고 한다.

● 동전 거스름돈 문제를 해결하는 가장 간단한 방법은 남은 액수를 초과하지 않는 조건하에 가장 큰 액면의 동전을 취하는 것이다. 단, 일반적인 경우에는 최적해를 찾으나 항상 최적해를 찾지는 못한다.

● 크루스컬(Kruskal)의 최소 신장 트리 알고리즘은 가중치가 가장 작으면서 사이클을 만들지 않는 간선을 추가시켜 트리를 만든다. 시간복잡도는 $O(m\log m)$이다. 단, m은 그래프의 간선의 수이다.

● 프림(Prim)의 최소 신장 트리 알고리즘은 현재까지 만들어진 트리에 최소의 가중치로 연결되는 간선을 트리에 추가시킨다. 시간복잡도는 $O(n^2)$이다.

● 다익스트라(Dijkstra)의 최단 경로 알고리즘은 출발점으로부터 최단 거리가 확정되지 않은 점들 중에서 출발점으로부터 가장 가까운 점을 추가하고, 그 점의 최단 거리를 확정한다. 시간복잡도는 $O(n^2)$이다.

● 부분 배낭(Fractional Knapsack) 문제에서는 단위 무게당 가장 값나가는 물건을 계속해서 배낭에 담는다. 마지막에는 배낭에 넣을 수 있을 만큼만 물건을 부분적으로 배낭에 담는다. 시간복잡도는 $O(n\log n)$이다.

● 집합 커버(Set Cover) 문제는 근사(Approximation) 알고리즘을 이용하여 근사해를 찾는 것이 보다 실질적이다. U의 원소들을 가장 많이 포함하고 있는 집합을 항상 F에서 선택한다. 시간복잡도는 $O(n^3)$이다.

● 작업 스케줄링(Job Scheduling) 문제는 빠른 시작시간 작업을 먼저(Earliest start time first) 배정하는 그리디 알고리즘으로 최적해를 찾는다. 시간복잡도는

O($n$log$n$)+O(mn)이다. n은 작업의 수이고, m은 기계의 수이다.

- 허프만(Huffman) 압축은 파일에 빈번히 나타나는 문자에는 짧은 이진 코드를 할당하고, 드물게 나타나는 문자에는 긴 이진 코드를 할당한다. n이 문자의 수일 때, 시간복잡도는 O($n$log$n$)이다.

연습문제

1. 다음의 괄호 안에 알맞은 단어를 채워 넣어라.

   (1) 그리디 알고리즘은 데이터 간의 관계를 고려하지 않고 수행 과정에서 '(   )' 최적값을 가진 데이터를 선택하며, 선택한 값들을 (   ) 문제의 최적해를 찾는다.

   (2) 그리디 알고리즘은 문제의 최적해 속에 (   )의 최적해가 포함되어 있고, 부분문제의 해 속에 그보다 작은 (   )의 해가 포함되어 있다. 이를 (   ) 또는 (   )이라고 한다.

   (3) 동전 거스름돈 문제를 해결하는 가장 간단한 방법은 (   ) 동전을 취하는 것이다.

   (4) 크러스컬 알고리즘은 가중치가 가장 작으면서 (   )을(를) 만들지 않는 간선을 추가시켜 트리를 만든다.

   (5) 프림 알고리즘은 현재까지 만들어진 트리에 (   )의 가중치로 연결되는 간선을 트리에 추가시킨다.

   (6) 다익스트라 알고리즘은 출발점으로부터 최단 거리가 확정되지 않은 점들 중에서 출발점으로부터 가장 (   ) 점을 추가하고, 그 점의 최단 거리를 확정한다.

   (7) 부분 배낭 문제에서는 단위 무게당 가장 (   ) 물건을 계속해서 배낭에 담는다. 마지막에는 배낭에 넣을 수 있을 만큼만 물건을 배낭에 담는다.

   (8) 집합 커버 문제는 (   ) 알고리즘을 이용하여 (   )해를 찾는다.

   (9) 작업 스케줄링 문제는 빠른 (   )시간 작업을 먼저 배정하여 최적해를 찾는다.

   (10) 허프만 압축은 파일에 빈번히 나타나는 문자에는 (   ) 이진 코드를 할당하고, 드물게 나타나는 문자에는 (   ) 이진 코드를 할당한다.

2. 아래의 통화 시스템들에 대해 거스름 동전을 위한 그리디 알고리즘으로 최적해를 찾으려고 한다. 그리디 알고리즘으로 최적해를 찾을 수 있는 시스템만 모아 놓은 것은?

(가) 1원 동전, 2원 동전, 4원 동전, 8원 동전, 32원 동전
(나) 1원 동전, 5원 동전, 10원 동전, 12원 동전, 25원 동전
(다) 1원 동전, 5원 동전, 25원 동전, 75원 동전
(라) 1원 동전, 2원 동전, 5원 동전, 8원 동전, 32원 동전

① (가), (나)　　　　　② (나), (다)

③ (가), (나), (다)　　　④ (가), (다), (라)

⑤ 답 없음

3. 다음 그래프에서 크러스컬 알고리즘으로 최소 신장 트리를 찾으려고 한다. 알고리즘이 시작되어 4번째로 선택되는 간선은?

① S-A

② S-B

③ E-D

④ A-B

⑤ 답 없음

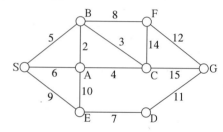

4. 다음의 그래프에서 프림 알고리즘으로 S에서 시작하여 최소 신장 트리를 찾으려고 한다. S 이후에 4번째로 최소 신장 트리에 추가하는 점은?

① C

② D

③ E

④ F

⑤ G

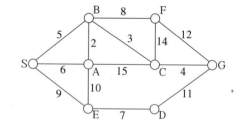

5. 간선의 가중치가 서로 다른 그래프 G에서 e_{min}과 e_{max}가 각각 최소, 최대 가중치를 가진 간선이라 할 때 다음 중 틀린 것은?

① G의 어떤 최소 신장 트리라도 e_{min}을 포함한다.

② 만일 e_{max}가 G의 최소 신장 트리에 포함되어 있으면 e_{max}를 G에서 제거하면 G는 2개 이상의 연결성분이 된다.

③ G의 어떤 최소 신장 트리도 e_{max}를 포함하지 않는다.

④ G는 유일한 최소 신장 트리를 갖는다.

⑤ 답 없음

6. 각 간선의 가중치가 1보다 큰 그래프 G에서 각 간선의 가중치를 제곱하여 얻은 그래프를 G'라고 하고, T와 T'가 각각 G와 G'의 최소 신장 트리이며 각 트리의 총 가중치를 w와 w'라고 하자. 다음 중 맞는 것은?

① T와 T'는 같은 트리이고, $w' = w^2$이다.

② T와 T'는 같은 트리이고, $w' < w^2$이다.

③ T와 T'는 서로 다른 트리이고, $w' = w^2$이다.

④ T와 T'는 서로 다른 트리이고, $w' < w^2$이다.

⑤ 답 없음

7. 간선의 가중치가 서로 다른 그래프 G가 두 부분으로 분할되어서 한 부분을 X, 다른 부분을 Y라 하자. 그리고 정점 s는 X에 속하고, t는 Y에 속하며, X에 있는 점과 Y에 있는 점을 연결하는 간선들 중에서 가장 작은 가중치를 가진 간선을 e라 할 때, 다음 중 맞는 것은?

① 간선 e는 최소 신장 트리에 속한다.

② 간선 e는 s로부터 t까지의 최단 경로에 포함된다.

③ 간선 e는 s로부터 t까지의 모든 경로에 포함된다.

④ 간선 e는 s로부터 t까지의 최장 경로에 포함된다.

⑤ 답 없음

8. 크러스컬과 프림 알고리즘에 대한 설명 중 맞는 것은?

① 크러스컬 알고리즘은 힙 자료구조로 구현할 수 있으며, 프림 알고리즘은 서로소 집합 연산을 통해 구현한다.

② 크러스컬 알고리즘은 동적 계획 알고리즘이고, 프림 알고리즘은 그리디 알고리즘이다.

③ 크러스컬 알고리즘은 여러 개의 트리들을 연결하여 최소 신장 트리를 만들고, 프림 알고리즘은 하나의 트리만을 유지하면서 최소 신장 트리를 만든다.

④ 크러스컬 알고리즘의 시간복잡도는 $O(n \log * n)$이고 프림 알고리즘의 시간복잡도는 $O(n^2)$이다.

⑤ 답 없음

9. 다익스트라의 최단경로 알고리즘에 대한 설명이 (가)~(마)에 주어져 있다. 다음 중 옳은 설명들을 모두 모아 놓은 것은?

> (가) 너비 우선 탐색의 형태로 알고리즘이 수행된다.
> (나) 그리디 알고리즘을 사용한다.
> (다) 간선이 음수의 가중치를 가진다면 알고리즘이 틀린 해를 줄 수도 있다.
> (라) 우선순위 큐를 이용하여 알고리즘을 구현하면 항상 **빠른** 수행시간을 가진다.
> (마) 한 점에서 각각의 모든 다른 점까지의 최단 경로를 찾을 수 있다.

① (가), (나), (다)　　　　② (가), (다), (마)
③ (나), (다), (라)　　　　④ (가), (나), (다), (라)
⑤ (가), (나), (다), (마)

10. 다음 그래프에서 S로부터 각각 다른 점까지 최단 거리를 다익스트라 알고리즘으로 찾을 때 최단 거리가 확정되는 점들의 순서를 옳게 나열한 것은?

① S-A-B-C-D-E
② S-A-C-B-D-E
③ S-C-B-A-E-D
④ S-C-D-A-E-B
⑤ 답 없음

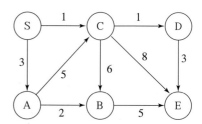

11. 다음 그래프에서 S로부터 각각 다른 점까지 최단 거리를 다익스트라 알고리즘으로 찾았다. 그러나 음수 가중치를 가진 간선 때문에 다익스트라 알고리즘이 잘못된 최단 거리를 찾은 것이 있다. 다음 중 최단 거리가 잘못된 점들만을 모아 놓은 것은?

① A, B, D
② S, D, E
③ A, B, C, E
④ B, C
⑤ A, E

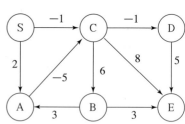

12. 다음 그래프에서 다익스트라 알고리즘으로 S에서부터 각각 다른 점까지 최단 거리를 찾으려고 한다. 다익스트라 알고리즘이 맨 처음에 S의 최단 거리를 0으로 확정시킨 후 4번째로 최단 거리를 확정시킨 점은?

① C

② D

③ E

④ F

⑤ G

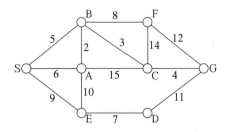

13. 다음은 부분 배낭 문제에 관한 설명이다. 옳은 것은? 단, 적어도 몇 개의 물건을 배낭에 담을 수 있다고 가정하라.

① 분할 정복 알고리즘으로 최적해를 찾는다.

② 시간복잡도는 선형 시간이다.

③ 부분 배낭 문제의 최적해에는 부분문제의 최적해가 포함되지 않는다.

④ 부분 배낭 문제의 최적해에는 단위 무게당 가치가 가장 큰 항목이 반드시 포함된다.

⑤ 답 없음

14. 다음 중 허프만 압축에 대해 옳은 것은?

① 손실 있는 압축 방법이다.

② 코드 사이를 구분 짓기 위한 특수 분리 기호가 필요하다.

③ 문자의 빈도수에 따라 코드의 길이가 달라진다.

④ 허프만 코드는 어떤 다른 코드의 접두부(prefix)가 될 수도 있다.

⑤ 답 없음

15. 다음의 입력에 대해 허프만 압축을 수행하면 총 bit 수는?

ATTACKATDAWN

① 30 ② 31 ③ 32 ④ 33 ⑤ 답 없음

16. 다음의 입력에 대해 허프만 압축을 수행하면 총 bit 수는?

MISSISSIPPI

① 18 ② 19 ③ 20 ④ 21 ⑤ 답 없음

17. 어떤 입력에 대해 문자의 빈도수를 조사해보니 다음과 같았다.

> A: 1, B: 1, C: 2, D: 3, E: 5, F: 8, G: 13, H: 21

이에 대해 허프만 압축을 하였을 때 110111100111010을 맞게 decode한 것은?

① FDHEG　　　　　　　　② ECGDF

③ ECHFG　　　　　　　　④ FEHDG

⑤ ABCDE

18. 허프만 압축 방법은 어떤 종류의 알고리즘인가?

① 분할 정복 알고리즘　　　② 그리디 알고리즘

③ 동적 계획 알고리즘　　　④ 근사 알고리즘

⑤ 답 없음

19. 문자는 허프만 트리의 어디에 위치하는가?

① 루트　　　　　　　　　② 왼쪽 자식 노드

③ 오른쪽 자식 노드　　　　④ 이파리

⑤ 내부 노드

20. 다음의 허프만 트리에서 A에 해당되는 허프만 코드는?

① 001

② 010

③ 011

④ 101

⑤ 답 없음

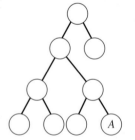

21. 다음의 허프만 트리에서 A에 해당되는 허프만 코드는?

① 000

② 100

③ 101

④ 010

⑤ 답 없음

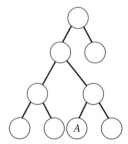

22. 허프만 압축 알고리즘의 시간복잡도를 가장 정확히 표현한 것은?

① $\theta(n)$ ② $\theta(\log n)$

③ $\theta(n \log n)$ ④ $\theta(n \log^2 n)$

⑤ 답 없음

23. 어떤 문자의 코드도 다른 문자의 코드의 접두부가 되지 않는 특성은?

① optimal property   ② postfix property

③ prefix property   ④ frequency property

⑤ 답 없음

24. 970원에 대해 4.1절의 CoinChange 알고리즘이 수행되는 과정을 보이라.

25. 4.1절에서 CoinChange 알고리즘이 적용이 안 되는 경우를 살펴보았다. 현재 우리나라의 동전 시스템에 대해 CoinChange 알고리즘을 적용하면 항상 최소 의 동전 수로 거스름돈이 계산된다. 이를 증명하라.

26. 만일 다음과 같은 동전들이 있을 때 4.1절의 CoinChange 알고리즘이 리턴하 는 동전 수와 최소 동전 수를 각각 구하라. 단, 거스름돈은 200원이다.

10, 50, 100, 140

27. 다음의 그래프에 대해서 크러스컬(Kruskal) 알고리즘을 이용하여 최소 신장 트리를 찾아라.

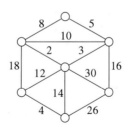

28. 크러스컬의 최소 신장 트리 알고리즘에서는 정렬된 간선 리스트에서 가장 작 은 가중치를 가진 간선 e를 가져와서 T에 추가시켜서 사이클이 만들어지면 간선 e를 버린다. 이러한 사이클 검사는 상호 배타 집합(disjoint set)의 union

과 find 연산들을 통해서 수행할 수 있다. 이에 대해 간선들이 어떤 자료구조에 저장되고, 어떻게 union과 find 연산이 수행되는지를 설명하라.

29. 다음의 그래프에서 점 A가 출발점일 때 프림(Prim)의 최소 신장 트리 알고리즘이 수행되는 과정을 보이라.

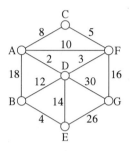

30. 프림 알고리즘이 현재까지 만든 T의 점들과 V−T의 점들을 연결하는 간선들 중에서 그리디하게 최소의 가중치를 가진 간선을 선택하여 트리를 확장한다. 이렇게 그리디한 선택을 하여도 왜 항상 최적해를 찾는지를 설명하라. 단, V는 입력 그래프의 점의 집합이다.

31. 다음의 문장이 맞으면 True 틀리면 False로 답하고, 그 이유를 설명하라.

> 그래프 G에 있는 임의의 사이클상의 가장 작은 가중치를 가진 간선은 G의 최소 신장 트리의 간선이다.

32. 최소 신장 트리를 찾기 위해 다음과 같은 분할 정복 알고리즘으로 신장 트리를 만들었다. 이 알고리즘으로 만들어진 트리가 최소 신장 트리인지 또는 아닌지 설명하라.

> 주어진 그래프를 두 부분으로 나누어 각각의 부분에 대해 최소 신장 트리를 만든다. 이렇게 만들어진 2개의 트리를 T1과 T2라고하자. T1과 T2를 연결하는 간선들 중에서 가장 가중치가 작은 간선으로 T1과 T2를 연결하여 트리를 만든다.

33. 다음의 문장이 맞으면 True 틀리면 False로 답하고, 그 이유를 설명하라.

> 간선의 같은 가중치가 최대 2개인 그래프의 서로 다른 최소 신장 트리의 수는
> 최대 2개이다.

34. 다음의 문장이 맞으면 True 틀리면 False로 답하고, 그 이유를 설명하라.

> 모든 간선의 가중치가 양수인 그래프 G=(V, E)가 있다. G의 각 간선에 5를 더
> 한 그래프를 G'라고 하자. G'의 최소 신장 트리의 가중치는 G의 최소 신장 트리
> 의 가중치보다 5(|V|−1) 크다.

35. 주어진 그래프 G=(V, E)에 대해 아래의 알고리즘이 최소 신장 트리를 찾아
주는지 아니면 찾을 수 없는지를 설명하라.

> [1] 간선의 가중치를 증가하지 않는 순서로 정렬한다.
> [2] while 그래프의 간선 수 < |V|−1
>   정렬된 간선을 차례로 가져온다. 가져온 간선을 e라 하자.
>   if 그래프에서 e를 제거해서 그래프가 서로 하나의 연결성분으로 남게 되면
>   e를 그래프에서 제거한다.
>   else
>   e를 그래프에 남겨 둔다.

36. 최대 신장 트리(Maximum cost Spanning Tree)란 주어진 그래프에 있는 모
든 점들을 사이클 없이 연결하되 연결하는 모든 간선들의 가중치 합이 최대
인 트리이다. 가중치가 있는 그래프에서 최대 신장 트리를 찾는 알고리즘을
작성하라.

37. 주어진 그래프 G=(V, E)에 대해 최소 신장 트리 T를 찾았는데, 그래프의 어
느 한 간선의 가중치가 증가하였다. T를 갱신하는 $O(|V| + |E|)$인 알고리즘
을 작성하라.

38. 주어진 그래프에서 최소 신장 트리를 찾았는데 새 노드 1개와 새 노드와 기존
의 노드들을 연결하는 가중치를 가진 간선들이 추가되었다. 변경된 그래프에
서 다시 처음부터 최소 신장 트리를 찾지 않고 갱신된 그래프에서 빠르게 최소
신장 트리를 찾는 방법을 설명하고, 제시한 방법의 시간복잡도를 계산하라.

39. 다음 그래프에서 다익스트라(Dijkstra)의 최단 경로 알고리즘을 이용하여, 출발점이 A일 때 점 E까지의 최단 경로를 찾아라.

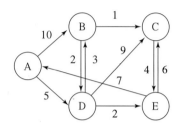

40. 음수 가중치가 있는 그래프에서 다익스트라의 최단 경로 알고리즘을 적용하면 항상 올바른 해를 얻지 못한다. 그 예를 제시하라.

41. 음수 가중치가 있는 그래프에서 다익스트라의 최단 경로 알고리즘을 적용하면 항상 맞는 해를 얻지 못한다. 이를 보완하기 위해 그래프에 있는 최저 가중치가 −w라고 할 때, 각 간선의 가중치를 w만큼 증가시킨 후, 다익스트라의 최단 경로 알고리즘을 적용하고자 한다. 이러한 방식이 항상 올바른 해를 찾는지 아니면 찾지 못하는지를 답하고, 그 이유를 설명하라.

42. 음수 가중치가 있는 그래프에서 최단 경로를 찾는 알고리즘을 조사하라. 단, 입력 그래프에는 가중치의 합이 음수인 사이클은 없다.

43. 다음의 문장이 맞으면 True 틀리면 False로 답하고, 그 이유를 설명하라.

> 다익스트라 알고리즘이 찾은 최단 경로는 간선 수가 최소이다.

44. 다익스트라 알고리즘을 이용하여 간선 수가 최소인 최단 경로를 찾기 위한 방법을 설명하라. 단, 모든 간선의 가중치는 양의 정수이다.

45. 다음의 문장이 맞으면 True 틀리면 False로 답하고, 그 이유를 설명하라.

> 모든 간선의 가중치가 양수인 그래프 G=(V, E)가 있다. G의 각 간선의 가중치에 1을 더한 그래프를 G'라고하자. G에서의 두 점 u, v간의 최단 경로는 G'에서도 u, v간의 최단 경로와 같다.

46. 다음의 문장이 맞으면 True 틀리면 False로 답하고, 그 이유를 설명하라.

> 모든 간선의 가중치가 1보다 큰 그래프 G=(V, E)가 있다. G의 각 간선의 가중치를 제곱한 그래프를 G'라고하자. G에서의 두 점 s, t간의 최단 경로는 G'에서도 s, t간의 최단 경로와 같다.

47. 주어진 그래프의 최소 신장 트리와 어느 한 점에서 모든 다른 점들까지 다익스트라 알고리즘으로 찾은 최단 경로들로 만들어진 트리가 항상 동일한지 아닌지 답하라.

48. 다음의 문장이 맞으면 True 틀리면 False로 답하고, 그 이유를 설명하라.

> 모든 간선의 가중치가 다른 그래프 G에는 G의 어느 점 s에서 각각의 다른 점까지의 최단 경로는 유일하다.

49. 가중치를 가진 방향 그래프 G가 주어지고 G에 있는 점 s로부터 각각 다른 점 u까지의 최단 거리 d(s, u)만 주어질 때, s로부터 특정한 점 t까지 최단 경로를 찾는 $O(n + m)$ 시간 알고리즘을 작성하라. 단, n과 m은 G에 있는 각각 정점과 간선의 수이다.

50. 4.5절에서 F={S_1, S_2, ⋯, S_n}일 경우, 모든 조합의 수가 ($2^n - 1$)이다. 각각의 조합에 대해 합집합을 해보고, 그 결과가 U와 같은지를 $O(n^2)$ 시간에 검사할 수 있다. 어떻게 하면 각각의 검사를 $O(n^2)$ 시간에 할 수 있는지 설명하라. 단, U = {1, 2, ⋯, n}이라고 가정하라.

51. 다음의 그림에 있는 집합들에 대해서 집합 커버의 최적해를 구하고, SetCover 알고리즘으로 근사해를 구하라.

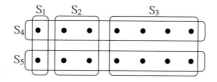

52. 다음의 집합들에 대해서 집합 커버의 최적해를 구하고, SetCover 알고리즘으로 근사해를 구하라. 단, U = {a, b, c, d, e, f, g, h, i, j, k, l}이다.

> S_1 = {a,b,c,d,e,f}, S_2 = {e,f,h,i}, S_3 = {a,d,g,j}, S_4 = {b,e,g,h,k},
> S_5 = {c,f,i,l}, S_6 = {j,k}

53. 다음의 작업들에 대해서, 가장 이른 종료시간을 가진 작업 우선(Earliest finish time first) 배정 원칙하에 작업 스케줄링을 찾아라. 그리고 같은 입력에 대해서 최적해를 구하라.

> [0,2], [1,6], [1,5], [3,7], [6,8], [5,9], [7,8]

54. 다음의 작업들에 대해서, 가장 긴 작업 우선(Longest job first) 배정 원칙하에 작업 스케줄링을 찾아라. 그리고 같은 입력에 대해서 최적해를 구하라.

> [3,11], [1,7], [3,8], [8,12], [7,10], [1,3], [11,12]

55. 다음의 작업들에 대해서, 가장 짧은 작업 우선(Shortest job first) 배정 원칙하에 작업 스케줄링을 찾아라. 그리고 같은 입력에 대해서 최적해를 구하라.

> [11,12], [1,3], [7,10], [8,12], [3,8], [1,7], [3,11]

56. 4.6절의 작업 스케줄링 문제는 n개의 작업을 모두 수행시키는데 필요한 기계의 수를 최적화하는 문제이다. 그러나 이 문제를 변형하여, 기계가 1대만 있고, n개의 작업들이 있을 때 가장 많은 수의 작업들을 수행시키고자 한다. 이 문제를 해결하기 위한 그리디 알고리즘을 고안하라.

57. 문제 56을 해결하기 위해 가장 이른 시작시간에 작업 우선(Earliest start time first) 배정 원칙으로 작업을 배정하면, 최적해를 항상 찾을 수 있는지 또는 없는지를 답하라.

58. 문제 56을 해결하기 위해 가장 짧은 작업 우선(Shortest job first) 배정 원칙으로 작업을 배정하면, 최적해를 항상 찾을 수 있는지 또는 없는지를 답하라.

59. 문제 56을 해결하기 위해 가장 적은 수로 겹치는 작업 우선(Fewest conflicting job first) 배정 원칙으로 작업을 배정하면, 최적해를 항상 찾을 수 있는지 또는 없는지를 답하라.

60. 입력 파일이 4개의 문자로 되어있고, 각 문자의 빈도수는 다음과 같을 때 HuffmanCoding 알고리즘을 적용하여 각 문자의 코드를 구하라.

> A: 60, B: 50, C: 150, D: 70

61. 입력 파일이 6개의 문자로 되어있고, 각 문자의 빈도수는 다음과 같을 때 HuffmanCoding 알고리즘을 적용하여, 각 문자의 코드를 구하라.

> a:6, b:2, c:3, d:3, e:4, f:9

62. 다음의 코드가 허프만 압축 알고리즘으로 만들어진 것인지 아닌지를 판단하라.
   (1) 0, 10, 11
   (2) 0, 1, 11
   (3) 10, 01, 00

63. n개의 문자가 있을 때 허프만 압축 알고리즘으로 생성될 수 있는 가장 긴 코드의 길이는? 그 경우의 예를 보이라.

64. 허프만 압축 알고리즘 외에 다른 압축 알고리즘들을 조사하여 보자.

65. 도시 A에서 도시 B로 가려고 하는데 그 거리(T km)가 너무 멀어서 며칠 동안을 자동차로 운전해야만 한다. 미리 지도에서 도로 가의 주유소들의 위치를 찾고 출발점으로부터 거리를 다음과 같이 계산하였다. 단, $d_0 = 0 < d_1 < d_2 < \cdots < d_{n-1} < d_n = T$이다.

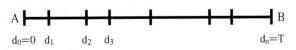

A의 시작점 = d_0, d_1, d_2, ···, d_n = B의 도착점

가득 찬 연료 탱크를 가지고 C km를 주행할 수 있는 자동차로 도시 A에서 도시 B로 가는데 필요한 최소 주유 횟수를 찾기 위한 알고리즘을 제안하고, 제안한 알고리즘이 왜 최소 횟수의 주유만으로 A로부터 B에 도착할 수 있는지를 설명(증명)하라.

66. 하나의 연결성분으로 되어있는 그래프에 간선들이 다양한 색으로 칠해져 있다. 그래프의 모든 점들을 $n-1$개의 간선으로 연결하되 가장 많은 수의 파란색 간선을 사용하여 연결하는 알고리즘을 작성하라. 단, 그래프의 정점의 수는 n이다.

동적 계획 알고리즘

CHAPTER 05

ALGORITHM

Contents

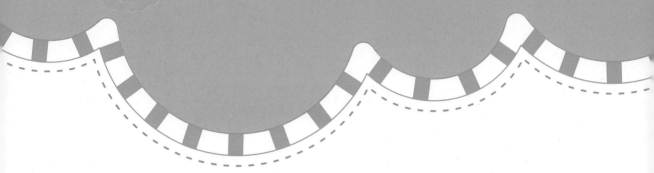

05 동적 계획 알고리즘

동적 계획(Dynamic Programming[1]) 알고리즘은 그리디 알고리즘과 같이 최적화 문제를 해결하는 알고리즘이다. 동적 계획 알고리즘은 입력 크기가 작은 부분문제들을 모두 해결한 후에 그 해들을 이용하여 보다 큰 크기의 부분문제들을 해결하여, 최종적으로 원래 주어진 입력의 문제를 해결하는 알고리즘이다. [그림 5-1]은 분할 정복 알고리즘과 동적 계획 알고리즘의 전형적인[2] 부분문제들 사이의 관계를 보여준다.

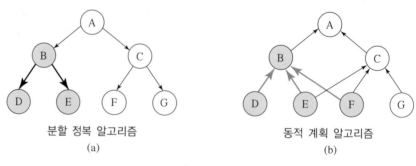

분할 정복 알고리즘
(a)

동적 계획 알고리즘
(b)

[그림 5-1]

---

1) Dynamic programming은 1950년대부터 사용된 용어이고, 문제 해결을 위한 일련의 선택 과정을 일컫는다. 즉, 이 용어는 컴퓨터 분야에서의 'dynamic' 과 'programming' 과는 다른 의미로 사용되었다.
2) 분할 정복 알고리즘과 동적 계획 알고리즘의 부분 문제들 사이의 관계는 주어진 문제에 따라 각양 각색이다. 여기서는 각 알고리즘의 부분 문제들 사이의 관계를 간단한 예를 들어 보인 것이다.

분할 정복 알고리즘의 부분문제들 사이의 관계를 살펴보면, A는 B와 C로 분할되고, B는 D와 E로 분할되는데, D와 E의 해를 취합[3]하여 B의 해를 구한다. 단, [그림 5-1]에서 D, E, F, G는 각각 더 이상 분할할 수 없는(또는 가장 작은 크기의) 부분문제들이다. 마찬가지로 F와 G의 해를 취합하여 C의 해를 구하고, 마지막으로 B와 C의 해를 취합하여 A의 해를 구한다.

반면에 동적 계획 알고리즘은 먼저 최소 단위의 부분문제 D, E, F, G의 해를 각각 구한 다음에, D, E, F의 해를 이용하여 B의 해를 구한다. 또한 E, F, G의 해를 이용하여 C의 해를 구한다. 여기서 눈여겨볼 것은 B와 C의 해를 구하는 데 E와 F의 해 모두를 이용하는 것이다. 그러나 분할 정복 알고리즘은 부분문제의 해를 중복 사용하지 않는다.

동적 계획 알고리즘에는 부분문제들 사이에 의존적 관계[4]가 존재한다. [그림 5-1(b)]에서, 예를 들면 D, E, F의 해가 B를 해결하는 데 사용되는 관계가 있다. 이러한 관계는 문제 또는 입력에 따라 다르고, 대부분의 경우 뚜렷이 보이지 않아서 '함축적 순서(implicit order)'라고 한다.

5.1 모든 쌍 최단 경로

문제

모든 쌍 최단 경로(All Pairs Shortest Paths) 문제는 각 쌍의 점 사이의 최단 경로를 찾는 문제이다. 이 문제를 해결하려면, 각 점을 시작점으로 정하여 다익스트라 알고리즘을 수행하면 된다. 이때의 시간복잡도는 배열을 사용하면 $(n-1) \times O(n^2) = O(n^3)$이다. 단, n은 점의 수이다.

---

3) [그림 5-1(a)]에서는 취합 과정을 나타내는 화살표들은 생략되었다.
4) [그림 5-1(b)]에서 화살표는 의존적 관계를 나타낸다.

	서울	인천	수원	대전	전주	광주	대구	울산	부산
서울		40	41	154	232	320	297	408	432
인천			55	174	253	352	318	447	453
수원				133	189	300	268	356	391
대전					97	185	149	259	283
전주						106	220	331	323
광주							219	330	268
대구								111	136
울산									53
부산									

워셜(Warshall)은 그래프에서 모든 쌍의 경로 존재 여부(transitive closure)를 찾아내는 동적 계획 알고리즘을 제안했고, 플로이드(Floyd)는 이를 변형하여 모든 쌍 최단 경로를 찾는 알고리즘을 고안하였다. 따라서 모든 쌍 최단 경로를 찾는 동적 계획 알고리즘을 플로이드–워셜 알고리즘이라 한다. 여기서는 간략히 플로이드 알고리즘이라고 하자. 플로이드 알고리즘의 시간복잡도는 $O(n^3)$으로 다익스트라 알고리즘을 $(n-1)$번 사용할 때의 시간복잡도와 동일하다. 그러나 플로이드 알고리즘은 매우 간단하여 다익스트라 알고리즘을 사용하는 것보다 효율적이다.

동적 계획 알고리즘으로 모든 쌍 최단 경로 문제를 해결하려면 먼저 부분문제들을 찾아야 한다. 이를 위해 일단 그래프의 점의 수가 적을 때를 생각해보자. 그래프에 3개의 점이 있는 경우, 점 i에서 점 j까지의 최단 경로를 찾으려면 2가지 경로, 즉 점 i에서 점 j로 직접 가는 경로와 점 1을 경유하는 경로 중에서 짧은 것을 선택하면 된다.

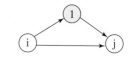

또 하나의 중요한 아이디어는 경유 가능한 점들을 점 1로부터 시작하여, 점 1과 2, 그 다음에는 점 1, 2, 3으로 하나씩 추가하여, 마지막에는 점 1에서 점 n까지의 모든 점을 경유 가능한 점들로 고려하면서, 모든 쌍의 최단 경로의 거리를 계산하는 것이다.

앞의 아이디어를 이용하면 다음과 같이 부분문제들을 만들 수 있다. 단, 입력 그래프의 점을 각각 1, 2, 3, …, n이라 하자. 부분문제를 설명하기 위해서, D_{ij}^k를 다음과 같이 정의한다.

D_{ij}^k = 점 {1, 2, ···, k}만을 경유 가능한 점들로 고려하여, 점 i로부터 점 j까지의 모든 경로 중에서 가장 짧은 경로의 거리

여기서 주의할 것은 점 1에서 점 k까지의 모든 점들은 반드시 경유하는 경로를 의미하는 게 아니라는 것이다. 심지어는 D_{ij}^k는 이 점들을 하나도 경유하지 않으면서 점 i에서 점 j에 도달하는 경로, 즉 간선 (i,j)가 최단 경로가 될 수도 있다. 여기서 k≠i, k≠j이고, k=0인 경우, 점 0은 그래프에 없으므로 어떤 점도 경유하지 않는다는 것을 의미한다. 따라서 D_{ij}^0은 입력으로 주어지는 간선 (i,j)의 가중치이다.

- D_{ij}^1은 i에서 점 1을 경유하여 j로 가는 경로와 i에서 j로 직접 가는 경로, 즉 간선 (i,j) 중에서 짧은 거리이다. 따라서 모든 쌍 i와 j에 대하여 D_{ij}^1을 계산하는 것이 가장 작은 부분문제들이다. 단, i≠1, j≠1이다.

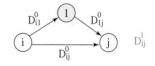

- 그 다음에는 i에서 점 2를 경유하여 j로 가는 경로의 거리와 D_{ij}^1 중에서 짧은 거리를 D_{ij}^2로 정한다. 단, 점 2를 경유하는 경로의 거리는 $D_{i2}^1 + D_{2j}^1$이다. 모든 쌍 i와 j에 대하여 D_{ij}^2를 계산하는 것이 그 다음으로 큰 부분문제들이다. 단, i≠2, j≠2이다.
...

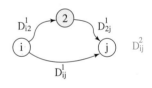

- i에서 점 k를 경유하여 j로 가는 경로의 거리와 D_{ij}^{k-1} 중에서 짧은 것을 D_{ij}^k로 정한다. 단, 점 k를 경유하는 경로의 거리는 $D_{ik}^{k-1} + D_{kj}^{k-1}$이고, i≠k, j≠k이다.

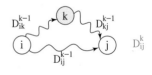

이런 방식으로 k가 1에서 n이 될 때까지 D_{ij}^k를 계산해서 D_{ij}^n, 즉 모든 점을 경유 가능한 점들로 고려된 모든 쌍 i와 j의 최단 경로의 거리를 찾는 방식이 플로이드의 모든 쌍 최단 경로 알고리즘이다.

다음은 모든 쌍 최단 경로를 위한 동적 계획 알고리즘이다.

AllPairsShortest

> 입력: 2차원 배열 D, 단, D[i,j]=간선 (i,j)의 가중치, 만일 간선 (i,j)이 존재하지 않
> 으면 D[i,j]=∞, 모든 i에 대하여 D[i,i]=0이다.
> 출력: 모든 쌍 최단 경로의 거리를 저장한 2차원 배열 D
> 1   for k = 1 to n
> 2   for i = 1 to n (단, i ≠ k)
> 3   for j = 1 to n (단, j ≠ k, j ≠ i)
> 4   D[i,j] = min{D[i,k]+D[k,j], D[i,j]}

- Line 1의 for-루프는 k가 1에서 *n*까지 변하는데, 이는 경유 가능한 점을 1부터 *n*까지 확장시키기 위한 것이다.
- Line 2~3은 점들의 각 쌍, 즉 1—1, 1—2, 1—3, ⋯, 1—*n*, 2—1, 2—2, ⋯, 2—*n*, ⋯, *n*—1, *n*—2, ⋯, *n*—*n*을 하나씩 고려하기 위한 루프이다. 단, i = j라든가 i = k 또는 j = k의 경우에는 수행하지 않는다.
- Line 4에서는 각 점의 쌍 i — j에 대해 i에서 j까지의 거리가 k를 포함하여 경유하는 경로의 거리, 즉 D[i,k]+D[k,j]와 점 {1, 2, ⋯, (k−1)}만을 경유 가능한 점들로 고려하여 계산된 최단 경로의 거리 D[i,j] 중에서 짧은 거리를 D[i,j]로 갱신한다.

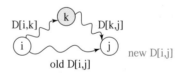

모든 쌍 최단 경로 문제의 부분문제 간의 함축적 순서는 line 4에 표현되어 있다. 즉, 새로운 D[i,j]를 계산하기 위해서 미리 계산되어 있어야 할 부분문제들은 D[i,k]와 D[k,j]이다.

AllPairsShortest 알고리즘의 입력 그래프에는 사이클상의 간선들의 가중치 합이 음수가 되는 사이클은 없어야 한다. 이러한 사이클을 음수 사이클(negative cycle) 이라 하는데, 최단 경로를 찾는 데 음수 사이클이 있으면, 이 사이클을 반복하여 지나갈 때마다 경로의 거리가 감소되기 때문이다.

예제 따라
이해하기

다음의 예제에 대해서 AllPairsShortest 알고리즘이 수행되는 과정을 살펴보자.

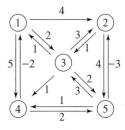

D	1	2	3	4	5
1	0	4	2	5	∞
2	∞	0	1	∞	4
3	1	3	0	1	2
4	−2	∞	∞	0	2
5	∞	−3	3	1	0

배열 D의 원소들이 k가 1부터 5까지 증가함에 따라서 갱신되는 것을 살펴보자.

● k=1일 때:

 ● D[2,3] = min{D[2,3], D[2,1]+D[1,3]} = min{1, ∞+2} = 1

 ● D[2,4] = min{D[2,4], D[2,1]+D[1,4]} = min{∞, ∞+5} = ∞

 ● D[2,5] = min{D[2,5], D[2,1]+D[1,5]} = min{4, ∞+∞} = 4

 ● D[3,2] = min{D[3,2], D[3,1]+D[1,2]} = min{3, 1+4} = 3

 ● D[3,4] = min{D[3,4], D[3,1]+D[1,4]} = min{1, 1+5} = 1

 ● D[3,5] = min{D[3,5], D[3,1]+D[1,5]} = min{2, 1+∞} = 2

 ● D[4,2] = min{D[4,2], D[4,1]+D[1,2]} = min{∞, −2+4} = 2 // 갱신됨

$$
\begin{array}{ccc}
① & \xrightarrow{\text{D[1,2]=4}} & ② \\
\text{D[4,1]=−2} \big\uparrow & \begin{array}{c} \text{D[4,2]=D[4,1]+D[1,2]} \\ \text{=−2+4=2} \end{array} & \\
④ & &
\end{array}
$$

 ● D[4,3] = min{D[4,3], D[4,1]+D[1,3]} = min{∞, −2+2} = 0 // 갱신됨

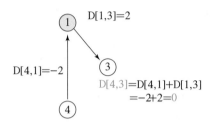

- D[4,5] = min{D[4,5], D[4,1]+D[1,5]} = min{2, −2+∞} = 2
- D[5,2] = min{D[5,2], D[5,1]+D[1,2]} = min{−3, ∞+4} = −3
- D[5,3] = min{D[5,3], D[5,1]+D[1,3]} = min{3, ∞+2} = 3
- D[5,4] = min{D[5,4], D[5,1]+D[1,4]} = min{1, ∞+5} = 1

k=1일 때 D[4,2], D[4,3]이 각각 2, 0으로 갱신된다. 다른 원소들의 값은 변하지 않는다. 다음의 배열 D는 모든 i, j에 대한 D_{ij}^1을 계산한 결과이다.

D	1	2	3	4	5
1	0	4	2	5	∞
2	∞	0	1	∞	4
3	1	3	0	1	2
4	−2	2	0	0	2
5	∞	−3	3	1	0

- k=2일 때:
- D[1,5]가 1 → 2 → 5의 거리인 8로 갱신된다.
- D[5,3]이 5 → 2 → 3의 거리인 −2로 갱신된다.

  다음의 배열 D는 모든 i, j에 대하여 D_{ij}^2를 계산한 결과이다.

D	1	2	3	4	5
1	0	4	2	5	8
2	∞	0	1	∞	4
3	1	3	0	1	2
4	−2	2	0	0	2
5	∞	−3	−2	1	0

- k=3일 때 총 7개의 원소가 갱신된다. 다음의 배열 D는 모든 i, j에 대하여 D_{ij}^3를 계산한 결과이다.

D	1	2	3	4	5
1	0	4	2	3	4
2	2	0	1	2	3
3	1	3	0	1	2
4	−2	2	0	0	2
5	−1	−3	−2	−1	0

• k=4일 때 총 3개의 원소가 갱신된다. 다음의 배열 D는 모든 i, j에 대하여 D_{ij}^4를 계산한 결과이다.

D	1	2	3	4	5
1	0	4	2	3	4
2	0	0	1	2	3
3	−1	3	0	1	2
4	−2	2	0	0	2
5	−3	−3	−2	−1	0

• k=5일 때 총 3개의 원소가 갱신되고, 이것이 주어진 입력에 대한 최종해이다. 즉, 모든 점의 쌍 i, j에 대하여 입력의 모든 점들을 경우 가능한 점들로 고려한 i와 j 사이의 최단 경로 길이를 계산한 결과이다.

D	1	2	3	4	5
1	0	1	2	3	4
2	0	0	1	2	3
3	−1	−1	0	1	2
4	−2	−1	0	0	2
5	−3	−3	−2	−1	0

시간복잡도
알아보기

AllPairsShortest의 시간복잡도는 앞의 예제에서 보았듯이 각 k에 대해서 모든 i, j 쌍에 대해 계산되므로, 총 $n \times n \times n = n^3$회 계산이 이루어지고, 각 계산은 O(1) 시간이 걸린다. 따라서 AllPairsShortest의 시간복잡도는 $O(n^3)$이다.

응용

최단 경로 알고리즘은 맵퀘스트(Mapquest)와 구글(Google) 웹사이트의 지도 서비스 및 자동차 내비게이션 서비스에 사용되며, 지리 정보 시스템(GIS)에서의 네트워크 분석,

▶ 최단 경로 알고리즘은 자동차 내비게이션 서비스에 사용된다.

ALGORITHM

알고리즘

통신 네트워크와 모바일 통신 분야, 게임, 산업 공학과 경영 공학의 운영 연구 (Operations Research), 로봇 공학, 교통 공학, VLSI 디자인 분야 등에 널리 활용된다.

문제

5.2 연속 행렬 곱셈

연속 행렬 곱셈(Chained Matrix Multiplications) 문제는 연속된 행렬들의 곱셈에 필요한 원소 간의 최소 곱셈 횟수를 찾는 문제이다.

문제를 이해하기 위해, 먼저 2개의 행렬을 곱하는 경우를 살펴보자. 아래의 그림과 같이 10×20 행렬 A와 20×5 행렬 B를 곱하는 데 원소 간의 곱셈 횟수는 $10 \times 20 \times 5 = 5000$이다. 그리고 두 행렬을 곱한 결과 행렬 C는 10×5이다.

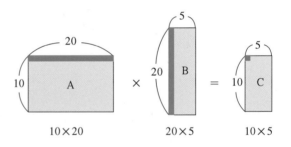

앞의 그림에서 행렬 C의 하나의 원소를 계산하기 위해서 행렬 A의 1개의 행에 있는 20개 원소와 행렬 B의 1개의 열에 있는 20개의 원소를 각각 곱한 값을 더해야 하므로 20회의 곱셈이 필요함을 보여주고 있다.[5]

이제 3개의 행렬을 곱해야 하는 경우를 생각해보자. 연속된 행렬의 곱셈에는 결합 법칙이 허용된다. 즉, $A \times B \times C = (A \times B) \times C = A \times (B \times C)$이다. 예를 들어, 다음과 같이 행렬 A가 10×20, 행렬 B가 20×5, 행렬 C가 5×15라고 하자.

---

[5] 단, 20개의 곱셈 결과를 모두 더하여야 행렬 C의 1개의 원소가 계산되나, 곱셈 연산이 덧셈 연산보다 실제의 수행 시간이 더 오래 걸리므로 덧셈 연산 횟수는 시간복잡도 계산에 포함시키지 않기로 한다.

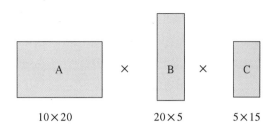

먼저 A×B를 계산한 후에 그 결과 행렬과 행렬 C를 곱하기 위한 원소 간의 곱셈 횟수를 세어 보면, A×B를 계산하는 데 $10 \times 20 \times 5 = 1000$번의 곱셈이 필요하고, 그 결과 행렬의 크기가 10×5이므로, 이에 행렬 C를 곱하는 데 $10 \times 5 \times 15 = 750$번의 곱셈이 필요하다. 총 $1000 + 750 = 1750$회의 원소의 곱셈이 필요하다.

이번에는 B×C를 먼저 계산한 후에 행렬 A를 그 결과 행렬과 곱하면, B×C를 계산하는 데 $20 \times 5 \times 15 = 1500$번의 곱셈이 필요하고, 그 결과 20×15 행렬이 만들어지므로, 이를 행렬 A와 곱하는 데 $10 \times 20 \times 15 = 3000$번의 곱셈이 필요하다. 따라서 총 $1500 + 3000 = 4500$회의 곱셈이 필요하다.

동일한 결과를 얻음에도 불구하고 원소 간의 곱셈 횟수가 $4500 - 1700 = 2800$이나 차이가 난다. 따라서 연속 행렬을 곱하는 데 필요한 원소 간의 곱셈 횟수를 최소화시키기 위해서는 적절한 행렬의 곱셈 순서를 찾아야 한다.

핵심아이디어

연속 행렬 곱셈 문제는 동적 계획 알고리즘으로 해결되는 대표적인 문제이다. 이 문제에 대한 부분문제들은 그리 어렵지 않게 생각해낼 수 있다. 왜냐하면 주어진

행렬의 순서를 지켜서 이웃하는 행렬끼리 반드시 곱해야 하기 때문이다. 예를 들어, A×B×C×D×E를 계산하려는데, B를 건너뛰어서 A×C를 수행한다든지, B와 C를 건너뛰어서 A×D를 먼저 수행할 수 없다. 따라서 다음과 같이 부분문제들이 만들어진다.

부분문제 크기						부분문제 개수
1	A	B	C	D	E	5개
2		A×B	B×C	C×D	D×E	4개

맨 윗줄의 가장 작은 부분문제들은 입력으로 주어진 각각의 행렬 그 자체이고, 크기가 2인 부분문제는 2개의 이웃하는 행렬의 곱셈으로 이루어진 4개이다. 여기서 눈여겨보아야 할 것은 부분문제들이 겹쳐져 있다는 것이다. 만일 A×B, C×D와 같이 부분문제가 서로 겹치지 않으면 A×B×C×D를 계산할 때 B×C에 대한 해가 없으므로 새로이 계산해야 한다. 이러한 경우를 대비하여 이웃하여 서로 겹치는 부분문제들의 해도 미리 구하여 놓는다.

부분문제 크기				부분문제 개수
3	A×B×C	B×C×D	C×D×E	3개
4	A×B×C×D	B×C×D×E		2개
5	A×B×C×D×E			1개

그 다음은 크기가 3인 부분문제가 3개이고, 이들 역시 서로 이웃하는 부분문제들끼리 겹쳐 있음을 확인할 수 있다. 다음 줄에는 크기가 4인 부분문제가 2개이고, 마지막에는 1개의 문제로서 입력이다.

다음은 연속 행렬 곱셈을 위한 동적 계획 알고리즘이다. 다음 알고리즘에서는 $A_i \times A_{i+1} \times \cdots \times A_j$에 필요한 원소 간의 최소 곱셈 횟수를 C[i,j]에 저장한다.

MatrixChain

입력: 연속된 행렬 $A_1 \times A_2 \times \cdots \times A_n$,
　　단, A_1은 $d_0 \times d_1$, A_2는 $d_1 \times d_2$, $\cdots$, A_n은 $d_{n-1} \times d_n$이다.
출력: 입력의 행렬 곱셈에 필요한 원소 간의 최소 곱셈 횟수

```
1   for i = 1 to n
2      C[i,i] = 0
3   for L = 1 to n−1  { // L은 부분문제의 크기를 조절하는 인덱스이다.
4      for i = 1 to n−L {
5         j = i + L
6         C[i,j] = ∞
7         for k = i to j−1 {
8            temp = C[i,k] + C[k+1,j] + d_{i−1}d_k d_j
9            if (temp < C[i,j])
10              C[i,j] = temp
            }
         }
      }
11  return C[1,n]
```

- Line 1~2에서 배열의 대각선 원소들, 즉 C[1,1], C[2,2], $\cdots$, C[n,n]을 0으로 각각 초기화시킨다. 그 의미는 행렬 $A_1 \times A_1$, $A_2 \times A_2$, $\cdots$, $A_n \times A_n$을 각각 계산하는 데 필요한 원소 간의 곱셈 횟수가 0이란 뜻이다. 즉, 실제로는 아무런 계산도 필요 없다는 뜻이다. 이렇게 초기화하는 이유는 C[i,i]가 가장 작은 부분문제의 해이기 때문이다.

- Line 3에서 for-루프의 L은 1부터 (n−1)까지 변하는데, L은 부분문제의 크기를 2부터 n까지 조절하기 위한 변수이다. 즉, 이를 위해 line 4의 for-루프의 i가 1부터 (n−L)까지 변한다.

  • L=1일 때, i는 1부터 (n−1)까지 변하므로, 크기가 2인 부분문제의 수가 (n−1)개이다.

  • L=2일 때, i는 1부터 (n−2)까지 변하므로, 크기가 3인 부분문제의 수가 (n−2)개이다.

  • L=3일 때, i는 1부터 (n−3)까지 변하므로, 크기가 4인 부분문제의 수가 (n−3)개이다.

L=1

C	1	2	3	·	·	n−1	n
1	0						
2		0					
3			0				
·				0			
·					0		
n−1						0	
n							0

(n−1)개

L=2

C	1	2	3	·	·	n−1	n
1	0						
2		0					
3			0				
·				0			
·					0		
n−1						0	
n							0

(n−2)개

L=3

C	1	2	3	·	·	n−1	n
1	0						
2		0					
3			0				
·				0			
·					0		
n−1						0	
n							0

(n−3)개

…

- L=n−2일 때, i는 1부터 n−(n−2)=2까지 변하므로, 크기가 (n−1)인 부분 문제의 수는 2개이다.
- L=n−1일 때, i는 1부터 n−(n−1)=1까지 변하므로, 크기가 n인 문제의 입력 이 된다.

L=n−2

C	1	2	3	·	·	n−1	n
1	0						
2		0					
3			0				
·				0			
·					0		
n−1						0	
n							0

2개

L=n−1

C	1	2	3	·	·	n−1	n
1	0						
2		0					
3			0				
·				0			
·					0		
n−1						0	
n							0

1개

- Line 5에서는 j=i+L인데, 이는 행렬 $A_i \times \cdots \times A_j$에 대한 원소 간의 최소 곱셈 횟수, 즉 C[i,j]를 계산하기 위한 것이다. 따라서
  - L=1일 때,
    - i=1이면 j=1+1=2이고 ($A_1 \times A_2$를 계산하기 위하여),
    - i=2이면 j=2+1=3이고 ($A_2 \times A_3$을 계산하기 위하여),
    - i=3이면 j=3+1=4이며 ($A_3 \times A_4$를 계산하기 위하여),

    …
    - i=n−L=n−1이면 j=(n−1)+1=n이다($A_{n−1} \times A_n$을 계산하기 위함이다).

    따라서 크기가 2인 부분문제의 수가 총 (n−1)개이다.
  - L=2일 때,

- i=1이면 j=1+2=3이고 ($A_1 \times A_2 \times A_3$을 계산하기 위하여),
- i=2이면 j=2+2=4이고 ($A_2 \times A_3 \times A_4$를 계산하기 위하여),
- i=3이면 j=3+2=5이며 ($A_3 \times A_4 \times A_5$를 계산하기 위하여),

  …

- i=n−L=n−2이면 j=(n−2)+2=n이다($A_{n-2} \times A_{n-1} \times A_n$을 계산하기 위함이다).

따라서 크기가 3인 부분문제의 수가 (n−2)개이다.

• L=3일 때, $A_1 \times A_2 \times A_3 \times A_4$, $A_2 \times A_3 \times A_4 \times A_5$, …, $A_{n-3} \times A_{n-2} \times A_{n-1} \times A_n$ 을 계산한다. 그리고 크기가 4인 부분문제의 수가 총 (n−3)개이다.

  …

• L=n−2일 때, 2개의 부분문제 $A_1 \times A_2 \times \cdots \times A_{n-1}$, $A_2 \times A_3 \times \cdots \times A_n$을 계산한다.

• L=n−1일 때, i=1이면 j=1+(n−1)=n이고, 주어진 문제 입력인 $A_1 \times A_2 \times \cdots \times A_n$을 계산한다.

- Line 6에서는 최소 곱셈 횟수를 찾기 위해 C[i,j]=∞로 초기화시킨다.
- Line 7~10의 for−루프는 k가 i부터 (j−1)까지 변하면서 어떤 부분문제를 먼저 계산하면 곱셈 횟수가 최소인지를 찾아서 최종적으로 C[i,j]에 그 값을 저장한다. 즉, 다음과 같이 k가 $A_i \times A_{i+1} \times \cdots \times A_j$를 2개의 부분문제로 나누어 어떤 경우에 곱셈 횟수가 최소인지를 찾는데, 여기서 부분문제 간의 함축적 순서가 존재함을 알 수 있다.

$$(A_i) \quad \times \quad (A_{i+1} \times A_{i+2} \times \cdots \times A_j) \qquad k=i일\ 때$$
$$(A_i \times A_{i+1}) \quad \times \quad (A_{i+2} \times A_{i+3} \times \cdots \times A_j) \quad k=i+1일\ 때$$
$$(A_i \times A_{i+1} \times A_{i+2}) \quad \times \quad (A_{i+3} \times \cdots \times A_j) \quad k=i+2일\ 때$$
$$\vdots \qquad\qquad\qquad \vdots$$
$$(A_i \times A_{i+1} \times \cdots \times A_{j-1}) \quad \times \quad (A_j) \qquad k=j-1일\ 때$$

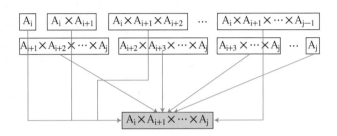

- Line 8에서는 앞과 같이 2개의 부분문제로 나뉜 각각의 경우에 대한 곱셈 횟수를 계산한다. 첫 번째 부분문제의 해는 $C[i,k]$에 있고, 두 번째 부분문제의 해는 $C[k+1,j]$에 있으며, 이 2개의 해를 합하고, 이에 $d_{i-1}d_k d_j$를 더한다. 여기서 $d_{i-1}d_k d_j$를 더하는 이유는 두 부분문제들이 각각 $d_{i-1} \times d_k$ 행렬과 $d_k \times d_j$ 행렬이고, 이 두 행렬을 곱하는 데 필요한 원소 간의 곱셈 횟수가 $d_{i-1}d_k d_j$이기 때문이다.

다음은 k값의 변화에 따른 2개의 부분문제에 해당하는 행렬의 크기를 각각 보여주고 있다.

$$\underset{d_{i-1} \times d_i}{(A_i)} \quad \times \quad \underset{d_i \times d_j}{(A_{i+1} \times A_{i+2} \times \cdots \times A_j)} \qquad k=i일\ 때$$
$$\underset{d_{i-1} \times d_{i+1}}{(A_i \times A_{i+1})} \quad \times \quad \underset{d_{i+1} \times d_j}{(A_{i+2} \times A_{i+3} \times \cdots \times A_j)} \quad k=i+1일\ 때$$
$$\underset{d_{i-1} \times d_{i+2}}{(A_i \times A_{i+1} \times A_{i+2})} \quad \times \quad \underset{d_{i+2} \times d_j}{(A_{i+3} \times \cdots \times A_j)} \quad k=i+2일\ 때$$
$$\vdots \qquad\qquad\qquad \vdots$$
$$\underset{d_{i-1} \times d_{j-1}}{(A_i \times A_{i+1} \times \cdots \times A_{j-1})} \quad \times \quad \underset{d_{i-1} \times d_j}{(A_j)} \qquad k=j-1일\ 때$$

- Line 9~10에서는 line 8에서 계산된 곱셈 횟수가 바로 직전까지 계산되어 있는 $C[i,j]$보다 작으면 그 값으로 $C[i,j]$를 갱신하며, $k=(j-1)$일 때까지 수행되어 최

종적으로 가장 작은 값이 C[i,j]에 저장된다.

● Line 11에서는 주어진 문제의 해가 있는 C[1,n]을 리턴한다.

MatrixChain 알고리즘이 다음 예제를 수행하는 과정을 살펴보자. 단, A_1이 10×20, A_2가 20×5, A_3이 5×15, A_4가 15×30이다.

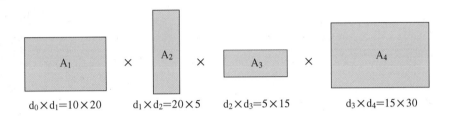

$d_0 \times d_1 = 10 \times 20$ $d_1 \times d_2 = 20 \times 5$ $d_2 \times d_3 = 5 \times 15$ $d_3 \times d_4 = 15 \times 30$

● Line 1~2에서 C[1,1]=C[2,2]=C[3,3]=C[4,4]=0으로 초기화시킨다.

C	1	2	3	4
1	0			
2		0		
3			0	
4				0

● Line 3에서 L이 1부터 (4−1)=3까지 변하고, 각각의 L값에 대하여, i가 변화하며 C[i,j]를 계산한다.

　• L=1일 때, i는 1부터 (n−L)=4−1=3까지 변한다.

　　– i=1이면 j=i+L=1+1=2이므로, $A_1 \times A_2$를 위해 line 6에서 C[1,2]=∞로 초기화하고, line 7의 k는 1부터 (j−1)=2−1=1까지 변하므로 사실 k=1일 때 1번만 수행된다. Line 8에서 temp = C[1,1] + C[2,2] + $d_0 d_1 d_2$ = 0+0+(10×20×5) = 1000이 되고, line 9에서 현재 C[1,2]=∞가 temp보다 크므로, C[1,2]=1000이 된다.

　　– i=2이면 j=i+L=2+1=3이므로, $A_2 \times A_3$을 위해 line 6에서 C[2,3]=∞로 초기화하고, line 7의 k는 2부터 (j−1)=3−1=2까지 변하므로 k=2일 때 역시 1번만 수행된다. Line 8에서 temp = C[2,2] + C[3,3] + $d_1 d_2 d_3$ = 0+0+(20×5×15) = 1500이 되고, line 9에서 현재 C[2,3]=∞가 temp

보다 크므로, C[2,3]=1500이 된다.

– i=3이면 $A_3 \times A_4$에 대해 C[3,4] = 2250이 된다($5 \times 15 \times 30 = 2250$이므로).

C	1	2	3	4
1	0	1000		
2		0	1500	
3			0	2250
4				0

- L=2일 때 i는 1부터 (n−L)=4−2=2까지 변한다.

  – i=1이면 j=i+L=1+2=3이므로, $A_1 \times A_2 \times A_3$을 계산하기 위해 line 6에서 C[1,3]=∞로 초기화하고, line 7의 k는 1부터 (j−1)=3−1=2까지 변하므로, k=1과 k=2일 때 2번 수행된다.

    ◆ k=1일 때, line 8에서 temp = C[i,k] + C[k+1,j] + $d_{i-1}d_kd_j$=C[1,1]+ C[2,3]+$d_0d_1d_3$ = 0+1500+($10 \times 20 \times 15$) = 4500이 되고, line 9에서 현재 C[1,3]=∞이고 temp보다 크므로, C[1,3]=4500이 된다.

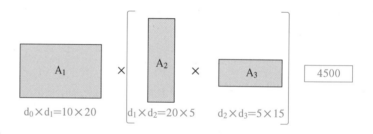

◆ k=2일 때, line 8에서 temp = C[i,k] + C[k+1,j] + $d_{i-1}d_kd_j$ = C[1,2]+ C[3,3]+$d_0d_2d_3$ = 1000+0+($10 \times 5 \times 15$) = 1750이 되고, line 9에서 현재 C[1,3] = 4500인데 temp보다 크므로, C[1,3]=1750으로 갱신된다.

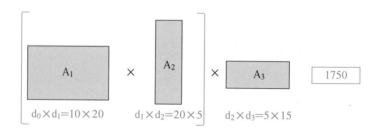

– i＝2이면 j＝i+L＝2+2＝4이므로, $A_2 \times A_3 \times A_4$를 계산하기 위해 line 6에서 C[2,4]＝∞로 초기화하고, line 7의 k는 2부터 (j−1)＝4−1＝3까지 변하므로, k＝2와 k＝3일 때 2번 수행된다.

◆ k＝2일 때, line 8에서 temp ＝ C[i,k] + C[k+1,j] + $d_{i-1}d_kd_j$ ＝ C[2,2]+C[3,4]+$d_1d_2d_4$ ＝ 0+2250+(20×5×30) ＝ 5250이 되고, line 9에서 현재 C[2,4]＝∞가 temp보다 크므로, C[2,4] ＝ 5250이 된다.

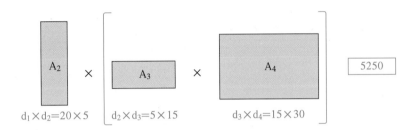

◆ k＝3일 때, line 8에서 temp ＝ C[i,k] + C[k+1,j] + $d_{i-1}d_kd_j$ ＝ C[2,3]+C[4,4]+$d_1d_3d_4$ ＝ 1500+0+(20×15×30) ＝ 10500이 된다.

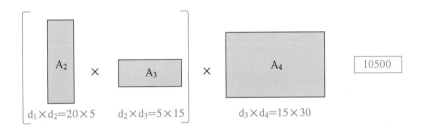

그러나 line 9에서 현재 C[2,4]＝5250이 temp보다 작으므로, 그대로 C[2,4]＝5250이다.

C	1	2	3	4
1	0	1000	1750	
2		0	1500	5250
3			0	2225
4				0

• L＝3일 때 i는 1부터 (n−L)＝4−3＝1까지이므로 i＝1일 때만 수행된다.

- i=1이면 j=i+L=1+3=4이므로, $A_1 \times A_2 \times A_3 \times A_4$를 계산하기 위해 line 6에서 C[1,4]=∞로 초기화하고, line 7의 k는 1부터 (j−1)=4−1=3 까지 변하므로, k=1, k=2, k=3일 때 각각 수행된다.

• k=1일 때, line 8에서 temp = C[i,k] + C[k+1,j] + $d_{i−1}d_kd_j$ = C[1,1]+ C[2,4]+$d_0d_1d_4$ = 0+5250+(10×20×30) = 11250이 되고, line 9에서 현재 C[1,4]=∞가 temp보다 크므로, C[1,4]=11250이 된다.

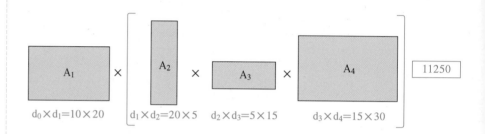

• k=2일 때, line 8에서 temp = C[i,k] + C[k+1,j] + $d_{i−1}d_kd_j$ = C[1,2]+ C[3,4]+$d_0d_2d_4$ = 1000+2250+(10×5×30) = 4750이 되고, line 9에서 현재 C[1,4]=11250이 temp보다 크므로, C[1,4] = 4750으로 갱신된다.

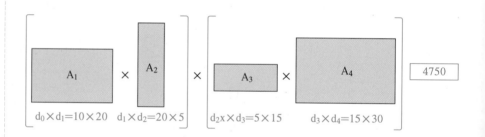

• k=3일 때, line 8에서 temp = C[i,k] + C[k+1,j] + $d_{i−1}d_kd_j$ = C[1,3]+ C[4,4]+$d_0d_3d_4$ = 1750+0+(10×15×30) = 6250이 된다.

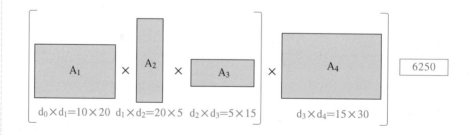

그러나 line 9에서 현재 C[1,4] = 4750이 temp보다 작으므로, 그대로 C[1,4]=4750이다.

따라서 이 예제의 최종해는 4,750번이다. 즉, 먼저 $A_1 \times A_2$를 계산하고, 그 다음에는 $A_3 \times A_4$를 계산하여, 각각의 결과를 곱하는 것이 가장 효율적이다. 다음은 알고리즘이 수행된 후의 배열 C이다.

C	1	2	3	4
1	0	1000	1750	4750
2		0	1500	5250
3			0	2250
4				0

시간복잡도
알아보기

MatrixChain 알고리즘의 시간복잡도는 2차원 배열 C만 보더라도 쉽게 알 수 있다. 배열 C가 $n \times n$이고, 원소의 수는 n^2인데, 거의 1/2 정도의 원소들의 값을 계산해야 한다. 그런데 하나의 원소, 즉, C[i,j]를 계산하기 위해서는 line 7의 k-루프가 최대 $(n-1)$번 수행되어야 한다. 따라서 MatrixChain 알고리즘의 시간복잡도는 $O(n^2) \times O(n) = O(n^3)$이다.

5.3 편집 거리 문제

문제

문서 편집기를 사용하는 중에 하나의 스트링(문자열) S를 수정하여 다른 스트링 T로 변환시키고자 할 때, 삽입(insert), 삭제(delete), 대체(substitute) 연산이 사용된다. S를 T로 변환시키는 데 필요한 최소의 편집 연산 횟수를 편집 거리(edit distance)라고 한다.

예를 들어, 'strong'을 'stone'으로 편집하여 보자.

```
s   t       r   o   n   g
↓   ↓   삽입  삭제  삭제  ↓   대체
s   t   o           n   e
```

앞의 편집에서는 's' 와 't' 는 그대로 사용하고, 'o' 를 삽입하고, 'r' 과 'o' 를 삭제한다. 그 다음에는 'n' 을 그대로 사용하고, 마지막으로 'g' 를 'e' 로 '대체'[6]시켜, 총 4회의 편집 연산이 수행되었다.

반면에 다음의 편집에서는 's' 와 't' 는 그대로 사용한 후, 'r' 을 삭제하고, 'o' 와 'n' 을 그대로 사용한 후, 'g' 를 'e' 로 대체시켜, 총 2회의 편집 연산만이 수행되었고, 이는 최소 편집 횟수이다.

```
s   t   r   o   n   g
↓   ↓   삭제  ↓   ↓   대체
s   t       o   n   e
```

이처럼 S를 T로 바꾸는 데 어떤 연산을 어느 문자에 수행하는가에 따라서 편집 연산 횟수가 달라진다.

 핵심아이디어

편집 거리 문제를 동적 계획 알고리즘으로 해결하려면 부분문제들을 어떻게 표현해야 할까? 'strong' 을 'stone' 으로 편집하려는데, 만일 각 접두부(prefix)에 대해서, 예를 들어 'stro' 를 'sto' 로 편집할 때의 편집 거리를 미리 알고 있으면, 각 스트링의 나머지 부분에 대해서, 즉 'ng' 를 'ne' 로의 편집에 대해서 편집 거리를 찾음으로써, 주어진 입력에 대한 편집 거리를 계산할 수 있다.

$$
S = \boxed{\begin{array}{cccc} 1 & 2 & 3 & 4 \\ s & t & r & o \end{array}} n \; g
$$

$$
T = \boxed{\begin{array}{ccc} s & t & o \\ 1 & 2 & 3 \end{array}} n \; e
$$

부분문제를 정의하기 위해서 스트링 S와 T의 길이가 각각 m과 n이라 하고, S와 T

---

6) 대체 연산은 문자를 삭제한 후에 삽입하는 것이 아니라, 기존 문자를 한 번에 다른 문자로 바꾸는 연산이다.

의 각 문자를 다음과 같이 s_i와 t_j라고 하자. 단, $i = 1, 2, \cdots, m$이고, $j = 1, 2, \cdots, n$이다.

$$S = s_1\ s_2\ s_3\ s_4\ \cdots\ s_m$$

$$T = t_1\ t_2\ t_3\ t_4\ \cdots\ t_n$$

부분문제의 정의: $E[i,j]$는 S의 접두부의 i개 문자를 T의 접두부 j개 문자로 변환시키는 데 필요한 최소 편집 연산 횟수, 즉 편집 거리이다.

예를 들어, 'strong'을 'stone'에 대해서, 'stro'를 'sto'로 바꾸기 위한 편집 거리를 찾는 문제는 $E[4,3]$이 되고, 점진적으로 $E[6,5]$를 해결하면 문제의 해를 찾게 된다. 앞의 예제에 대해 처음 몇 개의 부분문제의 편집 거리를 계산하여 보자.

	1	2	3	4	5	6
S	s	t	r	o	n	g
T	s	t	o	n	e	

- $s_1 \rightarrow t_1$ ['s'를 's'로 편집] 부분문제: $E[1,1]=0$이다. 왜냐하면 $s_1=t_1=$'s'이기 때문이다.
- $s_1 \rightarrow t_1t_2$ ['s'를 'st'로 편집] 부분문제: $E[1,2]=1$이다. 왜냐하면 $s_1=t_1=$'s'이고, 't'를 삽입하는 데 1회의 연산이 필요하기 때문이다.
- $s_1s_2 \rightarrow t_1$ ['st'를 's'로 편집] 부분문제: $E[2,1]=1$이다. 왜냐하면 $s_1=t_1=$'s'이고, 't'를 삭제하는 데 1회의 연산이 필요하기 때문이다.
- $s_1s_2 \rightarrow t_1t_2$ ['st'를 'st'로 편집] 부분문제: $E[2,2]=0$이다. 왜냐하면 $s_1=t_1=$'s'이고, $s_2=t_2=$ 't'이기 때문이다. 이 경우에는 $E[1,1]=0$이라는 결과를 미리 계산하여 놓았고, $s_2=t_2=$ 't'이므로, $E[1,1]+0=0$인 것이다.

부분문제 $s_1s_2s_3s_4 \rightarrow t_1t_2t_3$ ['stro'를 'sto'로 편집], 즉 $E[4,3]$은 어떻게 계산하여야 할까?

- 부분문제 $s_1s_2s_3s_4 \rightarrow t_1t_2$ ['stro'를 'st'로 편집], 즉 $E[4,2]$의 해를 알면, $t_3=$ 'o'를 삽입하면 된다. 따라서 이때의 편집 연산 횟수는 $E[4,2]+1$이다.

- 부분문제 $s_1s_2s_3 \rightarrow t_1t_2t_3$ ['str'을 'sto'로 편집], 즉 E[3,3]의 해를 알면, $s_4=$ 'o'를 삭제하면 된다. 왜냐하면 'sto'가 이미 만들어져 있기 때문이다. 따라서 이때의 편집 연산 횟수는 E[3,3]+1이다.
- 부분문제 $s_1s_2s_3 \rightarrow t_1t_2$ ['str'을 'st'로 편집], 즉 E[3,2]의 해를 알면, $s_4=$ 'o'를 $t_3=$ 'o'로 편집하는 데 필요한 연산을 계산하면 된다. 그러나 이 경우에는 2개의 문자가 같으므로 편집할 필요가 없다. 따라서 이때의 편집 연산 횟수는 E[3,2]이다.

E	T	ε	s	t	o
S	i \ j	0	1	2	③
ε	0	0	1	2	3
s	1	1	0	1	2
t	2	2	1	0	1
r	3	3	2	1	1
o	④	4	3	2	1

따라서 E[4,3]의 편집 거리를 계산하려면 주변 3개의 부분문제들의 해, 즉 E[4,2], E[3,3], E[3,2]의 편집 거리를 알아야 한다. 그런데 E[4,2]=2, E[3,3]=1, E[3,2]=1이므로, (2+1), (1+1), 1 중에서 최솟값인 1이 E[4,3]의 편집 거리가 된다.

일반적으로 E[i−1,j], E[i,j−1], E[i−1,j−1]의 해가 미리 계산되어 있으면 E[i,j]를 계산할 수 있다. 그러므로 편집 거리 문제의 부분문제 간의 함축적 순서는 다음과 같다.

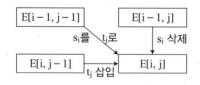 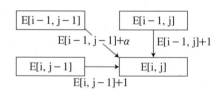

- 먼저 E[i,j]의 왼쪽에 있는 E[i,j−1]는 $s_1s_2 \cdots s_i$와 $t_1t_2 \cdots t_{j-1}$까지의 해이므로 t_j를 삽입한다면, (E[i,j−1]+1)이 $s_1s_2 \cdots s_i$를 $t_1t_2 \cdots t_j$로 만드는 데 필요한 연산 횟수가 된다.
- E[i,j]의 위쪽에 있는 E[i−1,j]의 경우에는 $s_1s_2 \cdots s_{i-1}$와 $t_1t_2 \cdots t_j$까지의 해가 s_i

를 삭제해야 한다. 왜냐하면 이미 $t_1t_2 \cdots t_j$가 만들어져 있으므로 s_i가 필요 없기 때문이다. 따라서 $(E[i-1,j]+1)$이 $s_1s_2 \cdots s_i$를 $t_1t_2 \cdots t_j$로 만드는 데 필요한 연산 횟수가 된다.

- 마지막으로 대각선 방향의 경우에는 연산 횟수가 $(E[i-1,j-1]+\alpha)$인데, 여기서 $s_i=t_j$일 때 $\alpha=0$이고, 다르면 $\alpha=1$이다. 왜냐하면 s_i와 t_j가 같으면 어떤 편집 연산도 필요 없고, 다르면 s_i를 t_j로 대체하는 연산이 필요하기 때문이다.

그러므로 앞의 3가지 경우 중에서 가장 작은 값을 $E[i,j]$의 해로서 선택한다. 즉,

$$E[i,j] = \min\{E[i,j-1]+1, E[i-1,j]+1, E[i-1,j-1]+\alpha\}$$
$$\text{단, } \alpha=1 \text{ if } s_i \neq t_j, \text{ else } \alpha=0$$

앞의 식을 위해서 $E[0,0]$, $E[1,0]$, $E[2,0]$, $\cdots$, $E[m,0]$과 $E[0,1]$, $E[0,2]$, $\cdots$, $E[0,n]$이 다음과 같이 초기화되어야 한다.

T		ε	t_1	t_2	t_3	$\cdot\cdot$	t_n
S		0	1	2	3	$\cdot\cdot$	n
ε	0	0	1	2	3	$\cdot\cdot$	n
s_1	1	1					
s_2	2	2					
s_3	3	3					
$\cdot$	$\cdot$	$\cdot$					
$\cdot$	$\cdot$	$\cdot$					
s_m	m	m					

2차원 배열 E[7]의 0번 행이 0, 1, 2, $\cdots$, n으로 초기화된 의미는 S의 첫 문자를 처리하기 전에, 즉 S가 ε(공 문자열)인 상태에서 T의 문자를 좌에서 우로 하나씩 만들어가는 데 필요한 삽입 연산 횟수를 각각 나타낸 것이다.

- $E[0,0]=0$, T의 첫 문자를 만들기 이전이므로, 아무런 연산이 필요 없다.

---

7) 각 부분 문제 $E[i,j]$가 2차원 배열의 원소와 같으므로 $E[i,j]$에 저장된 값이 해당 부분 문제의 편집 거리이다.

- E[0,1]=1, T의 첫 문자를 만들기 위해 't_1'을 삽입해야 한다.
- E[0,2]=2, T의 처음 2문자를 만들기 위해 't_1t_2'를 각각 삽입해야 한다.
   …
- E[0,n]=n, T를 만들기 위해 '$t_1t_2t_3 \cdots t_n$'을 각각 삽입해야 한다.

또한 배열 E의 0번 열이 0, 1, 2, $\cdots$, m으로 초기화된 의미는 스트링 T를 ε으로 만들기 위해서, S의 문자를 위에서 아래로 하나씩 없애는 데 필요한 삭제 연산 횟수를 각각 나타낸 것이다.

- E[0,0]=0, S의 첫 문자를 지우기 이전이므로, 아무런 연산이 필요 없다.
- E[1,0]=1, S의 첫 문자 's_1'을 삭제해야 T가 ε이 된다.
- E[2,0] = 2, S의 처음 2 문자 's_1s_2'를 삭제해야 T가 ε이 된다.
   …
- E[m,0]=m, T의 모든 m개의 문자를 삭제해야 T가 ε이 된다.

알고리즘

다음은 편집 거리 문제를 위한 동적 계획 알고리즘이다. 알고리즘에서 2차원 배열 E는 편집 거리를 저장하는 데 사용된다.

EditDistance

```
    입력: 스트링 S, T, 단, S와 T의 길이는 각각 m과 n이다.
    출력: S를 T로 변환하는 편집 거리, E[m,n]
1   for i=0 to m  E[i,0]=i    // 0번 열의 초기화
2   for j=0 to n  E[0,j]=j    // 0번 행의 초기화
3   for i=1 to m
4     for j=1 to n
5       E[i,j] = min{E[i,j−1]+1, E[i−1,j]+1, E[i−1,j−1]+α}
6   return E[m,n]
```

- Line 1~2에서는 배열의 0번 열과 0번 행을 각각 초기화시킨다.
- Line 3~5에서는 배열을 1번 행, 2번 행, $\cdots$ 순으로 채워 나아간다. 다음 그림과 같이 E[i,j]의 (왼쪽 원소의 값+1), (위쪽 원소의 값+1), (대각선 위쪽의 원소의 값+α) 중에서 가장 작은 값이 E[i,j]에 저장된다.

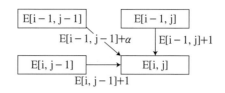

다음은 EditDistance 알고리즘이 'strong'을 'stone'으로 바꾸는 데 필요한 편집
거리를 계산한 결과인 배열 E이다.

E	T	ε	s	t	o	n	e
S i \ j	0	1	2	3	4	5	
ε 0	0	1	2	3	4	5	
s 1	1	0	1	2	3	4	
t 2	2	1	0	1	2	3	
r 3	3	2	1	1	2	3	
o 4	4	3	2	1	2	3	
n 5	5	4	3	2	1	2	
g 6	6	5	4	3	2	2	

앞의 배열에서 파란색 음영으로 표시된 원소가 계산되는 과정을 각각 상세히 살펴
보자.

- E[1,1] = min{E[1,0]+1, E[0,1]+1, E[0,0]+α} = min{(1+1), (1+1), (0+0)} = 0
  - 'E[1,0]+1=2'는 S의 첫 문자를 삭제하여 E[1,0]=1이 되어 있는 상태에서,
    '+1'은 T의 첫 문자인 t_1= 's'를 삽입한다는 의미이다. 즉, T가 ε인 상태이므
    로 T의 첫 문자를 삽입해야 's'가 만들어진다는 뜻이다.

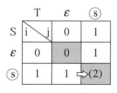

  - 'E[0,1]+1=2'는 T의 첫 문자인 s_1을 삽입하여 E[0,1]=1이 되어 있는 상태에

서, '+1'은 S의 첫 문자인 s_1= 's'를 삭제한다는 의미이다. 즉, 이미 T의 첫 문자 's'가 만들어져 있는 상태이므로 S의 첫 문자를 삭제한다는 뜻이다.

	T	ε	Ⓢ
S i＼j		0	1
ε	0	0	1
Ⓢ	1	1	(2)

- E[0,0]+α = 0+0 = 0인데 α가 S의 첫 문자와 T의 첫 문자가 같기 때문이다. 즉, S의 1번째 문자와 T의 1번째 문자가 같으므로 아무런 연산이 필요 없이 T의 첫 문자인 's'를 만들 수 있다.
- 따라서 앞의 3가지 경우의 값 중에서 최솟값인 0이 E[1,1]이 된다.

	T	ε	Ⓢ
S i＼j		0	1
ε	0	0	1
Ⓢ	1	1	0

- E[2,2] = min{E[2,1]+1, E[1,2]+1, E[1,1]+α} = min{(1+1), (1+1), (0+0)} = 0. 즉, 현재 T의 첫 문자 's'가 만들어져 있는 상태에서 S의 2번째 문자와 T의 2번째 문자가 같으므로 아무런 연산이 필요 없이 'st'가 만들어지는 것이다.

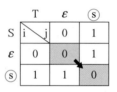

	T	ε	s	ⓣ
S i＼j		0	1	2
ε	0	0	1	2
s	1	1	0	1
ⓣ	2	2	1	0

- E[3,2] = min{E[3,1]+1, E[2,3]+1, E[2,2]+α} = min{2+1, 0+1, 1+1} = 1. 즉, 이미 T의 처음 2문자 'st'가 만들어져 있으므로 S의 3번째 문자인 'r'을 삭제한다는 의미이다.

T		ε	s	ⓣ
S　i	j	0	1	2
ε	0	0	1	2
s	1	1	0	1
t	2	2	1	0
ⓡ	3	3	2	1

- $E[4,3] = \min\{E[4,2]+1,\ E[3,3]+1,\ E[3,2]+\alpha\} = \min\{(2+1),\ (1+1),\ (1+0)\} = 1$. 즉, 현재 T의 처음 2문자 'st' 가 만들어져 있는 상태에서 S의 4번째 문자와 T의 3번째 문자가 같으므로 아무런 연산이 필요 없이 'sto' 가 만들어지는 것이다.

T		ε	s	t	ⓞ
S　i	j	0	1	2	3
ε	0	0	1	2	3
s	1	1	0	1	2
t	2	2	1	0	1
r	3	3	2	1	1
ⓞ	4	4	3	2	1

- $E[5,4] = \min\{E[5,3]+1,\ E[4,4]+1,\ E[4,3]+\alpha\} = \min\{(2+1),\ (1+1),\ (1+0)\} = 1$. 즉, 현재 T의 처음 3문자 'sto' 가 만들어져 있는 상태에서 S의 5번째 문자와 T의 4번째 문자가 같으므로 아무런 연산이 필요 없이 'ston' 이 만들어지는 것이다.

T		ε	s	t	o	ⓝ
S　i	j	0	1	2	3	4
ε	0	0	1	2	3	4
s	1	1	0	1	2	3
t	2	2	1	0	1	2
r	3	3	2	1	1	2
o	4	4	3	2	1	2
ⓝ	5	5	4	3	2	1

- $E[6,5] = \min\{E[6,4]+1,\ E[5,5]+1,\ E[5,4]+\alpha\} = \min\{(2+1),\ (2+1),\ (1+1)\} = 2$. 즉, 현재 T의 처음 4문자 'ston' 이 만들어져 있는 상태에서, S의 6번째 문

자인 'g'를 T의 5번째 문자인 'e'로 대체하여 T를 완성시킨다.

S \i \j	T	ε	s	t	o	n	ⓔ
	0	1	2	3	4	5	
ε	0	0	1	2	3	4	5
s	1	1	0	1	2	3	4
t	2	2	1	0	1	2	3
r	3	3	2	1	1	2	3
o	4	4	3	2	1	2	3
n	5	5	4	3	2	1	2
ⓖ	6	6	5	4	3	2	2

시간복잡도 알아보기

EditDistance 알고리즘의 시간복잡도는 $O(mn)$이다. 여기서 m과 n은 두 스트링의 각각의 길이이다. 그 이유는 총 부분문제의 수가 배열 E의 원소 수인 $m \times n$이고, 각 부분문제(원소)를 계산하기 위해서 주변 3개의 부분문제들의 해(원소)를 참조한 후 최솟값을 찾는 것이므로 $O(1)$ 시간이 걸리기 때문이다.

응용

편집 거리 문제의 응용 사례는 매우 다양하다. 2개의 스트링들 사이의 편집 거리가 작으면 이 스트링들이 서로 유사하다고 판단할 수 있으므로, 생물 정보 공학(Bioinformatics) 및 의학 분야에서 두 개의 유전자가 얼마나 유사한가를 측정하는 데 활용된다. 예를 들어, 환자의 유전자 속에서 암 유전자와 유사한 유전자를 찾아내어 환자의 암을 미리 진단하는 연구와 암세포에만 있는 특징을 분석하여 항암제를 개발하는 연구에 활용되며, 좋은 형질을 가진 유전자들 탐색 등의 연구에도 활용된다. 그 외에도 철자 오류 검색(Spell Checker), 광학 문자 인식(Optical Character Recognition)에서의 보정 시스템(Correction System), 자연어 번역(Natural Language Translation) 소프트웨어 등에도 활용된다.

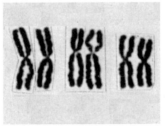 

▶ 편집 거리 문제는 유사한 유전자(왼쪽)를 찾아내어 암을 미리 진단하는 연구와 철자 오류 검색(오른쪽)에 활용된다.

5.4 배낭 문제

문제

배낭(Knapsack) 문제는 *n*개의 물건과 각 물건 i의 무게 w_i와 가치 v_i가 주어지고, 배낭의 용량이 C일 때, 배낭에 담을 수 있는 물건의 최대 가치를 찾는 문제이다. 단, 배낭에 담은 물건의 무게의 합이 C를 초과하지 말아야 하고, 각 물건은 1개씩 만 있다. 이러한 배낭 문제를 0−1 배낭 문제라고 하는데, 이는 각 물건이 배낭에 담기지 않은 경우는 '0', 담긴 경우는 '1'로 여기기 때문이다.

핵심아이디어

배낭 문제는 제한적인 입력[8]에 대해서 동적 계획 알고리즘으로 해결할 수 있다. 먼저 배낭 문제의 부분문제를 찾아내기 위해 문제의 주어진 조건을 살펴보면 물건, 물건의 무게, 물건의 가치, 배낭의 용량으로 모두 4가지의 요소가 있다. 이 중에서 물건과 물건의 무게는 부분문제를 정의하는 데 반드시 필요하다. 왜냐하면 배낭이 비어 있는 상태에서 시작하여 물건을 하나씩 배낭에 담는 것과 담지 않는 것을 현재 배낭에 들어 있는 물건의 가치의 합에 근거하여 결정해야 하기 때문이다. 또한 물건을 배낭에 담으려고 할 경우에 배낭 용량의 초과 여부를 검사해야 한다.

배낭 문제의 부분문제의 정의를 위해 물건은 하나씩 차례로 고려하면 되지만, 물건의 무게가 각각 다를 수 있기 때문에, 무게에 대해서는 배낭의 용량이 0(kg)으로부터 1(kg)씩 증가하여 입력으로 주어진 용량인 C(kg)이 될 때까지 변화시켜 가며 물건을 배낭에 담는 것이 가치가 더 커지는지를 결정해야 한다. 그래서 원래의

---

8) 배낭 문제는 어떠한 입력에 대해서도 동적 계획 알고리즘으로 해결할 수 있으나, 배낭의 용량이 물건의 개수에 비해 매우 크면, 알고리즘의 수행 시간이 너무 오래 걸려서 현실적으로 해를 찾을 수 없다.

배낭 용량은 C(kg)이지만, 배낭 용량이 0(kg)부터 1(kg)씩 증가할 경우의 용량을 '임시' 배낭 용량이라고 부르자. 따라서 배낭 문제의 부분문제를 다음과 같이 정의할 수 있다.

K[i,w] = 물건 1~i까지만 고려하고, (임시) 배낭 용량이 w일 때의 최대 가치
단, i = 1, 2, ⋯, n이고, w = 1, 2, 3, ⋯, C이다.

그러므로 문제의 최적해는 K[n,C]이다.

알고리즘

다음은 배낭 문제의 동적 계획 알고리즘이다. 알고리즘에서는 2차원 배열 K가 최대 가치를 저장하는 데 사용된다.

Knapsack

입력: 배낭의 용량 C, n개의 물건과 각 물건 i의 무게 w_i와 가치 v_i, 단, i = 1, 2, ⋯, n
출력: K[n,C]
1 for i = 0 to n   K[i,0]=0   // 배낭의 용량이 0일 때
2 for w = 0 to C K[0,w]=0   // 물건 0이란 어떤 물건도 배낭에 담기 위해 고려하지 않았을 때

3 for i = 1 to n {
4   for w = 1 to C {   // w는 배낭의 (임시)용량이고, 마지막에는 w=C가 되어 배낭의 용량이 된다.
5   if (w_i > w)   // 물건 i의 무게가 임시 배낭의 용량을 초과하면
6   K[i,w] = K[i−1,w]
7   else   // 물건 i를 배낭에 담지 않을 경우와 담을 경우를 고려
8   K[i,w] = max{K[i−1,w], K[i−1,w−w_i]+v_i}
    }
  }
9 return K[n,C]

● Line 1에서는 2차원 배열 K의 0번 열을 0으로 초기화시킨다. 그 의미는 배낭의 (임시) 용량이 0일 때, 물건 1~n까지 각각 배낭에 담아보려고 해도 배낭에 담을 수 없으므로 그에 대한 각각의 가치는 0일 수밖에 없다는 뜻이다.
● Line 2에서는 0번 행의 각 원소를 0으로 초기화시킨다. 여기서 물건 0이란 어떤 물건도 배낭에 담으려고 고려하지 않는다는 뜻이다. 따라서 배낭의 용량을 0

에서 C까지 각각 증가시켜도 담을 물건이 없으므로 각각의 최대 가치는 0이다.

- Line 3~8에서는 물건을 1에서 n까지 하나씩 고려하여 배낭의 (임시) 용량을 1에서 C까지 각각 증가시키며, 다음을 수행한다.

- Line 5~6에서는 현재 배낭에 담아보려고 고려하는 물건 i의 무게 w_i가 (임시)배낭의 용량 w보다 크면 물건 i를 배낭에 담을 수 없으므로, 물건 i까지 고려했을 때의 최대 가치 K[i,w]는 물건(i−1)까지 고려했을 때의 최대 가치 K[i−1,w]가 된다.

- Line 7~8에서는 만일 현재 고려하는 물건 i의 무게 w_i가 현재 배낭의 용량 w보다 작거나 같으면, 물건 i를 배낭에 담을 수 있다. 그러나 현재 상태에서 물건 i를 추가로 배낭에 담으면 배낭의 무게가 $(w+w_i)$로 늘어난다. 따라서 현재 배낭의 용량인 w를 초과하게 되어, 물건 i를 추가로 담을 수는 없다.

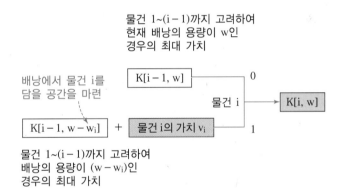

그러므로 앞의 그림에서와 같이, 물건 i를 배낭에 담기 위해서는 2가지 경우를 살펴보아야 한다.

1) 물건 i를 배낭에 담지 않는 경우, K[i,w] = K[i−1,w]가 된다.

2) 물건 i를 배낭에 담는 경우, 현재 무게인 w에서 물건 i의 무게인 w_i를 뺀 상태에서 물건을 (i−1)까지 고려했을 때의 최대 가치인 K[i−1,w−w_i]와 물건 i의 가치 v_i의 합이 K[i,w]가 되는 것이다.

Line 8에서는 이 2가지 경우 중에서 큰 값이 K[i,w]가 된다.

배낭 문제의 부분문제 간의 함축적 순서는 다음과 같다. 즉, 2개의 부분문제 K[i−1,w−w_i]과 K[i−1,w]가 미리 계산되어 있어야만 K[i,w]를 계산할 수 있다.

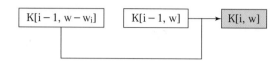

예제 따라
이해하기

Knapsack 알고리즘이 수행되는 과정을 간단한 예를 통해서 살펴보자. 배낭의 용량 C=10kg이고, 각 물건의 무게와 가치는 다음의 표와 같다.

5kg
10만 원
4kg
40만 원
6kg
30만 원
3kg
50만 원

물건 1   물건 2   물건 3   물건 4

물건	1	2	3	4
무게(kg)	5	4	6	3
가치(만 원)	10	40	30	50

● Line 1~2에서는 아래와 같이 배열의 0번 행과 0번 열의 각 원소를 0으로 초기화한다.

C=10

배낭 용량		w =	0	1	2	3	4	5	6	7	8	9	10
무게	가치	물건	0	0	0	0	0	0	0	0	0	0	0
5	10	1	0										
4	40	2	0										
6	30	3	0										
3	50	4	0										

● Line 3에서는 물건을 하나씩 고려하기 위해서, 물건 번호 i가 1부터 4까지 변하며, line 4에서는 배낭의 (임시) 용량 w가 1kg씩 증가되어 마지막에는 배낭의 용량인 10kg이 된다.

　• i=1일 때(즉, 물건 1만을 고려한다.)

　　– w=1(배낭의 용량이 1kg)일 때, 물건 1을 배낭에 담아보려고 한다. 그러나 $w_1 > w$이므로, (즉, 물건 1의 무게가 5kg이므로, 배낭에 담을 수 없기 때문에) K[1,1] = K[i−1,w] = K[1−1,1] = K[0,1] = 0이다. 즉, K[1,1]=0이다.

- w=2, 3, 4일 때, 각각 $w_1>w$이므로, 물건 1을 담을 수 없다. 따라서 각각 K[1,2]=0, K[1,3]=0, K[1,4]=0이다. 즉, 배낭의 용량을 4kg까지 늘려 봐도 5kg의 물건 1을 배낭에 담을 수 없는 것이다.

- w=5(배낭의 용량이 5kg)일 때, 물건 1을 배낭에 담을 수 있다. 왜냐하면 $w_1=w$이므로, 즉 물건 1의 무게가 5kg이기 때문이다. 따라서

$$K[1,5] = \max\{K[i-1,w], K[i-1,w-w_i]+v_i\}$$
$$= \max\{K[1-1,5], K[1-1,5-5]+10\}$$
$$= \max\{K[0,5], K[0,0]+10\}$$
$$= \max\{0, 0+10\}$$
$$= \max\{0, 10\} = 10$$이다.

− w=6, 7, 8, 9, 10일 때, 각각의 경우가 w=5일 때와 마찬가지로 물건 1을 담을 수 있다. 따라서 각각 K[1,6] = K[1,7] = K[1,8] = K[1,9] = K[1,10] = 10이다.

다음은 물건 1에 대해서만 배낭의 용량을 1부터 C까지 늘려가며 알고리즘을 수행한 결과이다.

C=10

배낭 용량		w=	0	1	2	3	4	5	6	7	8	9	10
무게	가치	물건	0	0	0	0	0	0	0	0	0	0	0
5	10	i=1	0	0	0	0	0	10	10	10	10	10	10
4	40	2	0										
6	30	3	0										
3	50	4	0										

• i=2(즉, 물건 1에 대한 부분문제들의 해는 i=1일 때 앞에서 이미 계산하였고, 이를 이용하여 물건 2를 고려한다.)

- w=1, 2, 3(배낭의 용량이 각각 1, 2, 3kg)일 때, 물건 2를 배낭에 담아보려고 한다. 그러나 $w_2>w$이므로, 즉 물건 2의 무게가 4kg이므로, 배낭에 담을 수 없다. 따라서 K[2,1]=0, K[2,2]=0, K[2,3]=0이다.

- w=4(배낭의 용량이 4kg)일 때, 물건 2를 배낭에 담을 수 있다.

$$K[2,4] = \max\{K[i-1,w], K[i-1,w-w_i]+v_i\}$$
$$= \max\{K[2-1,4], K[2-1,4-4]+40\}$$
$$= \max\{K[1,4], K[1,0]+40\}$$
$$= \max\{0, 0+40\}$$
$$= \max\{0, 40\} = 40이다.$$

- w=5(배낭의 용량이 5kg)일 때, 물건 2의 무게가 4kg이므로, 역시 배낭에 담을 수 있다. 그러나 이 경우에는 물건 1이 배낭에 담았을 때의 가치와 물건 2를 담았을 때의 가치를 비교하여, 더 큰 가치를 얻는 물건을 배낭에 담는다.

$$K[2,5] = \max\{K[i-1,w], K[i-1,w-w_i]+v_i\}$$
$$\qquad\quad = \max\{K[2-1,5], K[2-1,5-4]+40\}$$
$$\qquad\quad = \max\{K[1,5], K[1,1]+40\}$$
$$\qquad\quad = \max\{10, 0+40\}$$
$$\qquad\quad = \max\{10, 40\} = 40 \text{이다.}$$

즉, 물건 1을 배낭에서 빼낸 후, 물건 2를 담는 것이므로, 그때의 가치가 40이 된다.

- w=6, 7, 8일 때, 각각의 경우도 물건 1을 빼내고 물건 2를 배낭에 담는 것이 더 큰 가치를 얻는다. 따라서 각각 K[2,6] = K[2,7] = K[2,8] = 40이 된다.

- w=9(배낭의 용량이 9kg)일 때, 물건 2를 배낭에 담아보려고 한다. 그런데 $w_2 < w$이므로, 물건 2를 배낭에 담을 수 있다. 따라서

$$K[2,9] = \max\{K[i-1,w],\ K[i-1,w-w_i]+v_i\}$$
$$= \max\{K[2-1,9],\ K[2-1,9-4]+40\}$$
$$= \max\{K[1,9],\ K[1,5]+40\}$$
$$= \max\{10,\ 10+40\}$$
$$= \max\{10,\ 50\} = 50\text{이다.}$$

즉, 이때에는 배낭에 물건 1, 2를 모두 담을 수 있는 것이고, 그때의 가치가 50이 된다는 의미이다.

- w=10(배낭의 용량이 10kg)일 때, $w_2 < w$이므로, w=9일 때와 마찬가지로 K[2,10]=50이고, 물건 1, 2를 배낭에 둘 다 담을 때의 가치인 50을 얻는 다는 의미이다.

다음은 물건 1과 2에 대해서만 배낭의 용량을 1부터 C까지 늘려가며 알고리즘을 수행한 결과이다.

C=10

배낭 용량		w=	0	1	2	3	4	5	6	7	8	9	10
무게	가치	물건	0	0	0	0	0	0	0	0	0	0	0
5	10	1	0	0	0	0	0	10	10	10	10	10	10
4	40	i=2	0	0	0	0	40	40	40	40	40	50	50
6	30	3	0										
3	50	4	0										

또한 다음은 i=3과 i=4일 때 알고리즘이 수행을 마친 결과이다.

배낭 용량	w=		0	1	2	3	4	5	6	7	8	9	10 (C)
무게	가치	물건	0	0	0	0	0	0	0	0	0	0	0
5	10	1	0	0	0	0	0	10	10	10	10	10	10
4	40	2	0	0	0	0	40	40	40	40	40	50	50
6	30	3	0	0	0	0	40	40	40	40	40	50	70
3	50	4	0	0	0	50	50	50	50	90	90	90	90

따라서 최적해는 K[4,10]이고, 그 가치는 물건 2와 4의 가치의 합인 90이다.

4kg, 40만 원
물건 2

3kg, 50만 원
물건 4

배낭 10kg

시간복잡도
알아보기

Knapsack 알고리즘의 시간복잡도를 살펴보자. 하나의 부분문제에 대한 해를 구할 때의 시간복잡도는 line 5에서의 무게를 한 번 비교한 후 line 6에서는 1개의 부분문제의 해를 참조하고, line 8에서는 2개의 해를 참조한 계산이므로 $O(1)$ 시간이 걸린다. 그런데 부분문제의 수는 배열 K의 원소 수인 $n \times C$개이다. 여기서 C는 배낭의 용량이다. 따라서 Knapsack 알고리즘의 시간복잡도는 $O(1) \times n \times C = O(nC)$[9]이다.

응용

배낭 문제는 다양한 분야에서 의사 결정 과정에 활용된다. 예를 들어, 원자재의 버리는 부분을 최소화시키기 위한 자르기/분할, 금융 포트폴리오와 자산 투자의 선택, 암호 생성 시스템(Merkle–Hellman Knapsack Cryptosystem) 등에 활용된다.

▶ 배낭 문제는 다양한 분야에서 의사 결정 과정에 활용된다. 예를 들어, 금융 포트폴리오와 자산 투자의 선택에 활용된다.

---

9) 배낭 문제에서는 배낭의 용량에 대한 제한이 없다. 따라서 배낭 용량 $C=2^n$이라면 알고리즘의 시간복잡도가 지수 시간이 된다. 그러므로 배낭 문제가 다항식 시간에 항상 해결된다고 볼 수 없다.

5.5 동전 거스름돈

잔돈을 동전으로 거슬러 받아야 할 때, 누구나 적은 수의 동전으로 거스름돈을 받고 싶어한다. 대부분의 경우 이 문제를 그리디 알고리즘으로 해결할 수 있으나, 해결하지 못하는 경우도 있다는 것을 4.1절에서 예제를 통해 살펴보았다. 동적 계획 알고리즘은 모든 동전 거스름돈 문제에 대하여 항상 최적해를 찾는다.

동적 계획 알고리즘을 고안하기 위해서는 부분문제를 찾아내야 한다. 동전 거스름돈 문제에 주어지는 일반적인 문제 요소들을 생각해보자. 정해진 동전의 종류, d_1, d_2, …, d_k가 있고, 거스름돈 n원이 있다. 단, $d_1 > d_2 > \cdots > d_k = 1$이라고 하자. 예를 들어, 우리나라의 동전 종류는 5개로서, $d_1 = 500$, $d_2 = 100$, $d_3 = 50$, $d_4 = 10$, $d_5 = 1$이다. 그런데 5.4절의 배낭 문제의 동적 계획 알고리즘을 살펴보면, 배낭의 용량을 1kg씩 증가시켜 문제를 해결한다. 여기서 힌트를 얻어서, 동전 거스름돈 문제도 1원씩 증가시켜 문제를 해결한다. 즉, 거스름돈을 배낭의 용량으로 생각하고, 동전을 물건이라고 생각하면 이해가 쉬울 것이다. 부분문제들의 해를 다음과 같이 1차원 배열 C에 저장하자.

- 1원을 거슬러 받을 때 사용되는 최소의 동전 수 C[1]
- 2원을 거슬러 받을 때 사용되는 최소의 동전 수 C[2]

  …

- j원을 거슬러 받을 때 사용되는 최소의 동전 수 C[j]

  ...

- n원을 거슬러 받을 때 사용되는 최소의 동전 수 C[n]

부분문제들 사이의 '함축적 순서', 즉 한 부분문제의 해를 구하기 위해 어떤 부분문제의 해가 필요한지를 살펴보자. 구체적으로 C[j]를 구하는 데 어떤 부분문제가 필요할까? j원을 거슬러 받을 때 최소의 동전 수를 다음의 동전들(d_1=500, d_2=100, d_3=50, d_4=10, d_5=1)로 생각해보자.

- 500원짜리 동전이 거스름돈 j원에 필요하면 (j−500)원의 해, 즉 C[j−500] = C[j−d_1]에다가 500원짜리 동전 1개를 추가한다.
- 100원짜리 동전이 거스름돈 j원에 필요하면 (j−100)원의 해, 즉 C[j−100] = C[j−d_2]에다가 100원짜리 동전 1개를 추가한다.
- 50원짜리 동전이 거스름돈 j원에 필요하면 (j−50)원의 해, 즉 C[j−50] = C[j−d_3]에다가 50원짜리 동전 1개를 추가한다.
- 10원짜리 동전이 거스름돈 j원에 필요하면 (j−10)원의 해, 즉 C[j−10] = C[j−d_4]에다가 10원짜리 동전 1개를 추가한다.
- 1원짜리 동전이 거스름돈 j원에 필요하면 (j−1)원의 해, 즉 C[j−1] = C[j−d_5]에다가 1원짜리 동전 1개를 추가한다.

앞의 5가지 중에서 당연히 가장 작은 값을 C[j]로 정해야 한다. 따라서 C[j]는 다음과 같이 정의된다.

$$C[j]= \min_{1 \leq i \leq k}\{C[j-d_i] + 1\}, \text{ if } j \geq d_i$$

앞의 식에서는 i가 1부터 k까지 각각 변하면서, 즉 d_1, d_2, d_3, …, d_k 각각에 대하여 해당 동전을 거스름돈에 포함시킬 경우의 동전 수를 고려하여 최솟값을 C[j]로 정한다. 단, 거스름돈 j보다 액면이 큰 동전은 고려하지 않는다.

알고리즘

다음은 거스름돈 문제를 위한 동적 계획 알고리즘이다. 알고리즘에서 배열 C는 최소의 동전 수를 저장하는 데 사용된다.

DPCoinChange

> 입력: 거스름돈 n원, k개의 동전의 액면, $d_1 > d_2 > \cdots > d_k = 1$
> 출력: C[n]
>
> 1 for i = 1 to n C[i]=∞
> 2 C[0]=0
> 3 for j = 1 to n {   // j는 1원부터 증가하는 (임시) 거스름돈 액수이고, j=n이면
>   입력에 주어진 거스름돈이 된다.
> 4   for i = 1 to k { // 액면이 가장 높은 동전부터 1원짜리 동전까지
> 5   if ($d_i \leq j$) and (C[$j-d_i$]+1<C[j])
> 6   C[j]=C[$j-d_i$]+1
>   }
>   }
> 7 return C[n]

- Line 1에서는 배열 C의 각 원소를 ∞로 초기화한다. 이는 문제에서 거슬러 받는 최소의 동전 수를 구하기 때문이다.
- Line 2에서는 C[0]=0으로 초기화한다. 이는 line 5에서 C[$j-d_i$]의 인덱스인 j에서 d_i를 뺀 값이 0이 되는 경우, 즉 C[0]이 되는 경우를 위해서이다.
- Line 3~6의 for-루프에서는 (임시) 거스름돈 액수 j를 1원부터 1원씩 증가시키며, line 4~6에서 $\min_{1 \leq i \leq k}\{C[j-d_i] + 1\}$을 C[j]로 정한다. 이를 위해 line 4~6의 for-루프에서는 가장 큰 액면의 동전부터 1원짜리 동전까지 차례로 동전을 고려해보고, 그중에서 최소의 동전 수를 C[j]로 결정한다. 단, 거스름돈 액수인 j원보다 크지 않은 동전에 대해서만 고려한다.

예제 따라
이해하기

다음은 d_1=16, d_2=10, d_3=5, d_4=1이고, 거스름돈 n=20일 때, DPCoinChange 알고리즘이 수행되는 과정이다. 다음의 각각의 표에서 파란 음영으로 표시된 원소가 C[j]를 계산하는 데 필요한 부분문제의 해이다.

● Line 1~2에서 배열 C를 다음과 같이 초기화시킨다.

j	0	1	2	3	4	5	6	7	8	9	10	⋯	16	17	18	19	20
C	0	∞	∞	∞	∞	∞	∞	∞	∞	∞	∞	⋯	∞	∞	∞	∞	∞

● 임시 거스름돈 j원($j=1,2,3,4$)은 1원짜리 동전($d_4=1$)밖에 고려할 동전이 없으므로, 각 j에서 1을 뺀, 즉 $(j-1)$의 해인 $C[j-1]+1$이 $C[j]$가 된다. 따라서 $i=4$(1원짜리 동전)일 때의 line 5의 if-조건인 $(1 \leq j)$가 '참'이고, $(C[j-1]+1 < \infty)$도 '참'이 되어 각각 다음과 같이 $C[j]$가 결정된다.

• $C[1] = C[j-1]+1 = C[1-1]+1 = C[0]+1 = 0+1 = 1$

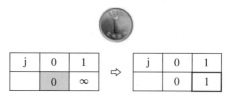

• $C[2] = C[j-1]+1 = C[2-1]+1 = C[1]+1 = 1+1 = 2$

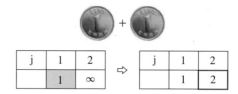

• $C[3] = C[j-1]+1 = C[3-1]+1 = C[2]+1 = 2+1 = 3$

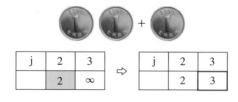

• $C[4] = C[j-1]+1 = C[4-1]+1 = C[3]+1 = 3+1 = 4$

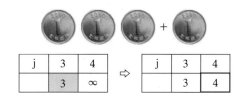

j	3	4
	3	∞

⇨

j	3	4
	3	4

- j=5이면 임시 거스름돈이 5원일 때,

  - i=3(5원짜리 동전)에 대해서, line 5의 if-조건인 $(d_3 \leq 5)$가 '참'이고, $(C[5-5]+1 < C[5]) = (C[0]+1 < \infty) = (0+1 < \infty)$이므로 '참'이 되어 'C[j] = C[j-$d_i$]+1'이 수행된다. 따라서 $C[5] = C[5-5]+1 = C[0]+1 = 0+1 = 1$이 된다. 즉, C[5]=1이다.

j	0	1	2	3	4	5
	0	1	2	3	4	∞

⇨

j	0	1	2	3	4	5
	0	1	2	3	4	1

  - i=4(1원짜리 동전)일 때는 line 5의 if-조건인 $(d_4 \leq 5)$는 '참'이나 $(C[j-d_i]+1 < C[j]) = (C[5-1] +1 < C[5]) = (C[4] +1 < C[5]) = (4+1 < 1) = (5 < 1)$이 '거짓'이 되어 C[5]는 변하지 않고 그대로 1을 유지한다. 즉, 1원짜리 동전으로 거스름돈을 주면 오히려 동전 수가 늘어나기 때문이다.

- j=6, 7, 8, 9이고, i=3(5원짜리 동전)일 때, 각각 다음과 같이 수행된다.
  - $C[6]=C[j-5]+1=C[6-5]+1=C[1]+1=1+1 = 2$

  - $C[7]=C[j-5]+1=C[7-5]+1=C[2]+1=2+1 = 3$

• C[8]=C[j−5]+1=C[8−5]+1=C[3]+1=3+1 = 4

• C[9]=C[j−5]+1=C[9−5]+1=C[4]+1=4+1 = 5

단, i=4(1원짜리 동전)일 때에는 line 5의 if−조건의 (C[j−d_i]+1<C[j])=(C[j−1]+1<C[j])가 각각의 j에 대해서 (1+1)<2, (2+1)<3, (3+1)<4, (4+1)<5로서 '거짓'이 되어 각각의 C[j]는 변경되지 않는다. 사실은 i=3일 때와 동일하므로 각각을 갱신할 필요 없다.

j	0	1	2	3	4	5	6	7	8	9
	0	1	2	3	4	1	∞	∞	∞	∞
	0	1	2	3	4	1	2	∞	∞	∞
C	0	1	2	3	4	1	2	3	∞	∞
	0	1	2	3	4	1	2	3	4	∞
	0	1	2	3	4	1	2	3	4	5

● j=10이면, 즉 거스름돈이 10원이면,

• i=2(10원짜리 동전)일 때, line 5의 if−조건인 (d_i≤j)=(10≤10)은 '참'이고, (C[j−d_i]+1<C[j]) = (C[10−10]+1<C[10]) = (C[0]+1<C[10]) = (0+1<∞)가 '참'이 되어 'C[j]=C[j−d_i]+1'이 수행된다. 따라서 C[10] = C[10−10]+1 = C[0]+1 = 0+1 = 1이다. 즉, C[10]=1이다.

- i=3(5원짜리 동전)일 때, line 5의 if-조건인 $(d_i \le j) = (5<10)$는 '참'이나, $(C[10-5]+1<C[10]) = (C[5]+1<C[10]) = (1+1<1)$이 '거짓'이 되어서 C[10]은 변하지 않는다. 즉, 5원짜리 2개보다는 10원짜리 1개가 낫다.

- i=4(1원짜리 동전)일 때는 line 5의 if-조건인 $(d_i \le j) = (1<10)$는 '참'이나, $(C[j-d_i]+1<C[j]) = (C[10-1]+1<C[10]) = (C[9]+1<C[10]) = (5+1<1)$ $= (6<1)$이 '거짓'이므로 C[10]이 변하지 않고 그대로 1을 유지한다.

j	0	1	2	3	4	5	6	7	8	9	10
C	0	1	2	3	4	1	2	3	4	5	1

- j=11일 때,

  - i=2(10원짜리 동전)일 때, $C[11] = C[j-10]+1 = C[1]+1 = 1+1 = 2$.

  - i=3(5원짜리 동전)일 때에는 line 5의 if-조건의 $(C[j-d_i]+1<C[j]) = (C[j-5]+1<C[j]) = (C[11-5]+1<C[11]) = (C[6]+1<C[11]) = ((2+1)<2)$이 '거짓'이 되어 C[11]은 변경되지 않는다.

  - i=4(1원짜리 동전)일 때에도 if-조건이 $(C[11-1]+1<2) = (2<2)$이 '거짓'

이므로 C[11]은 변경되지 않는다. 이 경우는 i=2일 때와 같으나, i=2일 때보다 적은 수의 동전이 아니므로, 변경될 필요가 없다.

j	0	1	2	3	4	5	6	7	8	9	10	11
C	0	1	2	3	4	1	2	3	4	5	1	2

● j=12, 13, 14일 때,

• C[12] = 3

• C[13] = 4

• C[14] = 5

j	0	1	2	3	4	5	6	7	8	9	10	11	12	13	14
C	0	1	2	3	4	1	2	3	4	5	1	2	3	4	5

● j=15일 때,

• i=2(10원짜리 동전)일 때, C[15] = C[j−10]+1 = C[5]+1 = 1+1 = 2.

- i=3(5원짜리 동전)일 때에는 line 5의 if-조건의 $(C[j-d_i]+1<C[j]) = (C[j-5]+1<C[j]) = (C[15-5]+1<C[15]) = (C[10]+1<C[15]) = (2<2)$가 '거짓'이 되어 C[15]는 변경되지 않는다.

- i=4(1원짜리 동전)일 때에도 line 5의 if-조건이 $(C[15-1]+1<2) = (6<2)$이 '거짓'이므로 C[15]는 변경되지 않는다.

j	0	1	2	3	4	5	6	7	8	9	10	11	12	13	14	15
C	0	1	2	3	4	1	2	3	4	5	1	2	3	4	5	2

- j=16일 때,

  - i=1(d_1=16원짜리 동전)일 때, $C[16] = C[j-16]+1 = C[0]+1 = 0+1 = 1$.

  - i=2(10원짜리 동전)일 때, line 5의 if-조건에서 $C[j-10]+1 = C[6]+1 = 2+1 = 3$이므로 '거짓'이 되어 C[16]은 변경되지 않는다.

  - i=3(5원짜리 동전)일 때에는 line 5의 if-조건의 $(C[j-d_i]+1<C[j]) = (C[j-$

5]+1<C[j]) = (C[16−5]+1<C[16]) = (C[11]+1<C[16]) = (3<1)이 '거짓'이 되어 C[16]은 변경되지 않는다.

- i=4(1원짜리 동전)일 때에도 line 5의 if−조건이 (C[16−1]+1<1) = (3<1)이 '거짓'이므로 C[16]이 변경되지 않는다.

j	0	1	2	3	4	5	6	7	8	9	10	11	12	13	14	15	16
C	0	1	2	3	4	1	2	3	4	5	1	2	3	4	5	2	1

● j=17, 18, 19일 때,

- C[17] = 2

- C[18] = 3

- C[19] = 4

● j=20일 때,

• i=1(16원짜리 동전)일 때, C[20] = C[j─16]+1 = C[4]+1 = 4 +1 = 5가
된다.

• i=2(10원짜리 동전)일 때, line 5의 if-조건에서 C[j─10]+1 = C[10]+1 =
1+1 = 2이므로 현재 C[20]의 값인 5보다 작다. 따라서 if-조건이 '참'이 되어
C[20]=2가 된다.

• i=3(5원짜리 동전)일 때에는 line 5의 if-조건의 (C[j─d$_i$]+1<C[j]) = (C[j─
5]+1<C[j]) = (C[20─5]+1<C[20]) = (C[15]+1<C[20]) = (3<2)이 '거
짓'이 되어 C[20]이 변경되지 않는다.

• i=4(1원짜리 동전)일 때에도 line 5의 if-조건이 (C[20─1]+1<2) = (5<2)
이 '거짓'이므로 C[20]이 변경되지 않는다.

j	0	1	2	3	4	5	6	7	8	9	10	11	12	13	14	15	16
C	0	1	2	3	4	1	2	3	4	5	1	2	3	4	5	2	1

j	17	18	19	20
C	2	3	4	2

따라서 거스름돈 20원에 대한 최종해는 C[20]=2개의 동전이다. 4.1절의 그리디 알고리즘은 20원에 대해 16원짜리 동전을 먼저 '욕심내어' 취하고, 4원이 남게 되어, 1원짜리 4개를 취하여, 모두 5개의 동전이 해라고 답한다.

그리디 알고리즘의 해   동적 계획 알고리즘의 해

시간복잡도
알아보기

DPCoinChange 알고리즘의 시간복잡도는 $O(nk)$인데 이는 거스름돈 j가 1원부터 n원까지 변하며, 각각의 j에 대해서 최악의 경우 모든 동전(d_1, d_2, …, d_k)을 (즉, k 개를) 1번씩 고려하기 때문이다.

○ 요약

- 동적 계획(Dynamic Programming) 알고리즘은 최적화 문제를 해결하는 알고리즘으로서 입력 크기가 작은 부분문제들을 모두 해결한 후에 그 해들을 이용하여 보다 큰 크기의 부분문제들을 해결하여, 최종적으로 원래 주어진 입력의 문제를 해결하는 알고리즘이다.

- 동적 계획 알고리즘에는 부분문제들 사이에 함축적 관계가 존재한다.

- 동적 계획 알고리즘은 부분문제들 사이의 '관계'를 빠짐없이 고려하여 문제를 해결한다.

- 동적 계획 알고리즘은 최적 부분 구조(optimal substructure) 또는 최적성 원칙(principle of optimality)의 특성을 가지고 있다.

- 모든 쌍 최단 경로(All Pairs Shortest Paths) 문제를 위한 플로이드-워셜(Floyd-Warshall) 알고리즘은 $O(n^3)$ 시간에 해를 찾는다. 핵심 아이디어는 경유 가능한 점들을 점 1로부터 시작하여, 점 1과 2, 그 다음에는 점 1, 2, 3으로 하나씩 추가하여, 마지막에는 점 1에서 점 n까지의 모든 점을 경유 가능한 점들로 고려하면서, 모든 쌍의 최단 경로의 거리를 계산하는 것이다.

- 연속 행렬 곱셈(Chained Matrix Multiplications) 문제를 위한 $O(n^3)$ 시간 동적 계획 알고리즘의 아이디어는 주어진 연속된 행렬들의 순서를 지켜서 이웃하는 행렬들끼리 곱하는 모든 부분문제들을 해결하는 것이다.

- 편집 거리(Edit Distance) 문제를 위한 동적 계획 알고리즘은 E[i,j]를 3개의 부분문제 E[i,j-1], E[i-1,j], E[i-1,j-1]만을 참조하여 계산한다. 시간 복잡도는 $O(mn)$이다. 단, m과 n은 두 스트링의 각각의 길이이다.

- 배낭(Knapsack) 문제를 위한 동적 계획 알고리즘은 부분문제 K[i,w]를 물건 1~i까지만 고려하고, (임시) 배낭의 용량이 w일 때의 최대 가치로 정의하여 i를 1부터 물건 수인 n까지, w를 1부터 배낭 용량 C까지 변화시켜가며 해를 찾는다. 시간복잡도는 $O(nC)$이다.

- 동전 거스름돈(Coin Change) 문제는 1원씩 증가시켜 문제를 해결한다. 배낭 문

제와 유사한 문제로서 거스름돈을 배낭의 용량으로 생각하고, 동전을 물건이라
고 생각하면 된다. 시간복잡도는 $O(nk)$이다. 단, n은 거스름돈 액수이고, k는 동
전 종류의 수이다.

연습문제

1. 다음의 괄호 안에 알맞은 단어를 채워 넣어라.

   (1) 동적 계획 알고리즘은 입력 크기가 (   ) 부분문제들을 모두 해결한 후에 그 해들을 이용하여 보다 (   ) 크기의 부분문제들을 해결하는 알고리즘이다.

   (2) 동적 계획 알고리즘에는 부분문제들 사이에 (   ) 관계가 존재한다.

   (3) 동적 계획 알고리즘은 그리디 알고리즘과 같이 (   ) 특성을 가진다.

   (4) 모든 쌍 최단 경로 문제를 위한 (   ) 알고리즘은 (   ) 가능한 점들을 점 1로부터 하나씩 추가하여 모든 점들을 (   ) 가능한 점들로 고려하면서, 최단 경로의 거리를 계산한다.

   (5) 연속 행렬 곱셈을 위한 알고리즘은 주어진 연속된 행렬들의 순서를 지켜서 (   )하는 행렬들끼리 곱하는 모든 (   )들을 해결한다.

   (6) 편집 거리 문제를 위한 알고리즘은 2차원 배열의 한 원소인 $E[i,j]$를 계산하는데 3개의 부분문제인 (   )만을 참조하여 계산한다.

   (7) 배낭 문제를 위한 알고리즘은 배낭의 용량을 0부터 (   )씩 증가시키면서 물건을 (   )씩 추가하며 각각의 경우에 (   ) 가치를 계산하여 해를 찾는다.

   (8) 동전 거스름돈 문제는 거스름돈을 0원부터 (   )씩 증가시켜 해결한다. 이는 (   ) 문제와 유사하며 거스름돈을 (   )의 용량으로 생각하고, 동전을 (   )이라고 생각하면 된다.

2. 다음 그래프에 대해 모든 쌍 최단 거리를 찾기 위해 플로이드 알고리즘을 수행하였다. 다음 중 **틀린** 것은?

   ① 1에서 3까지의 최단 거리는 14이다.

   ② 2에서 1까지의 최단 거리는 15이다.

   ③ 3에서 2까지의 최단 거리는 14이다.

   ④ 4에서 3까지의 최단 거리는 11이다.

   ⑤ 답 없음

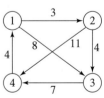

3. 다음 그래프에 대해 모든 쌍 최단 거리를 찾기 위해 플로이드 알고리즘을 수행하였다. 다음 중 <u>틀린</u> 것은? 단, D[i, j]는 i에서 j까지의 최단 거리이다.

① D[1, 3] + D[1, 5] = −7이다.

② D[2, 1] + D[2, 5] = 2이다.

③ D[3, 1] + D[4, 5] = 5이다.

④ D[4, 3] + D[5, 2] = −1이다.

⑤ 답 없음

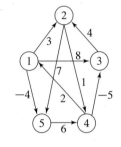

4. 플로이드 알고리즘에 대해 <u>틀린</u> 것은? n은 그래프에 있는 정점의 수이다.

① 동적 계획 알고리즘이다.

② 다익스트라 알고리즘을 $n-1$회 수행하여 얻는 경우보다 효율적이다.

③ 플로이드 알고리즘 가중치가 음수인 그래프에서도 최적해를 찾는다.

④ 플로이드 알고리즘의 시간복잡도는 $O(n^3)$이다.

⑤ 답 없음

5. 연속된 5개 행렬의 곱셈 ABCDE를 수행하려고 한다. A는 2×5이고, B는 5×3, C는 3×2이며, D는 2×5, E는 5×2이다. 다음 중 ABCDE를 계산하는 데 필요한 가장 적은 원소 곱셈 수는?

① 70 　　　② 74 　　　③ 82 　　　④ 88 　　　⑤ 답 없음

6. 연속된 4개 행렬의 곱셈 ABCD를 수행하려고 한다. A는 20×50이고, B는 20×1, C는 1×10이며, D는 10×100이다. 다음 중 가장 적은 원소 곱셈 수로 ABCD를 계산하는 순서는?

① ((AB)C)D 　　　　　　　② (AB)(CD)

③ (A(BC))D 　　　　　　　④ A(B(CD))

⑤ 답 없음

7. 연속된 n개 행렬의 곱셈에 대해 <u>틀린</u> 것은? 단, $n > 3$.

① 동적 계획 알고리즘으로 최적해를 찾는다.

② 인접한 2개의 행렬들 중에서 최소의 원소 간의 곱셈 수를 가진 인접한 행렬 곱셈은 최적해에 포함된다.

③ 최적해를 얻기 위해서는 모든 인접한 2개의 행렬들의 원소 간의 곱셈 수를 계산해야 한다.

④ 연속된 n개 행렬의 곱셈을 위해 가능한 모든 순서의 경우의 수는 $\Omega(4n/n^{2/3})$이다.

⑤ 답 없음

8. 편집 거리 문제에 대해 맞는 것을 모두 모아 놓은 것은? n과 m은 양수로서 두 스트링의 길이이다.

> (가) 하나의 부분 문제를 해결하기 위해 적어도 선형시간, 즉 $O(n)$ 또는 $O(m)$ 시간이 걸린다.
> (나) 편집 거리 문제는 동적 계획 알고리즘을 사용하여 가장 효율적으로 해결된다.
> (다) 편집 거리 문제의 최적해는 $O(mn)$ 시간에 찾을 수 있다.

① (가), (나)   ② (가), (다)
③ (가), (나), (다)   ④ (나), (다)
⑤ 답 없음

9. 배낭 문제에 대해 옳은 것들을 모두 모아 놓은 것은?

> (가) 완전 탐색(Exhaustive Search)으로 최적해를 찾으려면 지수 시간이 소요된다.
> (나) 동적 계획 알고리즘으로 최적해를 찾으므로 다항식 시간에 해결된다.
> (다) 무게 대신에 물건의 가치를 0, 1, 2, 3, … 으로 변형시키는 동적 계획 알고리즘으로 해결할 수도 있다.
> (라) 동적 계획 알고리즘으로 해결하려 할 때 하나의 부분문제는 상수 시간에 해결할 수 있다.

① (가), (나)   ② (가), (나), (다)
③ (가), (나), (다), (라)   ④ (가), (다), (라)
⑤ (다), (라)

10. 동전 거스름돈 문제는 어떤 알고리즘으로 최적해를 찾을 수 있나?
① 그리디 알고리즘   ② 분할 정복 알고리즘
③ 동적 계획 알고리즘   ④ 서로소 집합 연산
⑤ 고속 푸리에 변환(FFT) 알고리즘

11. 만일 동전 거스름돈 문제의 입력에 대해 그리디 알고리즘과 분할 정복 알고리즘 둘 다 최적해를 찾는 경우 다음 중 옳게 설명한 것을 모두 고르라.
① 동적 계획 알고리즘이 그리디 알고리즘보다 빠르다.
② 그리디 알고리즘이 동적 계획 알고리즘보다 빠르다.
③ 그리디 알고리즘과 분할 정복 알고리즘이 수행하는 동안 메모리 크기가 거의 같다.
④ 그리디 알고리즘이 동적 계획 알고리즘보다 수행하는 동안 메모리를 더 적게 사용한다.
⑤ 그리디 알고리즘이 동적 계획 알고리즘보다 수행하는 동안 메모리를 더 많이 사용한다.

12. 다음의 그래프에 대해서 플로이드 알고리즘이 수행되는 과정을 보이라.

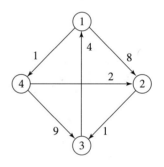

13. 플로이드 알고리즘은 모든 쌍의 최단 경로 거리만을 계산한다. 최단 경로를 찾을 수 있도록 수정된 알고리즘을 작성하라.

14. 플로이드 알고리즘은 음수 사이클이 있는 그래프에 대해서 올바른 해를 찾지 못한다. 여기서 음수 사이클이란 사이클상의 간선의 가중치 합이 음수인 사이클을 말한다. 그러나 주어진 그래프에 대해서 플로이드 알고리즘을 수행한 결과를 분석하면 음수 사이클을 찾을 수 있다. 그 분석 방법을 설명하라.

15. MatrixChain 알고리즘의 시간복잡도가 $O(n^3)$임을 5.2절의 설명보다 상세하게 식으로 증명하라.

16. MatrixChain 알고리즘은 어떤 순서로 행렬의 곱셈이 진행되어야 하는지를 출력하지 않는다. 그 순서를 출력하도록 알고리즘을 수정하라.

17. 다음의 입력에 대하여 MatrixChain 알고리즘을 수행시키고, $A_1 \times A_2 \times A_3 \times A_4$의 최적해와 행렬 곱셈의 순서를 찾아라. 단, A_1:5×4, A_2:4×6, A_3:6×2, A_4:2×7이다.

18. 다음의 두 스트링의 편집 거리를 EditDistance 알고리즘을 적용하여 계산하라.

$$S = b\, l\, o\, o\, d \Rightarrow T = b\, u\, i\, l\, d$$

19. EditDistace 알고리즘은 아래의 표와 같이 첫 번째 행을 0, 1, 2, 3, 4로 초기화한다. 0, 1, 2, 3, 4의 의미를 설명하라. 즉, cost가 왜 각각 0, 1, 2, 3, 4인지 설명하라. ϵ은 empty 스트링이다.

	ϵ	E	A	S	T
ϵ	0	1	2	3	4

20. EditDistace 알고리즘은 아래의 표와 같이 첫 번째 열을 0, 1, 2, 3, 4, 5로 초기화한다. 0, 1, 2, 3, 4, 5의 의미를 각각 설명하라. 즉, cost가 왜 각각 0, 1, 2, 3, 4, 5인지 설명하라. ϵ은 empty 스트링이다.

	ϵ
ϵ	0
S	1
O	2
U	3
T	4
H	5

21. 다음의 두 스트링의 편집 거리를 EditDistace 알고리즘을 적용하여 계산하라.

$$S = algorithmic \Rightarrow T = altruistic$$

22. EditDistace 알고리즘은 두 입력 스트링의 편집 거리만을 출력한다. 실제로 편집 거리에 대응되는 편집 연산이 어떤 순서로 이루어지는지를 출력하도록 EditDistace 알고리즘을 수정하라.

23. EditDistace 알고리즘은 두 입력 스트링의 편집 거리를 계산할 때 삽입, 삭제, 대체 연산의 비용을 각각 1로 하여 계산하였다. 즉, 3가지 연산의 비용이 같다고 가정하고 있다. 이 3가지 연산의 비용이 각각 다르다고 가정하여 EditDistace 알고리즘을 수정하라.

24. Knapsack 알고리즘에서 표의 첫 번째 행을 0, 0, 0, ⋯, 0으로 초기화하는 이유를 설명하라.

배낭 용량	0	1	2	3	4	...	W
	0	0	0	0	0		0

25. Knapsack 알고리즘에서 표의 첫 번째 열을 0, 0, 0, ⋯, 0으로 초기화하는 이유를 설명하라.

배낭 용량	0
물건	
1	0
2	0
3	0
4	0

26. 5.4절의 예제에서 K[3,10]이 왜 70인지를 설명하라.

27. 5.4절의 예제에서 K[4,7]이 왜 90인지를 설명하라.

28. Knapsack 알고리즘은 주어진 입력에 대한 최적의 가치만을 리턴한다. 주어진 입력에 대해 Knapsack 알고리즘이 최종적으로 만든 2차원 배열 K를 이용하여 최적의 가치에 해당되는 물건을 출력할 수 있도록 알고리즘을 수정하라.

29. 다음의 입력에 대하여 Knapsack 알고리즘의 수행 결과를 보이라.

배낭의 용량: C = 5kg

물건	1	2	3	4
무게(kg)	2	3	4	5
가치(만 원)	30	40	50	60

30. 배낭 문제는 각 물건이 1개씩만 있다. 이 문제에서 각 물건의 개수가 충분할 때 최적해를 찾는 동적 계획 알고리즘 작성하라. 단, W는 배낭의 용량, n은 물건의 수, w_i와 v_i는 물건 i의 무게와 가치이다. 그리고 알고리즘의 시간복잡도를 계산하라.

31. DPCoinChange 알고리즘은 주어진 입력에 대한 최소의 동전의 수만을 리턴한다. 주어진 거스름돈이 어떤 동전으로 구성되었는지를 찾는 방법을 설명하라.

32. 1원, 4원, 5원짜리 동전이 있을 때 거스름돈 8원에 대해 최소 동전 수를 찾는 동적 계획 알고리즘의 수행 과정을 보이라.

33. 어느 우체국에는 80원짜리, 50원짜리, 10원짜리 우표가 있다. 110원의 우표를 붙여야 하는데 우체국 직원이 그리디 알고리즘을 이용하면 어떤 우표를 받게 되고, DPCoinChange 알고리즘을 이용하면 어떤 우표를 받게 되는지를 답하라.

34. 원소가 0 또는 1인 $n \times n$ 2차원 배열 A가 주어질 때, 0과 1이 교대로 나타나는 가장 큰 정사각형의 크기를 찾는 동적 계획 알고리즘을 작성하라. 다음 그림은 크기가 각각 1×1, 2×2, 3×3인 0과 1이 교대로 나타나는 정사각형이다.

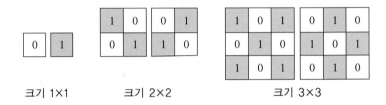

크기 1×1   크기 2×2   크기 3×3

예를 들어 다음의 5×5 배열에서 0과 1이 교대로 나타나는 가장 큰 정사각형의 크기는 각각 3×3이다.

```
0 0 0 0 0        0 0 0 0 0
0 0 1 0 1        0 1 0 1 1
0 1 0 1 0        0 0 1 0 0
1 0 1 0 0        1 1 0 1 0
0 0 0 0 0        0 0 0 0 0
```

35. 주어진 2개의 스트링 $x = x_1 x_2 \cdots x_n$과 $y = y_1 y_2 \cdots y_m$에 대해 가장 긴 연속된 공통부분 순서(Longest Contiguous Common Subsequence)의 길이를 계산하는 동적 계획 알고리즘을 위한 순환 관계를 제시하라. 또한 제시한 알고리즘의 시간복잡도를 구하라. 예를 들어 x = [a, g, e, a, s, y, u]와 y = [g, a, e, a, s, y, f, u]에 대해 가장 긴 연속된 공통부분 순서는 [e, a, s, y]이다.

36. 주어진 2개의 스트링 $x = x_1 x_2 \cdots x_n$과 $y = y_1 y_2 \cdots y_m$에 대해 가장 긴 공통부분 순서(Longest Common Subsequence)의 길이를 계산하는 동적 계획 알고리즘을 위한 순환 관계를 제시하라. 여기서 부분 순서의 문자들은 반드시 이웃할 필요는 없다. 예를 들어 x = [b, c, d, f, e, b, c]와 y = [c, e, d, b, c, b]에 대해 가장 긴 공통부분 순서는 [c, e, b, c]이다. 또한 제시한 알고리즘의 시간복잡도를 구하라.

37. 주어진 스트링 $S = (s_1, s_2, \cdots, s_n)$의 부분 스트링 중에서 가장 긴 회문 (palindrome)의 길이를 계산하는 동적 계획 알고리즘을 위한 순환 관계를 제시하라. 단, 회문은 문자가 <u>서로 인접하지 않아도 된다.</u> 예를 들어

> K B C D X B M B X C A B A D

에서 BCXBMBXCB가 가장 긴 회문이며 그 길이는 9이다. 또한 알고리즘의 시간복잡도를 구하라.

38. 주어진 스트링 $S = (s_1, s_2, \cdots, s_n)$의 부분 스트링 중에서 가장 긴 연속적인 회문의 길이를 계산하는 동적계획 알고리즘을 작성하라. 예를 들어 K B C D X B M B X C A B A D에서는 XBMBX가 가장 긴 연속된 회문이며 그 길이는 5이다.

39. 어느 공장의 생산 라인에 있는 로봇은 눈금이 1부터 n까지 표시되어 있는 수직선상으로 움직인다. 그런데 로봇은 한 번의 움직임으로 좌표 i에서 $i+1$, $i+2$, $\cdots$, $i+k$로 이동할 수 있다. 초기에 로봇이 좌표 1에 있다면, 로봇이 좌표 n까지 이동하는데 서로 다른 움직이는 방법의 수를 계산하는 동적 계획 알고리즘을 위한 순환 관계를 제시하고, 알고리즘의 시간복잡도를 구하라. 단, n과 k는 양수이고, $n \geq k$이다. 예를 들어 $k = 3$이면서 로봇이 좌표 1에서 좌표 4까지 이동할 수 있는 서로 다른 움직이는 방법의 수는 다음 그림과 같이 4이다.

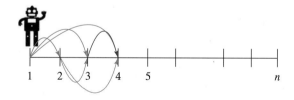

40. n개의 정수가 나열되어 있을 때 숫자들의 증가 순서(increasing sequence)들 중에서 가장 긴 것의 길이를 계산하는 동적 계획 알고리즘을 위한 순환 관계를 제시하고, 알고리즘의 시간복잡도를 구하라. 증가 순서에 있는 숫자들은 반드시 이웃할 필요는 없다. 예를 들어 4 1 7 5 2 5 8 6에서 1 2 5 8이 가장 긴 증가 순서이다.

정렬 알고리즘

ALGORITHM

Contents

06 정렬 알고리즘

정렬 알고리즘은 컴퓨터 분야에서 가장 깊이 연구된 분야 중의 하나이다. 6장에서는 다양한 정렬 알고리즘들을 살펴본다. 정렬 알고리즘에는 기본적인 정렬 알고리즘인 버블 정렬, 선택 정렬, 삽입 정렬이 있고, 이러한 알고리즘들보다 효율적인 쉘 정렬, 힙 정렬, 합병 정렬, 퀵 정렬이 있다. 이외에도 입력이 제한된 크기 이내의 숫자로 구성되어 있을 때에 매우 효율적인 기수 정렬이 있다.

또한 비교적 최신 정렬 알고리즘인 이중 피봇 퀵 정렬과 Tim Sort는 부록 V에 설명되어 있으며, 6장에서 소개된 정렬 알고리즘 및 Tim Sort의 성능을 비교하는 표도 부록 V에 주어진다. 이중 피봇 퀵 정렬은 퀵 정렬 대신에 최신 버전의 Java 언어의 원시 타입 정렬 라이브러리로 사용되고 있으며, Time Peters가 2002년에 파이썬 언어의 라이브러리에 처음 구현한 Tim Sort는 일반적으로 성능이 다른 정렬 알고리즘보다 우수하여 파이썬, 안드로이드, Java 언어의 객체 타입 정렬 라이브러리로 사용되고 있다.

정렬 알고리즘은 크게 내부정렬(Internal sort)과 외부정렬(External sort)로도 분류한다. 내부정렬은 입력의 크기가 주기억 장치(main memory)의 공간보다 크지 않은 경우에 수행되는 정렬이다. 앞서 언급된 모든 정렬 알고리즘들이 내부정렬 알고리즘들이다. 그러나 입력의 크기가 주기억 장치 공간보다 큰 경우에는, 보조 기억 장치에 있는 입력을 여러 번에 나누어 주기억 장치에 읽어 들인 후, 정렬하여 보조 기억 장치에 다시 저장하는 과정을 반복해야 한다. 이러한 정렬을 외부정렬이라고 한다. 앞으로 설명하는 모든 정렬 알고리즘은 입력을 오름차순으로 정렬한다.

6.1 버블 정렬

버블 정렬(Bubble Sort)은 이웃하는 숫자를 비교하여 작은 수를 앞쪽으로 이동시키는 과정을 반복하여 정렬하는 알고리즘이다. 오름차순으로 정렬한다면, 작은 수는 배열의 앞부분으로 이동하는데, 배열을 좌우가 아니라 상하로 그려보면 정렬하는 과정에서 작은 수가 마치 '거품' 처럼 위로 올라가는 것을 연상케 한다. 예제를 통해 버블 정렬의 수행 과정을 살펴보자. 배열에 50, 40, 90, 10이 차례로 저장되어 있다고 가정하자.

[그림 6-1]에서 가장 먼저 첫 번째 숫자인 50과 이웃하는 40을 비교하고, 40이 작으므로 40과 50이 자리를 바꾼다. 다음에는 두 번째 숫자인 50과 이웃하는 90과 비교하고, 90이 크므로 자리를 바꾸지 않는다. 마지막으로 세 번째 숫자인 90과 이웃하는 10을 비교하고, 10이 작으므로 90과 자리를 바꾼다. 이렇게 입력을 전체적으로 1번 처리하는 것을 패스(pass)라고 한다. 즉, 1번의 패스 후에 그 결과를 살펴보면, 작은 수는 버블처럼 위로 1칸씩 올라갔다. '무거운' 수(즉, 큰 수)의 측면에서 관찰해보면, 가장 큰 수가 '바닥' (즉, 배열의 가장 마지막 원소)에 위치하게 된다.

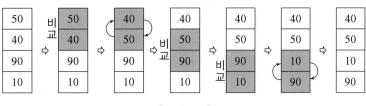

[그림 6-1]

다음은 두 번째 패스가 수행되는 과정이다. 이웃하는 원소 간의 비교를 통해 40—50
과 50—90은 그대로 그 자리에 있고, 50과 10이 서로의 자리를 바꾸었다. 역시 눈여
겨보아야 할 것은 두 번째로 큰 수인 50이 가장 큰 수인 90의 위로 '가라앉았다.'

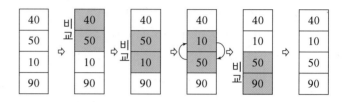

다음은 마지막 패스가 수행되는 과정이다. 이웃하는 원소 간의 비교를 통해 40과 10
이 서로 자리를 바꾸었고, 40—50과 50—90은 그대로 그 자리에 있다. 역시 주의하
여 볼 것은 세 번째로 큰 수인 40이 두 번째로 큰 수인 50의 위로 '가라앉았다.'

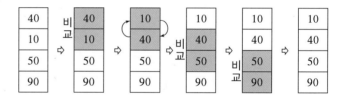

일반적으로 n개의 원소가 있으면 (n—1)번의 패스가 수행된다. 앞의 예제를 살펴
보면, 두 번째 패스에서 50과 90의 비교는 불필요하다. 왜냐하면 50이 두 번째로
큰 수이기 때문이다. 마찬가지로 세 번째 패스에서 40과 50, 50과 90을 비교할
필요가 없다. 40이 세 번째로 큰 수이기 때문이다. 다음은 앞에서 설명된 과정에
기반한 버블 정렬 알고리즘이다.

알고리즘

BubbleSort

```
    입력: 크기가 n인 배열 A
    출력: 정렬된 배열 A
1   for pass = 1 to n—1
2     for i = 1 to n—pass
3       if (A[i—1] > A[i])  // 위의 원소가 아래의 원소보다 크면
4         A[i—1] ↔ A[i]   // 서로 자리를 바꾼다.
5   return 배열 A
```

- Line 1에서는 for-루프가 (n−1)번의 패스를 수행한다.
- Line 2의 for-루프는 배열의 이웃하는 원소를 A[0]부터 A[n−pass]까지 비교하기 위함이다. 여기서 배열 인덱스(n−pass)는 pass=1이면 A[n−1]까지 비교하고, pass=2이면 A[n−2]까지 비교하는데, 이는 pass=1이 수행되고 나면 가장 큰 숫자가 A[n−1]에 저장되므로 A[n−2]까지 비교하기 위한 것이다. 마찬가지로 pass=3이면, 2번째로 큰 숫자가 A[n−2]에 저장되기 때문에 A[n−3]까지만 비교한다.
- Line 3~4에서는 if-조건인 (A[i−1] > A[i])가 '참'이면, 즉 위의 원소가 아래의 원소보다 크면, A[i−1]과 A[i]를 서로 바꾼다. 만일 if-조건이 '거짓'이면 아무 일도 하지 않고 다음 i값에 대해 알고리즘이 진행된다.

예제 따라
이해하기

다음의 배열에 대해서 버블 정렬이 수행되는 과정을 살펴보자.

0	1	2	3	4	5	6	7
40	10	50	90	20	80	30	60

- 패스 1

0	1	2	3	4	5	6	7	
10	40	50	90	20	80	30	60	자리 바꿈
10	40	50	90	20	80	30	60	
10	40	50	90	20	80	30	60	
10	40	50	20	90	80	30	60	자리 바꿈
10	40	50	20	80	90	30	60	자리 바꿈
10	40	50	20	80	30	90	60	자리 바꿈
10	40	50	20	80	30	60	90	자리 바꿈

● 패스 2

0	1	2	3	4	5	6	7
10	40	50	20	80	30	60	90

0	1	2	3	4	5	6	7
10	40	50	20	80	30	60	60

0	1	2	3	4	5	6	7
10	40	20	50	80	30	60	90

자리 바꿈

0	1	2	3	4	5	6	7
10	40	20	50	80	30	60	90

0	1	2	3	4	5	6	7
10	40	20	50	30	80	60	90

자리 바꿈

0	1	2	3	4	5	6	7
10	40	20	50	30	60	80	90

자리 바꿈

● 패스 3의 결과

0	1	2	3	4	5	6	7
10	20	40	30	50	60	80	90

● 패스 4의 결과

0	1	2	3	4	5	6	7
10	20	30	40	50	60	80	90

● 패스 5~7의 결과는 패스 4의 결과와 동일하다.

시간복잡도
알아보기

버블 정렬은 for-루프 속에서 for-루프가 수행되는데, pass=1이면 $(n-1)$번 비교하고, pass=2이면 $(n-2)$번 비교하고, ⋯, pass=$n-1$이면 1번 비교한다. 따라서 총 비교 횟수는 $(n-1) + (n-2) + \cdots + 1 = n(n-1)/2$이다. 그런데 안쪽 for-루프의 if-조건이 '참'일 때의 자리바꿈은 O(1) 시간이 걸린다. 그러므로 버블 정렬 알고리즘의 시간복잡도는 $n(n-1)/2 \times O(1) = (1/2n^2 - 1/2n) \times O(1) = O(n^2) \times O(1) = O(n^2)$이다.

6.2 선택 정렬

선택 정렬(Selection Sort)은 입력 배열 전체에서 최솟값을 '선택'하여 배열의 0번 원소와 자리를 바꾸고, 다음에는 0번 원소를 제외한 나머지 원소에서 최솟값을 선택하여, 배열의 1번 원소와 자리를 바꾼다. 이러한 방식으로 마지막에 2개의 원소 중에서 작은 값을 선택하여 자리를 바꿈으로써 오름차순의 정렬을 마친다.

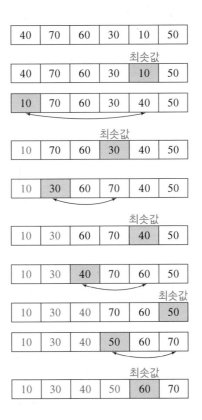

앞의 예제를 살펴보면 10이 배열 전체에서 최솟값이다. 그래서 10을 첫 번째 원소인 40과 교환한다. 그 다음에는 10을 제외한 배열의 나머지 원소들 중에서 최솟값인 30을 찾는다. 30은 두 번째 원소인 70과 교환된다. 다음은 이러한 과정을 반복하는 선택 정렬 알고리즘이다.

알고리즘

SelectionSort

```
    입력: 크기가 n인 배열 A
    출력: 정렬된 배열 A
1   for i = 0 to n−2 {
2      min = i
3      for j = i+1 to n−1 {  // A[i]~A[n−1]에서 최솟값을 찾는다.
4         if (A[j] < A[min])
5            min = j
       }
6      A[i] ↔ A[min]   // min이 최솟값이 있는 원소의 인덱스이다.
    }
7   return 배열 A
```

● Line 1의 for-루프에서는 i가 0부터 (n−2)까지 변하는데, 이는 A[i]에서부터 A[n−1]까지의 숫자들 중에서 최솟값을 찾기 위함이다. (n−1)까지 반복하지 않는 것은 (n−1)까지 수행할 경우 line 3의 j값이 i+1 = (n−1)+1 = n이 되어 배열의 범위를 벗어나기 때문이다.

● Line 2에서는 A[i]를 최솟값으로 놓고, 즉 min = i로 놓고, line 3의 for-루프에서는 A[i+1]부터 1개의 원소씩 A[min]과 비교하고, A[min]보다 작은 원소가 발견되면 min = j로 갱신하며, 최종적으로 A[n−1]까지 검사한 후에 최솟값이 있는 원소의 인덱스가 min에 저장된다.

● Line 6에서는 line 3~5의 for-루프에서 찾은 최솟값 A[min]을 A[i]와 교환한다.

● Line 7에서는 line 1~6의 for-루프가 끝나면, 정렬된 배열 A를 리턴한다.

예제 따라
이해하기

다음의 배열 A에 대해서 선택 정렬이 수행되는 과정을 살펴보자.

0	1	2	3	4	5	6	7
40	10	50	90	20	80	30	60

● i=0일 때, A[0]~A[7]에서 최솟값은 10이다. 즉, min=1이다.

0	**1**	2	3	4	5	6	7
40	10	50	90	20	80	30	60

0	**1**	2	3	4	5	6	7
10	40	50	90	20	80	30	60

자리 바꿈

- i=1일 때, A[1]~A[7]에서 최솟값은 20이다. 즉, min=4이다.

0	1	2	3	**4**	5	6	7
10	40	50	90	20	80	30	60

0	1	2	3	**4**	5	6	7
10	20	50	90	40	80	30	60

자리 바꿈

- i=2일 때, A[2]~A[7]에서 최솟값은 30이다. 즉, min=6이다.

0	1	2	3	4	5	**6**	7
10	20	50	90	40	80	30	60

0	1	2	3	4	5	**6**	7
10	20	30	90	40	80	50	60

자리 바꿈

...

- i = 6일 때, A[6]~A[7]에서 최솟값은 80이다. 즉, min=7이다.

0	1	2	3	4	5	6	**7**
10	20	30	40	50	60	90	80

0	1	2	3	4	5	6	**7**
10	20	30	40	50	60	80	90

자리 바꿈

시간복잡도 알아보기

선택 정렬은 line 1의 for-루프가 $(n-1)$번 수행되는데, i=0일 때 line 3의 for-루프는 $(n-1)$번 수행되고, i=1일 때 line 3의 for-루프는 $(n-2)$번 수행되고, …, 마지막으로 1번 수행되므로, 루프 내부의 line 4~5가 수행되는 총 횟수는 $(n-1)+(n-2)+(n-3)+\cdots+2+1 = n(n-1)/2$이다. 루프 내부의 if-조건이 '참'일 때의 자리바꿈은 O(1) 시간이 걸리므로, 선택 정렬의 시간복잡도는 $n(n-1)/2 \times$ O(1) = O(n^2)이다.

선택 정렬의 특징은 입력이 거의 정렬되어 있든지, 역으로 정렬되어 있든지, 랜덤하게 되어 있든지를 구분하지 않고, 항상 일정한 시간복잡도를 나타낸다는 것이다. 즉, 입력에 민감하지 않은(input insensitive) 알고리즘이다.

6.3 삽입 정렬

삽입 정렬(Insertion Sort)은 배열을 정렬된 부분(앞부분)과 정렬이 안 된 부분(뒷부분)으로 나누고, 정렬이 안 된 부분의 가장 왼쪽 원소를 정렬된 부분의 적절한 위치에 삽입하여 정렬되도록 하는 과정을 반복한다. 아래의 그림은 정렬이 아직 안 된 부분의 가장 왼쪽 원소인 50을 정렬된 부분에 삽입하는 과정을 보이고 있다.

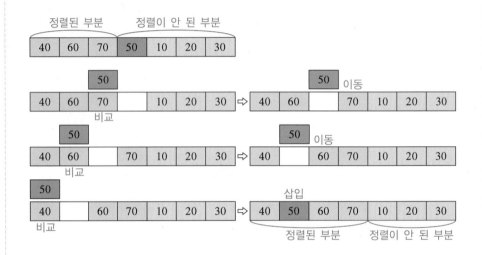

따라서 정렬이 안 된 부분의 숫자 하나가 정렬된 부분에 삽입됨으로써, 정렬된 부분의 원소 수가 1개 늘어나고, 동시에 정렬이 안 된 부분의 원소 수는 1개 줄어든다. 이를 반복하여 수행하면, 마지막에는 정렬이 안 된 부분에는 아무 원소도 남지 않고, 정렬된 부분에 모든 원소가 있게 된다. 단, 삽입 정렬은 배열의 첫 번째 원소만이 정렬된 부분에 있는 상태에서 정렬을 시작한다. 다음은 삽입 정렬 알고리즘이다.

알고리즘

InsertionSort

입력: 크기가 n인 배열 A
출력: 정렬된 배열 A
1   for i = 1 to n−1 {
2   CurrentElement = A[i] // 정렬이 안 된 부분의 가장 왼쪽 원소
3   j ← i − 1 // 정렬된 부분의 가장 오른쪽 원소로부터 왼쪽 방향으로 삽입할 곳
              을 탐색하기 위하여

```
4     while (j >= 0) and (A[j]>CurrentElement) {
5       A[j+1] = A[j]  // 자리 이동
6       j ← j −1
        }
7     A[j+1] ← CurrentElement
      }
8   return A
```

- 삽입 정렬은 정렬된 부분에는 A[0]만이 있는 상태에서 정렬이 시작되므로, line 1에서는 CurrentElement의 배열 인덱스 i를 위해 for-루프를 이용하여 1부터 (n−1)까지 변하게 한다.
- Line 2에서는 정렬이 안 된 부분의 가장 왼쪽에 있는 원소인 A[i]를 CurrentElement로 놓는다.
- Line 3에서 'j=i−1'은 j가 정렬된 부분의 가장 오른쪽 원소의 인덱스가 되어 왼쪽 방향으로 삽입할 곳을 탐색하기 위함이다.
- Line 4~6에서는 CurrentElement가 삽입될 곳을 찾는다. while-루프의 조건 (j >= 0)은 배열 인덱스로 사용되는 j가 배열의 범위를 벗어나는 것을 방지하기 위함이고, 두 번째 조건 (A[j]>CurrentElement)는 A[j]가 CurrentElement보다 크면 A[j]를 오른쪽으로 1칸 이동시키기 위함이다. 이러한 자리이동은 line 5에서 수행된다. Line 6에서는 j를 1 감소시켜서 바로 왼쪽 원소에 대해 whie-루프를 반복적으로 수행하기 위함이다.
- Line 7에서는 A[j+1]에 CurrentElement를 저장하는데, 이는 while-루프가 끝난 직후에는 A[j]가 CurrentElement보다 크지 않으므로 A[j]의 오른쪽 (즉, A[j+1])에 CurrentElement를 삽입해야 하기 때문이다.

예제 따라
이해하기

다음의 배열 A에 대해서 삽입 정렬이 수행되는 과정을 살펴보자.

0	1	2	3	4	5	6	7
40	10	50	90	20	80	30	60

- i=1일 때, CurrentElement=A[1]=10, j = i−1 = 0

0	1	2	3	4	5	6	7
40	10	50	90	20	80	30	60

A[j]=A[0] > CurrentElement=10이므로

0	1	2	3	4	5	6	7
	40	50	90	20	80	30	60

한 칸 앞으로 이동

j=j−1=0−1=−1이므로, A[j+1]=A[−1+1]=A[0]에 CurrentElement=10을 저장한다.

0	1	2	3	4	5	6	7
10	40	50	90	20	80	30	60

● i=2일 때, CurrentElement=A[2]=50, j=i−1=1

0	1	2	3	4	5	6	7
10	40	50	90	20	80	30	60

A[j]=A[1]<CurrentElement=50이므로, 자리이동 없이 50이 그 자리에 위치한다.

● i=3일 때, CurrentElement=A[3]=90, j=i−1=2

0	1	2	3	4	5	6	7
10	40	50	90	20	80	30	60

A[j]=A[2]<CurrentElement= 90이므로, 자리이동 없이 90이 그 자리에 위치한다.

● i=4일 때, CurrentElement=A[4]=20, j=i−1=3

0	1	2	3	4	5	6	7
10	40	50	90	20	80	30	60

A[j]=A[3]>CurrentElement=20이므로

236

0	1	2	3	4	5	6	7
10	40	50		90	80	30	60

한 칸 앞으로 이동

$j = j-1 = 3-1 = 2$이고, $A[j] = A[2] >$ CurrentElement $= 20$이므로

0	1	2	3	4	5	6	7
10	40		50	90	80	30	60

한 칸 앞으로 이동

$j = j-1 = 2-1 = 1$이고, $A[j] = A[1] >$ CurrentElement $= 20$이므로

0	1	2	3	4	5	6	7
10		40	50	90	80	30	60

한 칸 앞으로 이동

$j = j-1 = 1-1 = 0$이고, $A[j] = A[0] <$ CurrentElement $= 20$이므로, $A[j+1] = A[0+1] = A[1]$에 CurrentElement $= 20$을 저장한다.

0	1	2	3	4	5	6	7
10	20	40	50	90	80	30	60

- $i = 5$일 때, CurrentElement $= A[5] = 80$일 때의 결과

0	1	2	3	4	5	6	7
10	20	40	50	80	90	30	60

- $i = 6$일 때, CurrentElement $= A[6] = 30$일 때의 결과

0	1	2	3	4	5	6	7
10	20	30	40	50	80	90	60

- $i = 7$일 때, CurrentElement $= A[7] = 60$일 때의 결과

0	1	2	3	4	5	6	7
10	20	30	40	50	60	80	90

시간복잡도
알아보기

삽입 정렬은 line 1의 for-루프가 $(n-1)$번 수행되는데, $i=1$일 때 while-루프는 1번 수행되고, $i=2$일 때 최대 2번 수행되고, $\cdots$, 마지막으로 최대 $(n-1)$번 수행되므로, while-루프 내부의 line 5~6이 수행되는 총 횟수는 $1 + 2 + 3 + \cdots + (n-2) + (n-1) = n(n-1)/2$이다. while-루프 내부의 수행시간은 O(1)이므로, 삽입 정렬의 시간복잡도는 $n(n-1)/2 \times O(1) = O(n^2)$이다.

삽입 정렬은 입력의 상태에 따라 수행 시간이 달라질 수 있다. 즉, 입력이 이미 정렬되어 있으면, 항상 각각 CurrentElement가 자신의 왼쪽 원소와 비교 후 자리이동 없이 원래 자리에 있게 되고, while-루프의 조건이 항상 '거짓'이 되므로 원소의 이동도 없다. 따라서 $(n-1)$번의 비교만 하면 정렬을 마치게 된다. 이때가 삽입 정렬의 최선 경우이고 시간복잡도는 O(n)이다. 따라서 삽입 정렬은 거의 정렬된 입력에 대해서 다른 정렬 알고리즘보다 빠르다는 장점을 가진다. 반면에 역으로 (반대로) 정렬된 입력에 대해서는 앞의 시간복잡도 분석대로 O(n^2) 시간이 걸린다. 삽입 정렬의 평균 경우 시간복잡도는 최악 경우와 같은데 이는 연습문제에서 다루기로 한다.

6.4 쉘 정렬

버블 정렬이나 삽입 정렬이 수행되는 과정을 살펴보면, 이웃하는 원소의 숫자들끼리의 자리를 이동함으로써 정렬이 이루어진다. 버블 정렬이 오름차순으로 정렬하는 과정을 살펴보면, 작은(가벼운) 숫자가 배열의 앞부분으로 매우 느리게[1] 이동하는 것을 알 수 있다. 또한 삽입 정렬의 경우 만일 배열의 마지막 원소가 입력에서 가장 작은 숫자라면, 그 숫자가 배열의 맨 앞으로 이동해야 하므로, 모든 다른 숫자들이 1칸씩 오른쪽으로 이동해야 한다. 쉘 정렬(Shell Sort)은 이러한 단점을 보완하기 위해서 삽입 정렬을 이용하여 배열 뒷부분의 작은 숫자를 앞부분으로 '빠르게'[2] 이동시키고, 동시에 앞부분의 큰 숫자는 뒷부분으로 이동시키며, 가장 마지막에는 삽입 정렬을 수행한다.

핵심 아이디어

다음 예제를 통해 쉘 정렬의 아이디어를 이해해보자.

30 60 90 10 40 80 40 20 10 60 50 30 40 90 80

먼저 간격(gap)이 5가 되는 숫자끼리 그룹을 만든다. 총 15개의 숫자가 있으므로,

---

1) 적지 않은 수의 비교를 해야만 앞으로 이동된다.
2) 작은 숫자들이 마치 '점프하여' 앞으로 이동한다.

첫 번째 그룹은 첫 숫자인 30, 첫 숫자에서 간격이 5가 되는 숫자인 80, 그리고 80에서 간격이 5인 50으로 구성된다. 즉, [30, 80, 50]이다. 두 번째 그룹은 [60, 40, 30]이고, 나머지 그룹은 각각 [90, 20, 40], [10, 10, 90], [40, 60, 80]이다.

h=5

A	0	1	2	3	4	5	6	7	8	9	10	11	12	13	14
1	30					80					50				
2		60					40					30			
3			90					20					40		
4				10					10					90	
5					40					60					80

각 그룹별로 정렬된 결과를 1줄에 나열해보면 다음과 같다.

30 30 20 10 40 50 40 40 10 60 80 60 90 90 80

A	0	1	2	3	4	5	6	7	8	9	10	11	12	13	14
1	30					50					80				
2		30					40					60			
3			20					40					90		
4				10					10					90	
5					40					60					80

그룹별 정렬 후

간격이 5인 그룹별로 정렬한 결과를 살펴보면, 80과 90 같은 큰 숫자가 뒷부분으로 이동하였고, 20과 30 같은 작은 숫자가 앞부분으로 이동한 것을 관찰할 수 있다.

그 다음에는 간격을 5보다 작게 하여, 예를 들어 3으로 하여, 3개의 그룹으로 나누어 각 그룹별로 삽입 정렬을 수행한다. 이때에는 각 그룹에 5개의 숫자가 있다. 마지막에는 반드시 간격을 1로 놓고 수행해야 한다. 왜냐하면 다른 그룹에 속하여 서로 비교되지 않은 숫자가 있을 수 있기 때문이다. 즉, 모든 원소를 1개의 그룹으로 여기는 것이고, 이는 삽입 정렬 그 자체이다. 다음은 쉘 정렬 알고리즘이다.

알고리즘

ShellSort

입력: 크기가 n인 배열 A
출력: 정렬된 배열 A
1   for each gap h = [$h_0 > h_1 > ... > h_k=1$] // 큰 gap부터 차례로

```
2     for i = h to n−1 {
3         CurrentElement=A[i];
4         j = i;
5         while (j > =h) and (A[j−h] > CurrentElement) {
6             A[j]=A[j−h];
7             j=j−h;
              }
8         A[j]=CurrentElement;
          }
9     return 배열 A
```

셸 정렬은 간격 [$h_0 > h_1 > \cdots > h_k = 1$]이 미리 정해져야 한다. 가장 큰 간격 h_0부터 차례로 간격에 따른 삽입 정렬이 line 2~8에서 수행된다. 마지막 간격 h_k는 반드시 1이어야 하는데, 이는 간격에 대해서 그룹별로 삽입 정렬을 수행하였기 때문에, 아직 비교되지 않은 다른 그룹의 숫자가 있을 수 있기 때문이다.

● Line 2~8의 for-루프에서는 간격 h에 대하여 삽입 정렬이 수행되는데, [핵심 아이디어]에서 설명한 대로 그룹별로 삽입 정렬을 수행하지만 자리바꿈을 위한 원소 간의 비교는 다음과 같은 순서로 진행된다.

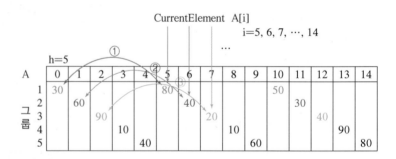

즉, line 2의 for-루프가 i를 h부터 1씩 증가시켜서 CurrentElement A[i]를 자신의 그룹에 속한 원소끼리 비교하도록 조절한다.

● Line 5~7의 while-루프에서 CurrentElement를 정렬되도록 앞부분에 삽입한다. while-루프의 첫 번째 조건 (j>=h)는 j가 h보다 작으면 배열 인덱스 (j−h)가 음수가 되어, 배열의 범위를 벗어나는 것을 검사하기 위한 것이다. 두 번째

조건인 (A[j—h]>CurrentElement)는 (j—h)가 음수가 아니면 CurrentElement를 자신의 그룹 원소인 A[j—h]와 비교하여 A[j—h]가 크면 line 6에서 A[j—h]를 h만큼 뒤로 이동(즉, A[j]=A[j—h])시킨다.

- while-루프의 조건이 '거짓'이 되면 line 8에서 CurrentElement를 A[j]에 저장한다. 여기서 while-루프의 조건이 '거짓'이 될 때, 첫 번째 경우는 (j—h)가 음수인 경우인데, 이는 A[j] 앞에 같은 그룹의 원소가 없다는 뜻이다. 또 두 번째 경우는 A[j—h]가 CurrentElement와 같거나 작은 경우이다. 따라서 두 경우 모두 line 8에서 CurrentElement를 A[j]에 저장하면 알맞게 삽입되는 것이다.

예제 따라
이해하기

앞의 예제에 대해 간격이 5일 때 쉘 정렬이 수행되는 과정을 살펴보자.

i=5, 6, 7, 8, 9일 때

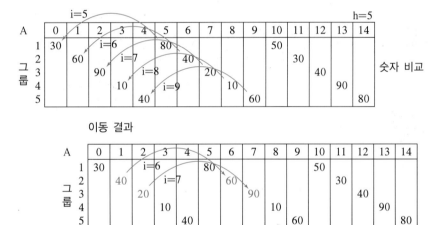

A	0	1	2	3	4	5	6	7	8	9	10	11	12	13	14	
그룹1	30					80					50					숫자 비교
그룹2		60					40					30				
그룹3			90					20					40			
그룹4				10					10					90		
그룹5					40					60					80	

이동 결과

A	0	1	2	3	4	5	6	7	8	9	10	11	12	13	14
그룹1	30					80					50				
그룹2		40					60					30			
그룹3			20					90					40		
그룹4				10					10					90	
그룹5					40					60					80

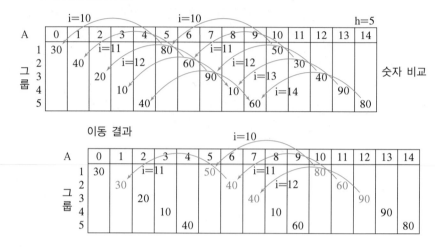

i=10, 11, 12, 13, 14

h=5일 때의 결과를 한 줄에 나열해보면 다음과 같다.

$$30 \ 30 \ 20 \ 10 \ 40 \ 50 \ 40 \ 40 \ 10 \ 60 \ 80 \ 60 \ 90 \ 90 \ 80$$

이제 간격을 줄여서 h=3이 되면, 배열의 원소들이 3개의 그룹으로 나누어진다. 그룹1은 0번째, 3번째, 6번째, 9번째, 12번째 숫자이고, 그룹2는 1번째, 4번째, 7번째, 10번째, 13번째 숫자로 구성되고, 마지막으로 그룹3은 2번째, 5번째, 8번째, 11번째, 14번째 숫자이다. 각 그룹별로 삽입 정렬하면, 그 결과는 다음과 같다.

그룹1	그룹2	그룹3		그룹1	그룹2	그룹3
30	30	20		10	30	10
10	40	50		30	40	20
40	40	10	⇨	40	40	50
60	80	60		60	80	60
90	90	80		90	90	80

각 그룹별로 정렬한 결과를 한 줄에 나열해보면 다음과 같다. 즉, 이것이 h=3일 때의 결과이다.

$$10 \ 30 \ 10 \ 30 \ 40 \ 20 \ 40 \ 40 \ 50 \ 60 \ 80 \ 60 \ 90 \ 90 \ 80$$

마지막으로 앞의 배열에 대해 h=1일 때 알고리즘을 수행하면 다음과 같이 정렬된 결과를 얻는다. h=1일 때는 간격이 1(즉, 그룹이 1개)이므로, 삽입 정렬과 동일하다.

10 10 20 30 30 40 40 40 50 60 60 80 80 90 90

쉘 정렬의 수행 속도는 간격 선정에 따라 좌우된다. 지금까지 알려진 가장 좋은 성능을 보이는 간격은 1, 4, 10, 23, 57, 132, 301, 701이고, 701 이후는 아직 밝혀지지 않았다.

시간복잡도 알아보기

쉘 정렬의 최악 경우의 시간복잡도는 히바드(Hibbard)의 간격인 2^k-1 (즉, 2^k-1, …, 15, 7, 5, 3, 1)을 사용하면 $O(n^{1.5})$이 된다고 밝혀졌다. 그러나 쉘 정렬의 시간복잡도는 아직 풀리지 않은 문제로 남아 있다. 이는 가장 좋은 간격을 알아내야 하는 것이 선행되어야 하기 때문이다.

응용

쉘 정렬은 입력 크기가 매우 크지 않은 경우에 매우 좋은 성능을 보인다. 쉘 정렬은 임베디드(Embedded) 시스템에서 주로 사용되는데, 쉘 정렬의 특징인 간격에 따른 그룹별 정렬 방식이 하드웨어로 정렬 알고리즘을 구현하는 데 매우 적합하기 때문이다.

▶ 쉘 정렬은 임베디드 시스템에서 주로 사용된다.

6.5 힙 정렬

힙(heap)은 힙 조건을 만족하는 완전 이진트리(complete binary tree)이다. 힙 조건이란 각 노드의 값이 자식 노드의 값보다 커야 한다는 것을 말한다. 노드의 값은 우선순위(priority)라고 일컫는다. 따라서 힙의 루트에는 가장 높은 우선순위(가장 큰 값)가 저장되어 있다. 물론 값이 작을수록 우선순위가 높은 경우에는 가장 작은 값이 루트에 저장된다. 또한 n개의 노드를 가진 힙은 완전 이진트리이므로, 힙의 높이가 $\log_2 n$이며, 노드들을 빈 공간 없이 배열에 저장할 수 있다. [그림 6-2]는 힙의 노드들이 배열에 저장된 모습을 보여주고 있다.

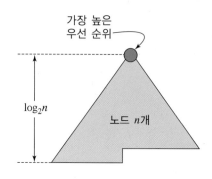

배열 A에 힙을 저장한다면, A[0]은 비워 두고, A[1]부터 A[n]까지에 힙 노드들을 트리의 층별로 좌우로 저장한다. [그림 6-2]에서 보면 루트의 90이 A[1]에 저장되고, 그 다음 층의 60과 80이 각각 A[2]와 A[3]에 저장되며, 그 다음 층의 50, 30, 70, 10이 A[4]에서 A[7]에 각각 저장되고, 마지막으로 20과 40이 A[8]과 A[9]에 저장되어 있다.

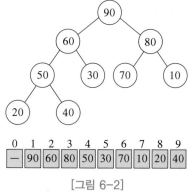

[그림 6-2]

이런 방식으로 저장하면, 트리에서 부모 노드와 자식 노드의 관계를 배열의 인덱스로 쉽게 표현할 수 있다.

- A[i]의 부모 노드는 A[i/2]이다. 단, i가 홀수일 때, i/2에서 정수 부분만을 취한다. 예를 들어, A[7]의 부모 노드는 A[7/2] = A[3]이다.
- A[i]의 왼쪽 자식 노드는 A[2i]이고, 오른쪽 자식 노드는 A[2i+1]이다. A[4]의 왼쪽 자식 노드는 A[2i] = A[2×4] = A[8]이고, 오른쪽 자식 노드는 A[2i+1] = A[2×4+1] =A[9]이다.

핵심아이디어

힙 정렬(Heap Sort)은 앞에서 설명한 힙 자료 구조를 이용하는 정렬 알고리즘이다. 오름차순의 정렬을 위해 입력 배열을 먼저 큰 숫자가 높은 우선순위를 가지는 최대힙(maximum heap)을 만든다. 힙의 루트에는 가장 큰 수가 저장되므로, 루트의 숫자를 힙의 가장 마지막 노드에 있는 숫자와 바꾼다. 즉, 가장 큰 수를 배열의 가장 끝으로 이동시킨 것이다. 그리고 힙 크기를 1개 줄인 다음에 루트에 새로 저장된 숫자로 인해 위배된 힙 조건을 해결하여 부모 자식 사이의 힙 조건을 만족시킨다. 그리고 이 과정을 반복하여 나머지 숫자를 정렬한다. 다음은 이러한 과정에 따른 힙 정렬 알고리즘이다.

알고리즘

HeapSort

입력: 입력이 A[1]부터 A[n]까지 저장된 배열 A
출력: 정렬된 배열 A

1 배열 A의 숫자에 대해서 힙 자료 구조를 만든다.
2 heapSize = n   // 힙의 크기를 조절하는 변수
3 for i = 1 to n−1
4   A[1] ↔ A[heapSize]   // 루트와 힙의 마지막 노드를 교환한다.
5   heapSize = heapSize −1   // 힙의 크기를 1 감소시킨다.
6   DownHeap()   // 위배된 힙 조건을 만족시킨다.
7 return 배열 A

- Line 1에서는 배열 A[1 ⋯ n]을 힙으로 만든다.[3]
- Line 2에서는 현재의 힙의 크기를 나타내는 변수인 heapSize를 n으로 초기화시킨다.
- Line 3~6의 for-루프는 (n−1)번 수행되는데, 이는 루프가 종료된 후에는 루트인 A[1] 홀로 힙을 구성하고 있고, 또 A[1]에 있는 숫자가 가장 작은 수이므로 루프를 수행할 필요가 없기 때문이다.
- Line 4에서는 루트와 힙의 마지막 노드와 교환한다. 즉, 현재의 힙에서 가장 큰 수와 현재 힙의 가장 마지막 노드에 있는 숫자와 교환하는 것이다.
- Line 5에서는 힙의 크기를 1 줄인다.
- Line 4에서 힙의 마지막 노드와 힙의 루트를 바꾸어 놓았기 때문에 새로이 루트

---

[3] 부록의 힙 자료구조에서 힙 만들기 참조

에 저장된 값이 루트의 자식 노드의 값보다 작아서 힙 조건이 위배된다. Line 6 에서는 위배된 힙 조건을 DownHeap을 수행시켜서 해결한다.

DownHeap[4]은 다음과 같이 수행된다. 루트가 r을 가지고 있다고 가정하자.

먼저 루트의 r과 자식 노드들 중에서 큰 것을 비교하여 큰 것과 r을 바꾼다. 다시 r 을 자식 노드들 중에서 큰 것과 비교하여 힙 조건이 위배되면 앞서 수행한 대로 큰 것과 r을 교환한다. 힙 조건이 만족될 때까지 이 과정을 반복한다.

다음의 예제에 대하여 DownHeap이 실행되는 과정을 살펴보자.

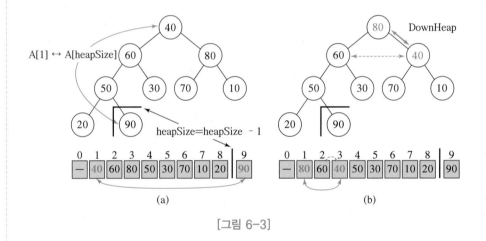

[그림 6-3]

[그림 6-3(a)]는 line 4에서 힙의 마지막 노드 40과 루트 90을 바꾸고, 힙의 노드 수가 1개 줄어든 것을 보이고 있다.

[그림 6-3(b)]는 새로이 루트에 저장된 40이 루트의 자식 노드들(60과 80)보다 작아서 힙 조건이 위배되므로 자식 노드들 중에서 큰 자식 노드 80과 루트 40이 교환된 것을 보여준다.

---

4) 부록의 힙 자료구조에서 DownHeap은 의사 코드로 보다 상세하게 설명되어 있다.

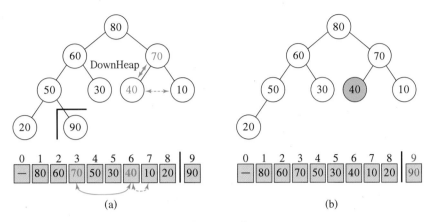

[그림 6-4]

40은 다시 자식 노드들 (70과 10) 중에서 큰 자식 70과 비교하여, 힙 조건이 위배
되므로 70과 40을 서로 바꾼다. 그 결과를 [그림 6-4(a)]가 보여주고 있다. 그 다음
에는 더 이상 자식 노드가 없으므로 힙 조건이 만족되어서 DownHeap을 종료한다.
[그림 6-4(b)]가 DownHeap이 종료된 후의 힙을 보여준다.

앞의 DownHeap 예제를 이어서 HeapSort를 수행하여보자.

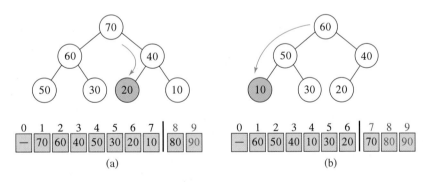

[그림 6-5]

80이 20과 교환된 후 DownHeap을 수행한 결과 [그림 6-5(a)]와 70이 10과 교환
된 후 DownHeap을 수행한 결과 [그림 6-5(b)]를 각각 보이고 있다.

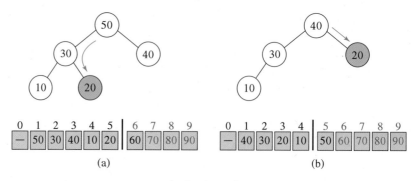

[그림 6-6]

다음은 60이 20과 교환된 후 DownHeap을 수행한 결과 [그림 6-6(a)]와 50이 20
과 교환된 후 DownHeap을 수행한 결과 [그림 6-6(b)]를 각각 보이고 있다.

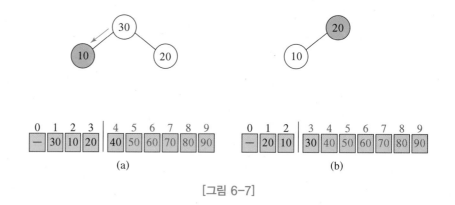

[그림 6-7]

그리고 40이 10과 교환된 후 DownHeap을 수행한 결과 [그림 6-7(a)]와 30이 20
과 교환된 후 DownHeap을 수행한 결과 [그림 6-7(b)]를 각각 보이고 있다.

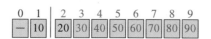

마지막에 힙의 크기가 1이 되면 힙 정렬을 마친다. 그리고 그 결과 배열이 정렬되어 있음을 확인할 수 있다. 즉, for-루프를 반복할 때마다 힙에서 가장 큰 수를 힙의 마지막 노드에 있는 수와 교환하고, 힙 크기를 1개 줄임으로써 힙에 속하지 않은 배열의 뒷부분에는 가장 큰 수부터 차례로 왼쪽 방향으로 저장된다. 이는 선택 정렬에서 최솟값을 찾는 대신에 최댓값을 찾아서 배열의 뒷부분으로부터 정렬하는 것과 같다. 선택 정렬과의 차이점은 힙 정렬은 힙 자료구조를 이용하여 최댓값을 찾으나 선택 정렬은 순차 탐색으로 최댓값을 찾는 것이다.

시간복잡도
알아보기

HeapSort 알고리즘의 시간복잡도를 살펴보자. Line 1에서 힙을 만드는 데에는 $O(n)$ 시간[5]이 걸린다. Line 2는 변수를 초기화하는 것이므로 $O(1)$ 시간이 걸린다. Line 3~6의 for-루프는 $(n-1)$번 수행되고, 루프 내부에서는 line 4~5가 각각 $O(1)$ 시간이 걸리고, DownHeap은 최악의 경우 이파리 노드까지 내려가며 교환할 때이고, 힙의 높이는 $\log_2 n$을 넘지 않기 때문에 $O(\log n)$ 시간이 걸린다. 따라서 힙 정렬의 시간복잡도는 $O(n) + (n-1) \times O(\log n) = O(n \log n)$이다.

6.6 정렬 문제의 하한

앞 절에서 다룬 버블 정렬, 선택 정렬, 삽입 정렬, 쉘 정렬, 힙 정렬, 그리고 3장에서 소개된 합병 정렬과 퀵 정렬의 공통점은 숫자의 비교가 부분적이 아닌 숫자 대 숫자로 이루어진다. 그래서 이러한 정렬을 비교정렬(comparison sort)이라고 한다. 반면에 다음 절에서 소개하는 기수 정렬(Radix Sort)은 숫자들을 한 자리씩 부분적으로 비교한다. 본 절에서는 숫자 대 숫자로만 비교하여 정렬하는 것을 정렬 문제로 정의하고, 이 정렬 문제를 해결하기 위해 필요한 최소의 (숫자 대 숫자) 비교 횟수를 알아보고자 한다.

어떤 주어진 문제에 대해 시간복잡도의 하한(lower bound)이라 함은 어떠한 알고리즘도 문제의 하한보다 빠르게 해를 구할 수 없음을 의미한다. 여기서 주의할 점은 문제의 하한은 어떤 특정 알고리즘에 대한 시간복잡도의 하한을 뜻하는 것이

---

5) 부록의 힙 자료구조 참조

아니다. 이는 문제가 가지고 있는 고유한 특성 때문에 어떠한 알고리즘[6]일지라도 해를 구하려면 적어도 하한의 시간복잡도만큼 시간이 걸린다는 뜻이다.

예제 따라
이해하기

n개의 숫자가 저장된 배열에서 최댓값을 찾는 문제의 하한을 생각해보자. 즉, 최댓값을 찾기 위해 숫자들을 적어도 몇 번 비교해야 하는지를 알아보자. 답을 먼저 말하면, 이 문제는 어떤 방식(알고리즘)으로 탐색하든지 적어도 $(n-1)$번의 비교가 필요하다. 왜냐하면 어떤 방식이라도 각 숫자를 적어도 한 번 비교해야 하기 때문이다.[7] $(n-1)$보다 적은 비교 횟수가 의미하는 것은 n개의 숫자 중에서 적어도 1개의 숫자는 비교되지 않았다는 것이다. 이 비교가 안 된 숫자가 가장 큰 수일 수도 있기 때문에, $(n-1)$보다 적은 비교 횟수로는 최댓값을 항상 찾을 수는 없다.

다음은 n개의 숫자를 비교정렬하는 데 필요한 최소의 비교 횟수, 즉 정렬 문제의 하한을 알아보자. [그림 6-8]은 3개의 서로 다른 숫자 x, y, z에 대해서, 정렬에 필요한 모든 경우의 숫자 대 숫자 비교를 보이고 있다.

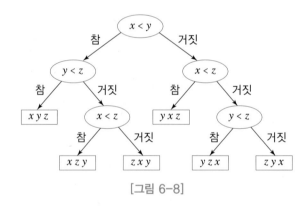

[그림 6-8]

[그림 6-8]에서 각 내부 노드에서는 2개의 숫자가 비교되고, 비교 결과가 '참'이면 왼쪽으로, '거짓'이면 오른쪽으로 분기되며, 각 이파리(단말) 노드에는 루트로부터의 비교 결과에 따라 정렬된 결과가 저장되어 있다. 이러한 트리를 결정트리(decision tree)라고 한다. [그림 6-8]의 결정트리의 특징을 살펴보면 다음과 같다.

● 이파리의 수는 3! = 6이다.

---

6) 기존 알고리즘들과 앞으로 만들어질 알고리즘들을 포함하는 모든 알고리즘들을 의미한다.
7) 1.1절의 최대 숫자 찾기 참조

- 결정트리는 이진트리(binary tree)이다.
- 결정트리에는 정렬을 하는 데 불필요한 내부 노드가 없다.

이파리 수가 3!인 것은 서로 다른 3개의 숫자가 정렬되는 모든 경우의 수가 3!이기 때문이다. 결정트리는 각 내부 노드의 비교가 '참'일 때와 '거짓'일 때 각각 1개의 자식 노드를 가지기 때문에 이진트리이다. 또한 중복 비교를 하는 노드들이 있으나, 이들은 루트로부터 각 이파리 노드의 정렬된 결과를 얻기 위해서 반드시 필요한 노드들이다.

따라서 서로 다른 3개의 숫자를 비교정렬하기 위해서는 적어도 3번 비교해야 한다. 여기서 2번의 비교로서 정렬된 결과를 얻는 경우도 있으나, 다른 4개의 경우에는 각각 3번의 비교가 필요하다. 따라서 어느 경우에라도 서로 다른 3개의 숫자가 정렬되기 위해서는 적어도 3번의 비교가 필요하다. 그런데 3번의 횟수는 앞의 결정트리의 높이와 같다. 그러므로 n개의 서로 다른 숫자를 비교정렬하는 결정트리의 높이가 비교정렬의 하한이 된다.

n개의 서로 다른 숫자를 정렬하는 결정트리의 높이를 계산하기 위해서 다음과 같은 이진트리의 특성을 이용한다.

k개의 이파리가 있는 이진트리의 높이는 $\log k$보다 크다.

그러므로 $n!$개의 이파리를 가진 결정트리의 높이는 $\log(n!)$보다 크다. 그런데 $\log(n!) = O(n\log n)$[8]이므로, 비교정렬의 하한은 $O(n\log n)$이다. 즉, $O(n\log n)$보다 빠른 시간복잡도를 가진 비교정렬 알고리즘은 존재하지 않는다. 2장의 점근적 표기 방식으로 하한 표기를 하면 비교정렬의 하한은 $\Omega(n\log n)$이다.

---

8) $n! \geq (n/2)^{n/2}$이므로 $\log(n!) \geq \log(n/2)^{n/2} = (n/2)\log(n/2) = O(n\log n)$이다.

6.7 기수 정렬

기수 정렬(Radix Sort)이란 비교정렬이 아니고, 숫자를 부분적으로 비교하는 정렬 방법이다. 기(radix)는 특정 진수를 나타내는 숫자들이다. 예를 들어, 10진수의 기는 0, 1, 2, …, 9이고, 2진수의 기는 0, 1이다.

핵심아이디어

기수 정렬은 제한적인 범위 내에 있는 숫자에 대해서 각 자릿수별로 정렬하는 알고리즘이다. 기수 정렬의 가장 큰 장점은 어느 비교정렬 알고리즘보다 빠르다는 것이다. 10진수의 숫자를 가지고 기수 정렬의 기본 아이디어를 이해하여보자.

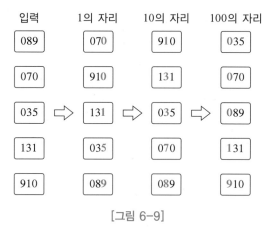

[그림 6-9]

[그림 6-9]의 예제와 같이 5개의 3자리 십진수가 입력으로 주어지면, 가장 먼저 각 숫자의 1의 자리만 비교하여 작은 수부터 큰 수로 정렬한다. 그 다음에는 10의 자리만을 각각 비교하여 정렬한다. 이때 반드시 지켜야 할 순서가 있다. 앞의 예제에서 10의 자리가 3인 131과 035가 있는데, 10의 자리에 대해 정렬될 때 131이 반드시 035 위에 위치하여야 한다. 10의 자리가 같은데 왜 035가 131 위에 위치하면 안 되는 것일까? 그 답은 1의 자리에 대해 정렬해 놓은 것이 아무 소용이 없게 되기 때문이다.

입력에 중복된 숫자가 있을 때, 정렬된 후에도 중복된 숫자의 순서가 입력에서의 순서와 동일하면 정렬 알고리즘이 안정성(stability)을 가진다고 한다. 다음의 예에서 2개의 $10^{9)}$이 입력에 있을 때, 안정한 정렬(stable sort) 알고리즘은 중복된 숫자에 대해 입력에서 앞서 있던 숫자가 정렬 후에도 앞서 있고, 불안정한 정렬 알고리즘은 정렬 후에도 그 순서가 반드시 지켜지지 않는다.

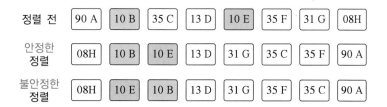

[그림 6-9]의 예제에서 100의 자리에 대해 정렬할 때에도 안정성이 지켜진 것을 확인할 수 있다. 즉, 100의 자리가 0인 3개의 숫자 035, 070, 089가 차례대로 있게 된 이유는 10의 자리까지 정렬 후 이 3개의 숫자의 순서가 035, 070, 089이었기 때문이다.

알고리즘

RadixSort

입력: n개의 r진수의 k자리 숫자
출력: 정렬된 숫자
1   for i = 1 to k
2   각 숫자의 i자리 숫자에 대해 안정한 정렬을 수행한다.
3   return 배열 A

- Line 1의 for-루프에서는 1의 자리부터 k자리까지 차례로 안정한 정렬을 반복한다.
- Line 2에서는 각 숫자의 i자리 수만에 대해 다음과 같이 정렬한다. 입력 숫자가 r진수라면, i자리가
  - '0'인 수의 개수
  - '1'인 수의 개수
    …

---

9) 10이 2개이지만 10에 관련된 데이터(정보)는 각각 다르다. 즉, (10 B)는 (10 E)와 다르다.

● '(r−1)'인 수의 개수를 각각 계산하여

i자리가 '0'인 숫자로부터 '(r−1)'인 숫자까지 차례로 안정성에 기반을 두어 정렬한다.

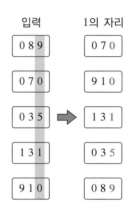

앞의 예제에서 i=1일 때, 입력의 각 숫자의 1의 자릿수만을 보면, 9, 0, 5, 1, 0이므로, 1의 자리가 '0'인 숫자가 2개, '1'인 숫자가 1개, '5'인 숫자가 1개, '9'인 숫자가 1개이다. 따라서 1의 자리가 '0'인 숫자 070과 910, '1'인 숫자 131, '5'인 숫자 035, 마지막으로 '9'인 숫자 089 순으로 입력의 숫자들이 정렬된다.

시간복잡도 알아보기

RadixSort 알고리즘의 시간복잡도를 알아보자. 먼저 for-루프가 k번 반복된다. 단, k는 입력 숫자의 최대 자릿수이다. 한 번 루프가 수행될 때 n개의 숫자의 i자릿수를 읽으며, r개로 분류하여 개수를 세고, 그 결과에 따라 숫자가 이동하므로 $O(n+r)$ 시간이 걸린다. 따라서 총 시간복잡도는 $O(k(n+r))$이다. 여기서 k나 r이 입력 크기인 n보다 매우 작으면, 시간복잡도는 $O(n)$이 된다.

예를 들어, 4바이트 숫자를 정렬할 때, $n=2^{32}$이라고 가정하고, $r=2^4$, 즉 16진수라고 정하면, 입력 숫자는 k=8, 즉 8자리의 16진수가 된다. 이때의 시간복잡도는 $O(k(n+r)) = O(8 \times (2^{32}+16))$이다. 그런데 8이나 16은 2^{32}과 비교하면 매우 작은 수이므로, 즉 8이나 16을 상수로 취급할 수 있으므로, 이때의 시간복잡도는 $O(2^{32}) = O(n)$이다.

앞에서 설명한 RadixSort는 1의 자리부터 k자리로 정렬을 진행하므로, 이름을 특별히 Least Significant Digit(LSD) 기수 정렬 또는 RL(Right-to-Left, 오른쪽에서 왼쪽으로 진행하는) 기수 정렬이라고 부른다. 반면에 k자리부터 1의 자리로 진행하는 방식은 Most Significant Digit(MSD) 기수 정렬 또는 LR(Left-to-right, 왼쪽에서 오른쪽으로 진행하는) 기수 정렬이라고 부른다. MSD 기수 정렬은 연습 문제에서 다루기로 한다.

응용

기수 정렬은 계좌 번호, 날짜, 주민등록번호 등으로 대용량의 상용 데이터베이스 정렬, 랜덤 128 비트 숫자로 된 초대형 파일(예를 들면, 인터넷 주소)의 정렬, 지역 번호를 기반으로 하는 대용량의 전화번호 정렬에 매우 적절하다. 또한 다수의 프로세서들이 사용되는 병렬(parallel) 환경에서의 정렬 알고리즘에 기본 아이디어로 사용되기도 한다.

▶ 기수 정렬은 대용량의 전화번호 정렬에 매우 적절하다.

6.8 외부정렬

문제

외부정렬(External Sort)은 입력 크기가 매우 커서 읽고 쓰는 시간이 오래 걸리는 보조 기억 장치에 입력을 저장할 수밖에 없는 상태에서 수행되는 정렬을 일컫는다. 반면에 앞서 언급된 모든 정렬 알고리즘들은 내부정렬(Internal Sort)이라고 하는데, 이는 입력이 주기억 장치(내부 메모리)에 있는 상태에서 정렬이 수행되기 때문이다. 예를 들면, 컴퓨터의 주기억 장치의 용량이 1GB(Gigabyte, 기가바이트)이고, 정렬할 입력의 크기가 100GB라면, 어떤 내부정렬 알고리즘으로도 직접 정렬할 수 없다.

외부정렬은 입력을 분할하여 주기억 장치에 수용할 만큼의 데이터에 대해서만 내부정렬을 수행하고, 그 결과를 보조 기억 장치에 일단 다시 저장한다. 즉, 100GB의 데이터를 1GB만큼씩 주기억 장치로 읽어 들이고, 퀵 정렬과 같은 내부정렬 알고리즘을 통해 정렬한 후, 다른 보조 기억 장치에 저장한다. 이렇게 반복하면, 원래의 입력이 100개의 정렬된 블록으로 분할되어 보조 기억 장치에 저장된다.

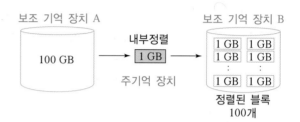

그 다음 과정은 정렬된 블록들을 하나의 정렬된 거대한(크기가 100GB인) 블록으로 만드는 것이다. 이를 위해 합병(merge)을 반복 수행한다. 즉, 블록들을 부분적으로 주기억 장치에 읽어 들여서, 합병을 수행하여 부분적으로 보조 기억 장치에 쓰는 과정이 반복된다. [그림 6-10]은 블록을 부분적으로 읽어 들인 상황을 보이고 있다.

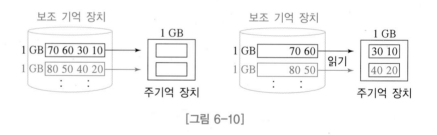

[그림 6-10]

[그림 6-11]은 1GB 블록 2개가 2GB 블록 1개로 합병되는 과정을 보이고 있다.

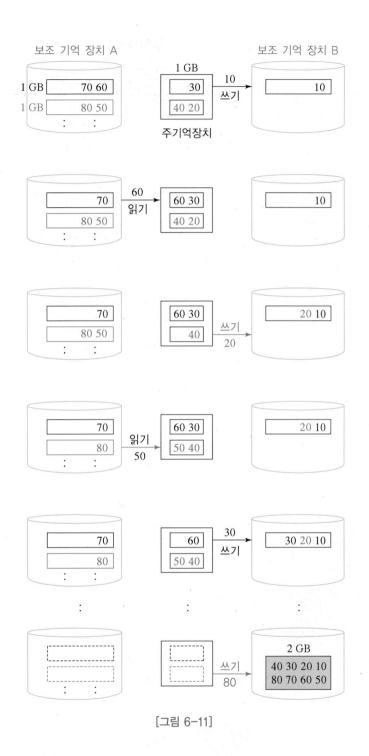

[그림 6-11]

나머지 98개의 블록에 대해서 [그림 6-11]과 같이 49회를 반복하면, 2GB 블록이

총 50개 만들어진다. 그 다음에는 2GB 블록 2개씩 짝을 지워 합병시키는 과정을 총 25회 수행하면 4GB 블록 25개가 만들어진다. 이러한 방식으로 계속 합병을 진행하면, 블록 크기가 2배로 커지고 블록의 수는 1/2로 줄어들게 되어 결국에는 100GB 블록 1개만 남는다.

외부정렬 알고리즘은 보조 기억 장치에서의 읽고 쓰기를 최소화하는 것이 매우 중요하다. 왜냐하면 보조 기억 장치의 접근 시간[10]이 주기억 장치의 접근 시간보다 매우 오래 걸리기 때문이다.

다음은 앞에서 설명한 아이디어에 기반한 외부정렬 알고리즘이다. 단, 주기억 장치의 용량을 M이라고 가정한다. 또한 외부정렬 알고리즘은 입력이 저장된 보조 기억 장치 외에 별도의 보조 기억 장치를 사용한다. 다음의 알고리즘에서 보조 기억 장치를 'HDD'로 대신한다.

알고리즘

ExternalSort

입력: 입력 데이터 저장된 입력 HDD
출력: 정렬된 데이터가 저장된 출력 HDD
1 입력 HDD에 저장된 입력을 크기가 M만큼씩 주기억 장치에 읽어 들인 후 내부정렬 알고리즘으로 정렬하여 별도의 HDD에 저장한다. 다음 단계에서 별도의 HDD는 입력 HDD로 사용되고, 입력 HDD는 출력 HDD로 사용된다.
2 while (입력 HDD에 저장된 블록 수 > 1) {
3   입력 HDD에 저장된 블록을 2개씩 선택하여, 각각의 블록으로부터 데이터를 부분적으로 주기억 장치에 읽어 들여서 합병을 수행한다. 이때 합병된 결과는 출력 HDD에 저장한다. 단, 입력 HDD에 저장된 블록 수가 홀수일 때에는 마지막 블록은 그대로 출력 HDD에 저장한다.
4   입력과 출력 HDD의 역할을 바꾼다.
    }
5 return 출력 HDD

● Line 1에서는 입력 HDD에 저장된 입력을 크기가 M만큼씩 주기억 장치로 읽어 들여서 내부정렬 알고리즘으로 정렬한 후에 별도의 HDD에 저장한다. 입력 크기가 N이라면, N/M개의 블록이 만들어진다. 단, 편의상 N이 M의 배수라고 가정하자. 다음 단계를 위해 별도의 HDD는 입력 HDD로 사용되고, 입력 HDD는

---

10) 기억 장치에 읽거나 쓰는 데 걸리는 시간을 접근 시간(access time)이라고 한다.

출력 HDD로 사용된다.

- Line 2의 while-루프에서는 입력 HDD에 저장된 블록 수가 2개 이상이면, line 3~4를 수행한다.
- Line 3에서는 입력 HDD에 저장된 블록을 2개씩 선택하여, 각 블록의 데이터를 부분적으로 주기억 장치에 읽어 들여서 합병을 수행한다. 처음에 line 3이 수행되면, 출력 HDD에 있는 각각의 블록 크기는 2M이 된다. 그 다음에 line 3이 수행되면 각각의 블록 크기가 4M이 된다. 즉, line 3이 수행되기 직전의 블록 크기의 2배가 되어 출력 HDD에 저장된다.
- Line 4에서는 입력과 출력으로 사용된 HDD의 역할을 서로 바꾼다. 즉, 출력 HDD가 입력 HDD로 되고, 입력 HDD가 출력 HDD로 사용된다.

예제 따라
이해하기

128GB 입력과 1GB의 주기억 장치 대한 ExternalSort의 수행 과정을 블록의 크기와 개수로 살펴보자.

- Line 1: 1GB의 정렬된 블록 128개가 별도의 HDD에 저장된다.
- Line 3: 2GB의 정렬된 블록 64개가 출력 HDD에 만들어진다.
- Line 3: 4GB의 정렬된 블록 32개가 출력 HDD에 만들어진다.
- Line 3: 8GB의 정렬된 블록 16개가 출력 HDD에 만들어진다.
  …
- Line 3: 64GB의 정렬된 블록 2개가 출력 HDD에 만들어진다.
- Line 3: 128GB의 정렬된 블록 1개가 출력 HDD에 만들어지고, while-루프의 조건이 '거짓'이 되어 line 5에서 출력 HDD를 리턴한다.

시간복잡도
알아보기

외부정렬은 전체 데이터를 몇 번 처리(읽고 쓰기)하는가를 가지고 시간복잡도를 측정한다. 전체 데이터를 읽고 쓰는 것을 패스(pass)라고 한다. 앞의 외부정렬 알고리즘에서는 line 3에서 전체 데이터를 입력 HDD에서 읽고 합병하여 출력 HDD에 저장한다. 즉, 1패스가 수행된다. 그러므로 while-루프가 수행된 횟수가 알고리즘의 시간복잡도가 된다.

입력 크기가 N이고, 메모리 크기가 M이라고 하면, line 3이 수행될 때마다 블록 크기가 2M, 4M, …, 2^kM으로 (2배씩) 증가한다. 만일 마지막에 만들어진 1개의 블록 크기가 2^kM이라고 하면 이 블록은 입력 전체가 합병된 결과를 가지고 있으

므로, 2^kM = N이다. 여기서 k는 while-루프가 수행된 횟수가 된다. 따라서 2^k = N/M, $k = \log_2(N/M)$이다. 그러므로 외부정렬의 시간복잡도는 O(log(N/M))이다.

ExternalSort 알고리즘에서는 하나의 보조 기억 장치에서 2개의 블록을 동시에 주기억 장치로 읽어 들일 수 있다고 가정하였다. 그러나 2개의 블록이 각각 다른 보조 기억 장치에서 읽어 들여야 하는 경우도 있다. 예를 들어, 테이프 드라이브 (tape drive, TD)와 같은 저장 장치는 블록을 순차적으로만 읽고 쓰는 장치이므로, 2개의 블록을 동시에 주기억 장치로 읽어 들일 수 없다.

[그림 6-12]

[그림 6-12]에 있는 예제에서 블록 1이 [10 30 60 70]이고, 블록 2가 [20 40 50 80]인데, 이 2개의 블록을 합병하려면 블록 1의 10을 읽고, 블록 2의 20을 읽어서 비교해야 한다. 그러나 테이프 드라이브는 테이프를 한쪽 방향으로만 테이프가 감기므로, 블록 2의 첫 숫자인 20을 읽은 후 다시 되감아 블록 1의 두 번째 숫자인 30을 읽을 수 없다.

테이프 드라이브와 같은 보조 기억 장치를 사용하는 경우에는 External Sort 알고리즘의 line 3에서 2개의 블록을 읽어 들여 합병하면서 만들어지는 블록을 2개의 저장 장치에 번갈아가며 저장하면 된다. [그림 6-13]은 8개의 정렬된 블록이 테이프 드라이브(TD) 0과 1에 각각 4개씩 저장되어 있는 상태에서 2개의 보조 테이프 드라이브를 추가로 사용하여, 1개의 블록으로 합병시키는 과정을 보이고 있다.

Pass 1에서는 TD 0과 TD 1블록 1개씩을 합병하여 TD 2와 3에 번갈아 저장한다.

Pass 2에서는 TD 2와 TD 3의 블록 1개씩을 합병하여 TD 0과 1에 번갈아 저장한다. 마지막으로 Pass 3에서는 TD 0과 TD 1의 블록 1개씩을 합병하여 TD 2에 저장하여 정렬을 마친다.

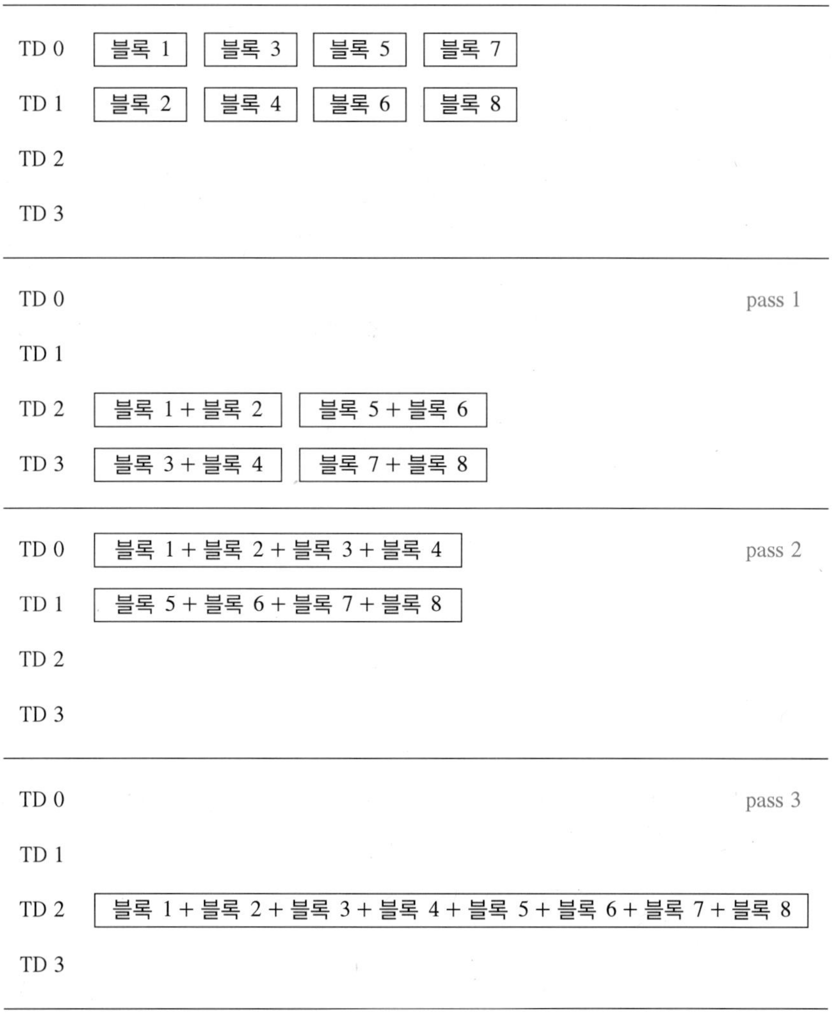

TD 0	블록 1	블록 3	블록 5	블록 7
TD 1	블록 2	블록 4	블록 6	블록 8
TD 2				
TD 3				

		pass 1
TD 0		
TD 1		
TD 2	블록 1 + 블록 2	블록 5 + 블록 6
TD 3	블록 3 + 블록 4	블록 7 + 블록 8

	pass 2
TD 0	블록 1 + 블록 2 + 블록 3 + 블록 4
TD 1	블록 5 + 블록 6 + 블록 7 + 블록 8
TD 2	
TD 3	

	pass 3
TD 0	
TD 1	
TD 2	블록 1 + 블록 2 + 블록 3 + 블록 4 + 블록 5 + 블록 6 + 블록 7 + 블록 8
TD 3	

[그림 6-13]

위와 같은 알고리즘은 2개의 블록을 쌍으로 합병하므로 2—way 합병(merge)이라고 한다.

2—way 합병보다 빠르게 합병하는 다방향(Multi—way 또는 p—way Merge) 합병

알고리즘이 있는데, 이 경우의 시간복잡도는 $O(\log_p(N/M))$이다. 그러나 다방향 합병 알고리즘은 2p개의 보조 기억 장치를 필요로 한다. 이러한 단점을 보완하기 위해 (p+1)개의 보조 기억 장치만을 가지고 p−way 합병을 하는 다단계 합병 (Polyphase Merge) 알고리즘이 있다. 다방향 합병과 다단계 합병 알고리즘은 연습문제에서 다루기로 한다.

 응용

외부정렬은 기업의 물품/재고 데이터베이스, 인사 데이터베이스 등의 갱신을 위해 사용되며, 통신/전화 회사의 전화번호 정렬, 인터넷의 IP 주소 관리, 은행에서의 계좌 관리에 필수적인 알고리즘이며, 일반적인 데이터베이스의 중복된 데이터를 제거하는 데에도 사용된다.

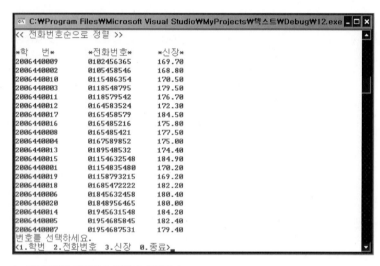

▶ 외부정렬은 전화번호 정렬에 사용된다.

요약

- 정렬 알고리즘은 크게 내부정렬(Internal sort)과 외부정렬(External sort)로도 분류한다. 내부정렬은 입력의 크기가 주기억 장치(main memory)의 공간보다 크지 않은 경우에 수행되는 정렬이고, 외부정렬은 입력의 크기가 주기억 장치 공간보다 큰 경우에는, 보조 기억 장치에 있는 입력을 여러 번에 나누어 주기억 장치에 읽어 들인 후, 정렬하여 보조 기억 장치에 다시 저장하는 과정을 반복하는 정렬이다.

- 버블 정렬(Bubble Sort)은 이웃하는 숫자를 비교하여 작은 수를 앞쪽으로 이동시키는 과정을 반복하는 정렬이고, 시간복잡도는 $O(n^2)$이다.

- 선택 정렬(Selection Sort)은 매번 최솟값을 선택하여 정렬하며, 시간복잡도는 $O(n^2)$이다.

- 삽입 정렬(Insertion Sort)은 정렬이 안 된 부분에 있는 원소 하나를 정렬된 부분의 적절한 위치에 삽입하여 정렬하며, 시간복잡도는 $O(n^2)$이다. 또한 최선 경우 시간복잡도는 $O(n)$이고, 평균 경우 시간복잡도는 $O(n^2)$이다.

- 쉘 정렬(Shell Sort)은 삽입 정렬을 이용하여 배열 뒷부분의 작은 숫자를 앞부분으로 '빠르게' 이동시키고, 동시에 앞부분의 큰 숫자는 뒷부분으로 이동시키는 과정을 반복하여 정렬하는 알고리즘이다. 히바드의 간격을 사용하는 경우의 최악 경우 시간복잡도는 $O(n^{1.5})$이다.

- 힙 정렬(Heap Sort)은 힙 자료 구조를 이용하는 정렬 알고리즘이고, 시간복잡도는 $O(n\log n)$이다.

- 정렬 문제의 하한(lower bound)은 $\Omega(n\log n)$이다.

- 기수 정렬(Radix Sort)은 숫자를 부분적으로 비교하는 정렬 방법이다. 시간복잡도는 $O(k(n+r))$이다. 단, k는 자릿수, r은 기(radix, 진수)이다.

- 외부정렬(External sort)은 내부정렬을 이용하여 부분적으로 데이터를 읽어 합병시키는 과정을 반복하는 정렬 방법이다. 종류로는 다방향(p-way Merge) 합병과 다단계 합병(Polyphase Merge) 방법이 있다.

○ 연습문제

1. 다음의 괄호 안에 알맞은 단어를 채워 넣어라.

   (1) 정렬 알고리즘은 크게 (   )정렬과 (   )정렬로 분류한다.

   (2) (   )정렬은 입력의 크기가 주기억 장치의 공간보다 크지 않은 경우에 수행되는 정렬이고, (   )정렬은 입력의 크기가 주기억 장치 공간보다 큰 경우에 수행되는 정렬이다.

   (3) 버블 정렬은 이웃하는 숫자를 비교하여 (   ) 수를 앞쪽으로 이동시키는 과정을 반복하는 정렬이다.

   (4) 선택 정렬은 매번 (   )값을 선택하여 정렬한다.

   (5) 삽입 정렬은 (   ) 부분에 있는 원소 하나를 정렬된 부분의 적절한 위치에 삽입하여 정렬한다.

   (6) 쉘 정렬은 (   ) 정렬을 이용하여 배열 뒷부분의 (   ) 숫자를 앞부분으로 '빠르게' 이동시키고, 동시에 앞부분의 (   ) 숫자는 뒷부분으로 이동시키는 과정을 반복하여 정렬하는 알고리즘이다.

   (7) 힙 정렬은 (   ) 자료 구조를 이용하는 정렬 알고리즘이다.

   (8) 정렬 문제의 하한은 (   )이다.

   (9) 기수 정렬은 숫자/스트링을 (   )으로 비교하는 정렬 방법이다.

   (10) 외부정렬은 (   )정렬을 이용하여 부분적으로 데이터를 읽어 (   )시키는 과정을 반복하는 정렬 방법이다.

2. 다음 중 버블 정렬에 대해 틀린 것은?

   ① 최선 경우와 최악 경우의 시간복잡도가 다르다.

   ② 첫 번째 패스가 수행된 후에는 가장 큰 숫자가 배열의 마지막 원소에 자리 잡는다.

   ③ 작은 숫자들이 거품처럼 위로 매우 빨리 올라가는(배열의 앞부분으로 이동하는) 알고리즘이다.

   ④ 안정적(stable)인 정렬이다.

   ⑤ 답 없음

3. 다음 중 선택 정렬에 대해 맞는 것은?

① 최선 경우와 최악 경우의 시간복잡도가 다르다.

② 최악 경우에 원소 간의 자리바꿈 횟수가 어떤 다른 정렬 알고리즘보다 적다.

③ 대용량의 입력에 대해서도 우수한 성능을 보인다.

④ 안정적(stable)인 정렬이다.

⑤ 답 없음

4. 선택 정렬의 최악 경우 시간복잡도는?

① $\theta(n\log n)$　　　　　　　② $\theta(\log n)$

③ $\theta(n)$　　　　　　　　　④ $\theta(n^2)$

⑤ 답 없음

5. 다음 중 삽입 정렬을 맞게 서술한 것은?

① 평균 시간복잡도는 $O(n^2)$이고, 최선 경우는 $O(n\log n)$이다.

② 평균과 최악 경우의 시간복잡도는 $O(n^2)$이다.

③ 대용량의 데이터를 정렬하는데 자주 사용된다.

④ 역으로 정렬된 입력에 대해 매우 좋은 성능을 보인다.

⑤ 답 없음

6. 삽입 정렬의 최선 경우 시간복잡도는?

① $\theta(n\log n)$　　　　　　　② $\theta(n)$

③ $\theta(\log n)$　　　　　　　④ $\theta(n^2)$

⑤ 답 없음

7. 다음 중 쉘 정렬을 잘못 서술한 것은?

① 삽입 정렬을 개선한 알고리즘이다.

② 최선 경우의 시간복잡도는 $O(n)$이고 평균 경우는 $O(n^{1.5})$이다.

③ 중간 크기의 데이터를 정렬하는데 좋은 성능을 보인다.

④ 정렬 알고리즘을 하드웨어로 구현하는데 사용된다.

⑤ 답 없음

8. 다음의 입력에 대해 쉘 정렬이 간격이 3일 때 수행한 결과는?

80 60 70 10 30 40 90 50 20

① 10 30 20 80 50 40 90 60 70

② 20 70 80 10 50 90 40 60 30

③ 10 20 30 40 50 60 70 80 90

④ 80 60 20 10 30 70 40 90 50

⑤ 답 없음

9. 다음 중 힙 정렬에 대해 맞는 것은?

① min 힙을 사용하여 정렬한다.

② 힙 정렬의 최선 경우 시간복잡도는 $O(n)$이다.

③ 캐시 메모리의 페이지 부재(page fault)를 많이 야기하여 대용량의 입력엔 사용되지 않는다.

④ 안정적인 정렬이다.

⑤ 답 없음

10. 힙 정렬의 최악 경우 시간복잡도는?

① $\theta(n \log n)$　　　　　　② $\theta(n)$

③ $\theta(\log n)$　　　　　　④ $\theta(n^2)$

⑤ 답 없음

11. 다음의 입력에 대해 힙 정렬의 for-루프를 3회 수행한 결과는?

90 60 80 50 30 40 70 10 20

① 10 20 30 80 50 40 90 60 70

② 10 70 60 20 50 30 40 80 90

③ 10 20 30 40 50 60 70 80 90

④ 60 50 40 20 30 10 70 80 90

⑤ 답 없음

12. 버블 정렬, 선택 정렬, 삽입 정렬 중에서 입력이 [3, 4, 7, 1, 2]일 때 어떤 정렬 알고리즘의 맨 바깥의 for-루프를 3회 수행시킨 결과가 [1, 2, 3, 7, 4]이었다. 세 개의 정렬 알고리즘 중에서 어떤 알고리즘인가?
① 버블 정렬 　　　　　　　　② 선택 정렬
③ 삽입 정렬 　　　　　　　　④ 세 정렬 모두
⑤ 답 없음

13. 버블 정렬, 선택 정렬, 삽입 정렬 중에서 입력이 [3, 4, 7, 1, 2]일 때 어떤 정렬 알고리즘이 가장 빨리 정렬할까?
① 버블 정렬 　　　　　　　　② 선택 정렬
③ 삽입 정렬 　　　　　　　　④ 위의 세 정렬 모두
⑤ 답 없음

14. 다음 중 어떤 알고리즘이 최악 경우 시간복잡도가 $\theta(n \log n)$이면서 안정적인가?
① 버블 정렬 　　　　　　　　② 합병 정렬
③ 퀵 정렬 　　　　　　　　　④ 삽입 정렬
⑤ 힙 정렬

15. 다음 중 어떤 알고리즘이 최악 경우 시간복잡도가 $\theta(n \log n)$이면서 보조 배열을 사용하지 않는가?
① 버블 정렬 　　　　　　　　② 합병 정렬
③ 퀵 정렬 　　　　　　　　　④ 삽입 정렬
⑤ 힙 정렬

16. 다음 중 정렬이 안정적이면서, 보조 배열을 사용하지 않는 알고리즘만 모아 놓은 것은?
① 버블 정렬, 삽입 정렬 　　　② 합병 정렬, 힙 정렬
③ 퀵 정렬, 버블 정렬 　　　　④ 삽입 정렬, 선택정렬
⑤ 답 없음

17. 다음은 정렬 알고리즘에 대한 설명이다. 다음 중 <u>틀린</u> 것은?

① 선택 정렬과 힙 정렬은 각각의 정렬 수행 과정에서 이미 부분적으로 정렬 되어 있는 원소들을 다시 검색하지 않는다.

② 퀵 정렬과 쉘 정렬은 각각의 정렬 수행 단계마다 입력에 있는 모든 원소들을 검색한다.

③ 힙 정렬과 쉘 정렬은 입력이 배열에 있는 경우보다 연결리스트에 있는 경우에 더 오래 걸린다.

④ 삽입 정렬과 합병 정렬은 배열의 한 쪽 끝부분부터 정렬되어 가는 동안에는 다른 쪽 끝부분의 원소들을 검색하지 않는다.

⑤ 퀵 정렬은 크기가 n인 입력 배열 외에도 정렬 수행하는 동안에 $\log n$에서 n에 비례하는 메모리가 별도로 필요할 수 있다. 단, n은 자연수이다.

18. 정렬 알고리즘들이 각각의 정렬 수행 과정 중에 입력 이외에 별도로 필요로 하는 메모리를 크기순으로, 즉 적게 사용하는 정렬 알고리즘부터 차례로 나열한 것은?

① 삽입 정렬, 퀵 정렬, 합병 정렬

② 선택 정렬, 퀵 정렬, 힙 정렬

③ 힙 정렬, 합병 정렬, 쉘 정렬

④ 퀵 정렬, 삽입 정렬, 합병 정렬

⑤ 선택 정렬, 합병 정렬, 퀵 정렬

19. 다음 정렬 알고리즘들 중 정렬 수행 과정에서 원소의 자리바꿈으로 인한 데이터의 이동량이 <u>가장 작은</u> 것은? 단, 각각의 정렬 알고리즘이 최악의 경우에 이동하게 되는 데이터 크기를 비교하라.

① 합병 정렬   ② 힙 정렬

③ 퀵 정렬   ④ 쉘 정렬

⑤ 선택 정렬

20. 거의 정렬되어 있는 입력에 대하여 다음 정렬 알고리즘들 중에서 가장 짧은 수행시간을 갖는 것은?

① 합병 정렬   ② 퀵 정렬

③ 힙 정렬   ④ 삽입 정렬

⑤ 선택 정렬

21. 비교정렬(comparison-based sort)에 대해 옳은 것은?

① $n \log n$보다 빠른 최악 경우 시간복잡도를 가진 알고리즘은 없다.

② 비교정렬 알고리즘은 모든 입력에 대해 $n \log n$보다 빠른 시간에 정렬할 수 없다.

③ 입력 크기가 n인 결정 트리에는 루트로부터 이파리까지의 경로의 길이는 적어도 $n \log n$이다.

④ 입력 크기가 4인 결정 트리에는 루트로부터 이파리까지의 경로 중에 6보다 긴 경로가 있다.

⑤ 답 없음

22. 다음 중 랜덤한 입력에 대해 원소 교환 횟수가 최소인 정렬 알고리즘은?

① 버블 정렬   ② 선택 정렬

③ 삽입 정렬   ④ 퀵 정렬

⑤ 힙 정렬

23. 다음 중 입력이 역으로 정렬되었을 때 가장 성능이 좋은 정렬 알고리즘은?

① 버블 정렬   ② 선택 정렬

③ 삽입 정렬   ④ 합병 정렬

⑤ 힙 정렬

24. 다음 중 안정한 정렬 알고리즘들만 모아 놓은 것은?

① 버블 정렬, 힙 정렬, 선택 정렬, 합병 정렬

② 선택 정렬, 퀵 정렬, 쉘 정렬, 합병 정렬

③ 삽입 정렬, 선택 정렬, 합병 정렬, 힙 정렬

④ 버블 정렬, 합병 정렬, 삽입 정렬, Tim Sort

⑤ 힙 정렬, 쉘 정렬, 이중 피벗 퀵 정렬, Tim Sort

25. 다음은 기수 정렬에 대한 설명이다. 다음 중 옳지 <u>않은</u> 설명은?

① 제한적인 범위 내에 있는 숫자(또는 스트링)에 대해서 좋은 성능을 보인다.

② 범용 정렬 알고리즘이 아니다.

③ 선형 크기의 추가 메모리를 필요로 한다.

④ 입력 크기가 커질수록 캐시 메모리를 비효율적으로 사용하게 되므로 실행

시간이 더 길어진다.

⑤ 힙 정렬의 단점과 같이 루프 내에 명령어가 적다.

26. 다음은 MSD 기수 정렬에 대한 설명이다. 다음 중 옳지 <u>않은</u> 설명은?

① 키의 앞부분만으로 정렬하는 경우 매우 좋은 성능을 보인다.

② 선형 크기의 추가 메모리를 필요로 한다.

③ LSD 기수 정렬보다 빠른 최악 경우 수행시간을 갖는다.

④ 최하위 자릿수로 다가갈수록 너무 많은 수의 순환 호출이 발생된다.

⑤ 답 없음

27. 다음의 입력에 대해 버블 정렬이 수행되는 과정을 보이라.

> 90 30 50 20 40 10 80 60 70

28. 만일 버블 정렬을 수행하는 과정에서 이미 정렬이 다 되었으면, $(n-1)$번의 패스를 모두 수행할 필요가 없다. 정렬이 다 되었을 때 더 이상의 패스를 수행하지 않고 끝내도록 버블 정렬 알고리즘을 수정하라.

29. 버블 정렬 알고리즘에서 각 패스에 대해 정렬을 수행할 때 마지막으로 자리 바꿈이 수행된 곳을 기억하면, 그 다음 패스부터는 마지막으로 자리를 바꾼 원소 이후로는 이미 원소들끼리 정렬되어 있으므로 더 이상 비교하지 않아도 된다. 이를 반영한 버블 정렬 알고리즘을 작성하라.

30. 버블 정렬은 $O(n^2)$ 알고리즘으로 실제로 사용되지 않는다. 그러나 버블 정렬은 다른 정렬 알고리즘이 수행한 정렬 결과가 맞는지를 검사하기에 매우 유용하게 사용될 수 있다. 버블 정렬의 개념을 이용하여 주어진 배열이 정렬되어 있는지 검사하는 알고리즘을 작성하라.

31. 버블 정렬의 성능을 개선한 두 개의 대표적인 알고리즘인 Cocktail sort과 Comb sort에 대해서 조사하라.

32. 선택 정렬은 입력 배열 전체에서 최솟값을 '선택'하여 배열의 0번 원소와 자리를 바꾸고, 다음에는 0번 원소를 제외한 나머지 원소에서 최솟값을 선택하여 배열의 1번 원소와 자리를 바꾼다. 이와 다르게 최댓값을 선택하여, 마지막 원소(배열의 $(n-1)$번 원소)와 자리를 바꾸고, 나머지 원소 중에서 최댓값을 선택하여 배열의 $(n-2)$번 원소와 자리를 바꾸는 방식으로 정렬을 할 수도 있다. 이러한 최댓값 선택 방식의 선택 정렬 알고리즘을 작성하라.

33. 다음의 입력에 대해 선택 정렬이 수행되는 과정을 보이라.

> 90 30 50 20 40 10 80 60 70

34. 선택 정렬의 장점을 설명하고, 다른 정렬 알고리즘들이 가지지 못하는 특성을 설명하라.

35. 다음의 입력에 대해 삽입 정렬이 수행되는 과정을 보이라.

> 90 30 50 20 40 10 80 60 70

36. 입력이 랜덤한 순서로 이루어져 있을 때, 즉 균등분포(uniform distribution)일 때, 삽입 정렬의 평균 시간복잡도를 계산하라.

37. 삽입 정렬은 CurrentElement를 앞부분에 정렬되어 있는 숫자들 사이에 적절히 삽입하기 위해 1개의 원소씩 비교하며 원소들을 이동시킨다. 즉, 순차탐색이 수행된다. CurrentElement를 앞부분에 보다 효율적으로 삽입할 수 있는 방법을 제시하라. 또 이때의 시간복잡도를 계산하라.

38. 다음의 입력에 대해 쉘 정렬이 수행되는 과정을 보이라. 단, 간격은 5, 3, 1이다.

> 80 85 5 95 10 35 25 90 30 60 40 75 20

39. 쉘 정렬의 h-순서를 $2^k, 2^{k-1}, \cdots, 2, 1$로 사용하였을 때의 문제점을 서술하라. 단, k는 양의 정수이다.

40. 다음의 입력에 대해 힙을 구성한 후, 힙 정렬이 수행되는 과정을 보이라.

> 90 30 50 20 40 10 80 60 70

41. 힙 정렬은 루프 내의 코드가 길고, 캐시메모리 사용이 비효율적이어서 대용량의 입력에는 적절하지 않다. 입력 크기가 클수록 왜 힙 정렬이 캐시메모리를 비효율적으로 사용하는지를 설명하라.

42. n개의 이파리(단말 노드)가 있는 이진트리의 높이는 $\log n$보다 크다는 것을 증명하라.

43. $\log n! = O(n \log n)$임을 Stirling의 근사식(approximation)을 이용하여 보이라.

44. 다음의 입력에 대해 LSD 기수 정렬이 수행되는 과정을 보이라.

> 097 135 156 032 043 130 091

45. 다음의 입력에 대해 MSD 기수 정렬이 수행되는 과정을 보이라.

> 097 135 156 032 043 130 091

46. 기수 정렬이 왜 지역 번호를 기반으로 둔 대용량의 전화번호 정렬에 매우 적절한지를 설명하라.

47. 다음 그림에서 $k = 4$이면 몇 번째 pass 후에 64GB 블록이 만들어지는가?

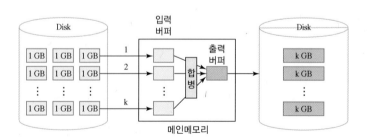

48. 6.8절의 외부정렬 알고리즘보다 효율적인 p-way(Multi-way) 합병과 다단계 합병(Polyphase Merge)을 조사하라.

49. 기수 정렬에 필수적으로 요구되는 것은 안정성(stability)이다. 안정성을 가지고 있는 내부정렬 알고리즘을 나열하라.

50. 합병 정렬은 다른 내부정렬에 비해 하나의 큰 단점을 가지고 있다. 그 단점이 무엇인지를 쓰라.

51. 크기가 $n + f(n)$인 배열에 앞부분 n개의 원소들은 이미 정렬되어 있으나. 뒷부분에 있는 $f(n)$개의 원소들은 정렬되어 있지 않다.

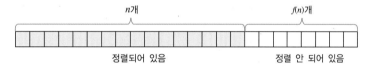

(1) 만일 $f(n) = O(1)$이라면, 즉, 정렬 안 된 부분의 크기가 상수 개라면, $O(n)$ 시간에 배열 전체를 정렬하는 방법을 제시하라.

(2) $f(n) = O(\sqrt{n})$일 때, $O(n)$ 시간에 배열 전체를 정렬하는 방법을 제시하라.

(3) 전체 배열을 $O(n)$ 시간에 정렬하기 위한 $f(n)$의 최대 크기를 n의 함수로 표시하라.

52. 각 원소가 정렬 후 자신의 원래 자리로부터의 거리가 k보다 멀리 떨어져 있지 않은 입력 배열의 원소들을 효율적으로 정렬하는 알고리즘을 작성하고, 알고리즘의 수행시간을 분석하라.

NP-완전 문제

07

CHAPTER

ALGORITHM

Contents

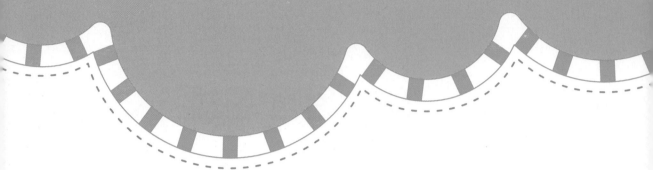

07 NP-완전 문제

7장에서는 다항식 시간(polynomial time)의 알고리즘이 아직 발견되지 않은 NP-완전(Nondeterministic Polynomial-complete) 문제를 소개한다. 아울러 다항식 시간 알고리즘을 가진 문제의 집합인 P(Polynomial) 문제, 비결정적 다항식 시간(nondeterministic polynomial time) 알고리즘을 가진 NP 문제, 그리고 NP 문제만큼 어려운 NP-하드(hard) 문제를 알아보고, 이 문제 집합 간의 관계를 살펴본다.

∿o 7.1 문제 분류

컴퓨터로 풀 수 있는 모든 문제는 문제를 해결하는 알고리즘의 시간복잡도에 따라 분류될 수 있다[1].

- 다항식 시간복잡도를 가진 알고리즘으로 해결되는 P(polynomial) 문제 집합
- 다항식보다 큰 시간복잡도를 가진 알고리즘으로 해결되는 문제 집합

---

[1] 정지 문제(Halting problem), 변수가 많은 다항식 문제와 같이 컴퓨터로 해결할 수 없는 문제도 존재하는데, 이러한 문제는 해결할 알고리즘조차 존재하지 않는다.

7장 이전까지 살펴본 대부분의 문제들[2]은 P 문제 집합에 포함된다. 왜냐하면 이 문제들을 위한 알고리즘의 시간복잡도가 $O(\log n)$, $O(n)$, $O(n\log n)$, $O(n^2)$, $O(n^3)$ 등이고, 이러한 시간복잡도는 점근적 표기법에 따르면 $O(n^k)$에 포함되기 때문이다. 단, k는 양의 상수이다.

다항식보다 큰 시간복잡도를 가진 알고리즘으로 해결되는 문제 집합은 여러 가지 문제 집합으로 다시 분류되는데, 그중에 가장 중요한 문제 집합은 지수 시간 (exponential time)의 시간복잡도를 가진 알고리즘으로 해결되는 NP-완전 문제 집합이다. NP-완전 문제의 특성은 어느 하나의 NP-완전 문제에 대해서 다항식 시간의 알고리즘을 찾아내면, 즉 다항식 시간에 해를 구할 수 있으면, 모든 다른 NP-완전 문제도 다항식 시간에 해를 구할 수 있다는 것이다.

또한 P 문제 집합과 NP-완전 문제 집합을 둘 다 포함하는 문제의 집합인 NP 문제 집합이 있다. NP 문제 집합에 속한 문제를 NP 문제라고 한다. NP 문제는 비결정적 다항식 시간 알고리즘을 가진 문제이다. 일반적으로 비결정적 다항식 시간 알고리즘을 NP 알고리즘이라고 한다. 다음은 NP 알고리즘의 정의이다.

> NP 알고리즘[3]은 첫 번째 단계에서 주어진 입력에 대해서 하나의 해를 '추측하고,' 두 번째 단계에서 그 해를 다항식 시간에 확인한 후에, 그 해가 '맞다' 또는 '아니다' 라고 답한다.[4]

NP 알고리즘은 해를 찾는 알고리즘이 아니라, 해를 다항식 시간에 확인하는 알고리즘이다. [그림 7-1]은 P 문제, NP-완전 문제, NP 문제 집합 사이의 관계를 보여준다.

---

[2] 4장의 정점 커버 문제와 5장의 0−1 배낭 문제는 P 문제 집합에 속하지 않는다. 정점 커버 문제의 최적해를 찾는 데는 지수 시간이 걸리는데, 4장에서는 그 대안으로 그리디 알고리즘을 사용하여 근사해를 찾았다. 또한 0−1 배낭 문제를 위한 동적 계획 알고리즘의 시간복잡도는 $O(nC)$이다. 여기서 C는 배낭의 용량인데, C에 대한 어떠한 조건도 문제에 주어지지 않았으므로 C가 2^n이라면 시간복잡도가 지수 시간이 된다.

[3] 비결정적 알고리즘에 대응되는 결정적 알고리즘(deterministic algorithm)은 문제의 해를 실제로 구하는 알고리즘을 말한다. 따라서 P 문제는 결정적 알고리즘으로 해결된다.

[4] NP 알고리즘은 문제를 분류하기 위해 정의된 알고리즘이며, 문제의 해가 존재하는 한, NP 알고리즘은 그 해를 다항식 시간에 확인할 수 있다는 데 그 의미를 두어야한다.

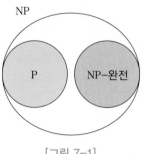

[그림 7-1]

P 문제 집합이 NP 문제 집합에 속하는 이유는 P 문제를 해결하는 데 다항식 시간이 걸리므로 이를 NP 알고리즘이 문제의 해를 다항식 시간에 확인하는 것과 대응시킬 수 있기 때문이다. 즉, P 문제를 위한 NP 알고리즘은 해를 추측하는 단계를 생략하고, 해를 확인하는 단계 대신에 해를 직접 다항식 시간에 구하고 확인 결과를 '맞다'라고 답하면 되기 때문이다.

다음은 NP 알고리즘의 예를 살펴보자. NP 알고리즘은 추측한 해를 확인하여 '맞다' 또는 '아니다'라고 답하므로, 문제의 해가 'yes' 또는 'no'가 되도록 주어진 문제를 변형시켜야 한다. 이러한 유형의 문제를 결정(decision) 문제라고 한다. 예를 들어, 각 도시를 한 번씩만 방문하고 시작도시로 돌아오는 최단 경로의 거리를 찾는 문제인 여행자 문제(Traveling Salesman Problem)는 상수 K를 사용하여 다음과 같이 결정 문제로 변형된다.

> 각 도시를 1번씩만 방문하고 시작도시로 돌아오는 경로의 거리가 K보다 짧은 경로가 있는가?

이렇게 변형된 문제의 답은 그러한 경로가 있으면 'yes' 없으면 'no'가 된다. 8개 도시(A B C D E F G H)에 대한 여행자 문제의 NP-알고리즘은 다음과 같다. 단, A는 시작도시이다.

1. 8개 도시(A B C D E F G H)의 여행자 문제의 하나의 해를 추측한다. 예를 들어, A G D H F E B C를 추측했다고 가정하자.
2. 추측한 해의 값을 다음과 같이 계산한다.

해의 값 = (A와 G 사이의 거리)

+ (G와 D 사이의 거리)

+ (D와 H 사이의 거리)

...

+ (B와 C 사이의 거리)

시작도시

+ (C와 A 사이의 거리)

그리고 해의 값이 K보다 작으면 'yes'라고 답한다.

두 번째 단계에서 계산에 소요되는 시간은 선형 시간임을 쉽게 알 수 있다. 왜냐하면 입력으로 8개 도시가 주어질 때, 8개의 도시 간 거리를 합하는 데 걸리는 시간은 8번의 덧셈 연산이면 되고, 계산된 해의 값과 K를 1번 비교하는 것이기 때문이다.

7.2절에서 소개되는 다른 NP-완전 문제에 대해서도 위와 같이 상수를 사용하여, 각각의 문제를 결정 문제로 바꿀 수 있다.

7.2 NP-완전 문제의 특성

NP-완전 문제의 특성을 상세히 알기 위해서는 먼저 어떤 문제를 다른 문제로 변환 또는 환원(reduction)하는 과정을 이해하여야 한다. 문제의 변환이란 문제 A를 해결하기 위해서 문제 B를 해결하는 알고리즘을 이용하기 위해 문제 A의 입력을 문제 B의 입력 형태(format)로 변환시키는 것을 말한다. 따라서 변환된 입력으로 문제 B를 해결하는 알고리즘을 수행할 수 있고, 수행 결과인 해를 문제 A의 해로 변환하여 문제 A를 해결할 수 있다. [그림 7-2]는 이러한 변환 과정을 보이고 있다.

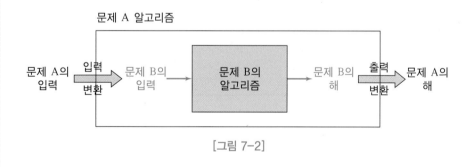

[그림 7-2]

예제 따라
이해하기

문제 변환을 간단한 예제를 통하여 이해하여보자. 문제 A를 부분 집합의 합(Subset Sum) 문제라고 하고, 문제 B를 '동일한 크기의' 분할(Partition) 문제라고 하자.

● 부분 집합의 합 문제: 정수의 집합 S에 대하여 S의 부분 집합들 중에서 원소의 합이 K가 되는 부분 집합을 찾는 문제이다. 예를 들어, S={20, 35, 45, 70, 80}이고, K=105라면, {35, 70}의 원소의 합이 105가 되므로, 문제의 해는 {35, 70}이다.

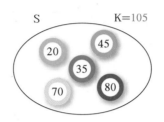

● 분할 문제: 정수의 집합 S에 대하여 S를 분할[5]하여 원소들의 합이 같은 2개의 부분 집합을 찾는 문제이다. 예를 들어, S={20, 35, 45, 70, 80}이 주어지면, X = {20, 35, 70}과 Y = {45, 80}이 해이다. 왜냐하면 X의 원소의 합이 20+35+70 = 125이고, Y의 원소의 합도 45+80 = 125이기 때문이다.

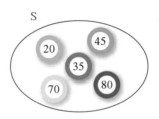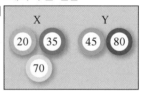

부분 집합의 합 문제의 입력인 집합 S를 분할 문제의 입력으로 변환할 때에 아래의 식에서 계산된 숫자 t를 집합 S에 추가한다.

$$t = s - 2K$$

단, s는 집합 S의 모든 원소의 합이다.

즉, 부분 집합의 합 문제를 해결하기 위해서, 집합 S' = S∪{t}를 입력으로 하는 분할 문제를 위한 알고리즘을 이용한다. 분할 문제 알고리즘의 해인 2개의 집합 X와 Y에 대해, X에 속한 원소의 합과 Y에 속한 원소의 합이 같으므로, 각각의 합은

---

5) 분할이란 분할된 부분 집합들 사이에는 공통된 원소가 없어야 하고, 분할된 부분 집합들의 합집합은 원래의 집합과 동일하여야 한다.

(s−K)이다. 왜냐하면 새 집합 S'의 모든 원소의 합이 s+t = s+(s−2K) = 2s−
2K이고, (2s−2K)의 1/2이면 (s−K)이기 때문이다.

따라서 분할 문제의 해인 X와 Y 중에서 t를 가진 집합에서 t를 제거한 집합이 부
분 집합의 합 문제의 해가 된다. 왜냐하면 만일 X에 t가 속해 있었다면, X에서 t를
제외한 원소의 합이 (s−K)−t = (s−K)−(s−2K) = s−K−s+2K = K가 되기
때문이다. 그러므로 부분 집합의 합 문제의 해는 바로 X−{t}이다.

예제 따라
이해하기

다음 그림은 앞의 예제에서 s, K, t 값이 각각 다음과 같을 때 부분 집합의 합 문제
를 분할 문제로 변환하여 해결하는 것을 보이고 있다.

● s = 20+35+45+70+80 = 250
● K = 105
● t = s−2K = 250−(2×105) = 250−210 = 40

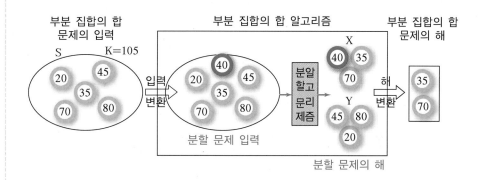

문제를 변환하는 전 과정의 시간복잡도는 다음의 3단계의 시간복잡도의 합이다.
1. 문제 A의 입력을 문제 B의 입력으로 변환하는 시간
2. 문제 B를 위한 알고리즘이 수행되는 시간
3. 문제 B의 해를 문제 A의 해로 변환하는 시간

핵심아이디어

그런데 첫 단계와 세 번째 단계는 단순한 입출력 변환이므로 다항식 시간에 수행
된다. 따라서 문제 변환의 시간복잡도는 두 번째 단계의 시간복잡도에 따라 결정
된다. 왜냐하면 두 번째 단계가 다항식 시간이 걸리면, 문제 A도 다항식 시간에
해결되기 때문이다. 바로 이러한 문제 변환 관계가 NP-완전 문제들 사이에 성립
하는 관계이다.

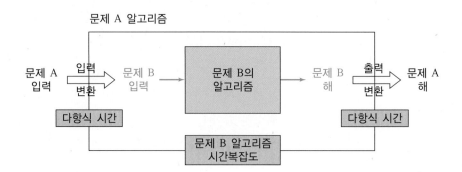

문제 A와 문제 B 사이에 이러한 관계가 성립하면, 문제 A가 문제 B로 다항식 시간에 변환(polynomial time reduction) 가능하다고 한다. 그리고 만일 문제 B가 문제 C로 다항식 시간에 변환 가능하면, 결국 문제 A가 문제 C로 다항식 시간에 변환이 가능하다. 이러한 추이(transitive) 관계[6]로 NP–완전 문제들이 서로 얽혀 있어서, NP–완전 문제들 중에서 어느 한 문제만 다항식 시간에 해결되면, 모든 다른 NP–완전 문제들이 다항식 시간에 해결된다.

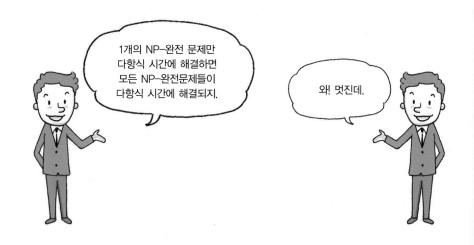

문제의 변환을 통해 또 다른 문제 집합인 NP–하드(hard) 문제 집합을 다음과 같이 정의할 수 있다.

어느 문제 A에 대해서, 만일 모든 NP 문제가 문제 A로 다항식 시간에 변환이 가능하다면, 문제 A는 NP–하드 문제이다.

─────────────

6) 전이 관계 또는 이행 관계라고도 말한다.

'하드'라는 의미는 적어도 어떤 NP 문제보다 해결하기 어렵다는 뜻이다. 여기서 요점은 모든 NP 문제가 NP-하드 문제로 다항식 시간에 변환 가능하여야 함에도 불구하고, NP-하드 문제는 반드시 NP 문제일 필요는 없다는 것이다. 따라서 다음과 같은 문제 집합들 사이의 관계가 이루어진다.

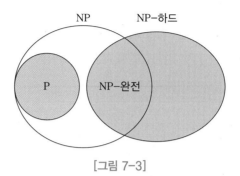

[그림 7-3]

[그림 7-3]에서 보듯이 NP-완전 문제는 NP-하드 문제이면서 동시에 NP 문제인 것을 확인할 수 있다. 따라서 NP-완전 문제를 7.1절에서 정의한 것보다 정확하게 다음과 같이 정의할 수 있다.[7]

> 문제 A가 NP-완전 문제가 되려면,
> 1) 문제 A는 NP 문제이고, 동시에
> 2) 문제 A는 NP-하드 문제이다.

7.3 NP-완전 문제의 소개

NP-완전 문제 집합에는 컴퓨터 분야뿐만 아니라 과학, 공학, 의학, 약학, 경영학, 정치학, 금융 심지어는 문화 분야 등에까지 광범위한 분야에서 실제로 제기되는 문제들이 포함되어 있다. 7.3절에서는 이러한 문제들 중에서 대표적인 NP-완전 문제들을 살펴본다.

- SAT(Satisfiablility): 부울 변수(Boolean variable)들이 ∨(OR)로 표현된 논리식이 여러 개 주어질 때, 이 논리식들을 모두 만족시키는 각 부울 변수의 값을 찾는 문제이다.

---

7) 하지만 아직 P=NP인지 P≠NP인지 증명이 안 되어서 [그림 7-3]은 추측에 지나지 않지만 대부분의 학자들은 [그림 7-3]이 옳다고 예측하고 있다.

[예제] 부울 변수 w, x, y, z에 대하여,

1) $(w \vee y)$, $(\overline{w} \vee x \vee z)$, $(\overline{x} \vee \overline{y} \vee \overline{z})$

　해: w=true, x=true, y=false, z=true or false

2) $(w \vee \overline{x})$, $(x \vee \overline{y})$, $(y \vee \overline{w})$, $(w \vee x \vee y)$, $(\overline{w} \vee \overline{x} \vee \overline{y})$

　해: 없음

● **부분 집합의 합(Subset Sum):** 주어진 정수 집합 S의 원소의 합이 K가 되는 S의 부분 집합을 찾는 문제이다.

[예제] S = {20, 30, 40, 80, 90}이고, 합이 200이 되는 부분 집합을 찾고자 할 때,

[해] {30, 80, 90}의 원소 합이 200이다.

● **분할(Partition):** 주어진 정수 집합 S를 분할하여 원소의 합이 같은 2개의 부분 집합 X와 Y를 찾는 문제이다.

[예제] S = {20, 30, 40, 80, 90}일 때, S를 2개의 합이 동일한 부분 집합으로 분할하면,

[해] X = {20, 30, 80}, Y = {40, 90}인 경우, 각각의 부분 집합의 합이 130이다.

● **0-1 배낭(Knapsack):** 배낭의 용량이 C이고, n개의 물건의 각각의 무게와 가치가 w_i와 v_i일 때(단 i = 1, 2, …, n), 배낭에 담을 수 있는 물건의 최대 가치를 찾는 문제이다. 단, 담을 물건의 무게의 합이 배낭의 용량을 초과하지 말아야 한다.

[예제] C = 20kg, w_1 = 12kg, w_2 = 8kg, w_3 = 6kg, w_4 = 5kg이고, v_1 = 20, v_2 = 10, v_3 = 15, v_4 = 25라면,

[해] 물건 2, 3, 4를 배낭에 담으면, 그 무게의 합은 8+6+5 = 19kg, 그 가치의 합은 10+15+25 = 50으로 최대가 된다.

● **정점 커버(Vertex Cover):** 정점 커버란 주어진 그래프 G=(V,E)에서 각 간선의 양 끝점들 중에서 적어도 1개의 점을 포함하는 점의 집합이다. 정점 커버 문제는 최소 크기의 정점 커버를 찾는 문제이다.

[예제]

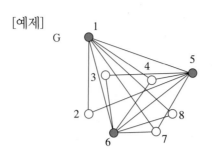

[해] {1, 5, 6}: 그래프의 각 간선의 양 끝점들 중에서 적어도 1개의 끝점이
점 1, 5, 6 중의 하나이다. 그리고 이는 최소 크기의 커버이다.

● **독립 집합(Independence Set):** 독립 집합이란 주어진 그래프 $G=(V,E)$에서
서로 연결하는 간선이 없는 점들의 집합이다. 독립 집합 문제는 최대 크기의 독
립 집합을 찾는 문제이다.

[예제]

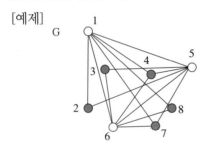

[해] {2, 3, 4, 7, 8}은 서로 간선으로 연결이 안 된 최대 크기의 독립 집합이다.

● **클리크(Clique):** 클리크란 주어진 그래프 $G=(V,E)$에서 모든 점들 사이를 연결
하는 간선이 있는 부분 그래프이다. 클리크 문제는 최대 크기의 클리크를 찾는
문제이다.

[예제]

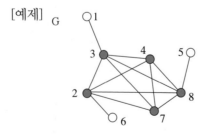

[해] {2, 3, 4, 7, 8}은 모두 간선으로 서로 연결된 최대 크기의 클리크이다.

● **그래프 색칠하기(Graph Coloring):** 그래프 색칠하기란 주어진 그래프
$G=(V,E)$에서 인접한 점들을 서로 다른 색으로 색칠하는 것이다. 그래프 색칠
하기 문제는 가장 적은 수의 색을 사용하여 그래프를 색칠하는 문제이다.

[예제]

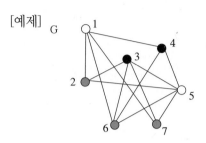

[해] {1, 5}는 흰색, {3, 4}는 검은색, {2, 6, 7}은 파란색으로 칠한다. 3가지 색보다 적은 수의 색으로 이 그래프를 칠할 수는 없다.

● **집합 커버(Set Cover):** 주어진 집합 S = {1, 2, 3, ⋯, n}에 대해서 S의 부분 집합들이 주어질 때, 이 부분 집합들 중에서 합집합하여 S와 같게 되는 부분 집합들을 집합 커버라고 한다. 집합 커버 문제는 가장 적은 수의 부분 집합으로 이루어진 집합 커버를 찾는 문제이다.

[예제] S = {1, 2, 3, 4, 5}, 부분 집합: {1, 2, 3}, {2, 3, 4}, {3, 5}, {3, 4, 5}라면,

[해] {1, 2, 3}과 {3, 4, 5}를 합집합하면 S가 되고, 부분 집합 수가 최소이다.

● **최장 경로(Longest Path):** 주어진 가중치 그래프 G=(V,E)에서 시작점 s에서 도착점 t까지의 가장 긴 경로를 찾는 문제이다. 단, 간선의 가중치는 양수이고, 찾는 경로에는 반복되는 점이 없어야 한다.

[예제]

[해] s→c→b→a→t가 최장 경로로서 그 길이는 10이다.

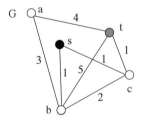

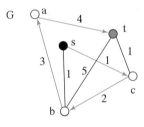

● **여행자(Traveling Salesman) 문제:** 주어진 가중치 그래프 G=(V,E)에서, 임의의 한 점에서 출발하여, 다른 모든 점들을 1번씩만 방문하고, 다시 시작점으로 돌아오는 경로 중에서 최단 경로를 찾는 문제이다.

[예제]　　　　　　　　　　　　　　　[해] 아래의 경로가 최소 길이이다.

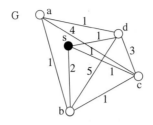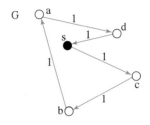

● 해밀토니안 사이클(Hamiltonian Cycle): 주어진 그래프 G=(V,E)에서, 임의의 한 점에서 출발하여 모든 다른 점들을 1번씩만 방문하고, 다시 시작점으로 돌아오는 경로를 찾는 문제이다. 간선의 가중치를 모두 동일하게 하여 여행자 문제의 해를 찾았을 때, 그 해가 바로 해밀토니안 사이클 문제의 해이다.

[예제]　　　　　　　　　　　　　　　[해]

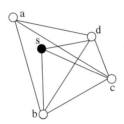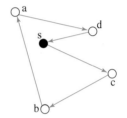

● 통 채우기(Bin Packing): n개의 물건이 주어지고, 통(bin)의 용량이 C일 때, 가장 적은 수의 통을 사용하여 모든 물건을 통에 채우는 문제이다. 단, 각 물건의 크기는 C보다 크지 않다.

　　[예제] 통의 용량 C=10이고, n=6개의 물건의 크기가 각각 5, 6, 3, 7, 5, 4 이면,

　　[해] 3개의 통을 사용하여 다음과 같이 채울 수 있다.

● 작업 스케줄링(Job Scheduling): n개의 작업, 각 작업의 수행 시간 t_i(단, i = 1, 2, 3, …, n), 그리고 m개의 동일한 성능의 기계가 주어질 때, 모든 작업이 가장 빨리 종료되도록 작업을 기계에 배정하는 문제이다.

[예제] $n = 5$개의 작업이 주어지고, 각각의 수행 시간이 8, 4, 3, 7, 9이며, $m = 2$대가 있다면,

[해] 아래와 같이 작업을 배정하면 가장 빨리 모든 작업을 종료시킬 수 있다.

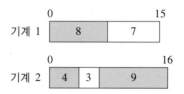

지금까지 소개한 NP-완전 문제는 다항식 시간에 하나의 문제에서 다른 문제로 변환이 가능하다. 이러한 문제 변환은 7.2절에서 살펴본 부분 집합의 합 문제를 분할 문제로 변환한 것같이 간단한 경우도 있고, 반면에 매우 복잡한 경우도 있다. 다음과 같은 간단한 문제 변환은 연습문제에서 다루기로 한다.

- 0-1 배낭 문제→ 부분 집합의 합 문제
- 정점 커버 문제→ 독립 집합 문제
- 정점 커버 문제→ 집합 커버 문제
- 독립 집합 문제→ 클리크 문제
- 그래프 색칠하기 문제→ 클리크 문제

이외에도 다수의 NP-완전 문제가 있으나, 여기서는 대표적인 문제들만을 살펴보았다. 7.4절에서는 이 문제들의 다양한 활용에 대해서 알아본다.

7.4 NP-완전 문제들의 활용

7.3절에서 살펴본 문제들은 각각 지수 시간 알고리즘을 가지고 있다. 각각의 문제는 문제 그 자체로서도 중요한 문제이지만, 실세계에서 해결해야 할 매우 광범위한 응용문제들과 직접적으로 연관되어 있다. 다음은 앞서 설명한 각각의 NP-완전 문제가 활용되는 사례를 요약한 것이다.

SAT 문제는 반도체 칩(Chip)을 디자인하는 전자 디자인 자동화(Electronic

Design Automation), 소프트웨어에 핵심적인 부분
인 형식 동치 관계 검사(Formal Equivalence
Checking), 모델 검사(Model Checking), 형식 검
증(Formal Verification), 자동 테스트 패턴 생성
(Automatic Test Pattern Generation) 등에 사용된
다. 또한 인공지능에서의 계획(Planning)과 명제
모델을 컴파일하는 지식 컴파일(Knowledge
Compilation), 생물 정보 공학 분야에서 염색체로

▶ SAT 문제는 반도체 칩을 디자
인하는 전자 디자인 자동화에
활용된다.

부터 질병 인자를 추출 또는 염색체의 진화를 연구하는 데 사용되는 단상형 추론
(Haplotype Inference) 연구에 활용되며, 소프트웨어 검증(Software Verification)
및 자동 정리 증명(Automatic Theorem Proving) 등에도 활용된다.

부분 집합의 합(Subset Sum) 문제는 암호 시스템 개발
에 사용되는데, 그 이유는 문제 자체는 얼핏 보기에 매우
쉬우나 해결하기는 매우 어렵기 때문이다. 이 문제는 실
용적인 전자 태그 암호 시스템(RFID Cryptosystem), 격
자 기반(Lattice-based) 암호화 시스템 및 공개 암호 시
스템(Public Key Cryptography), 컴퓨터 패스워드
(Password) 검사 및 메시지 검증에 사용된다. 또한 음악
에도 적용하여 스마트폰 앱으로도 만들어진 사례도
있다.

▶ 부분 집합의 합 문제는
ATM과 같은 실용적인
전자 태그 암호 시스템
에 활용된다.

분할(Partition) 문제는 부분 집합의 합 문제의 특별한
경우에 해당된다. 즉, 부분 집합의 합 문제에서 부분 집
합의 합이 전체 원소의 합의 1/2이라고 하면 분할 문제와 동일하게 된다. 분할 문
제를 보다 일반화하여 분할할 부분 집합 수를 2개에서 k개로 확장시키면, 더욱 더
다양한 곳에 응용이 가능하다. 또한 Switching Network에서 채널 그래프 비교,
시간과 장소를 고려한 컨테이너의 효율적 배치, 네트워크 디자인, 인공 지능 신경
망 네트워크(Artificial Neural Network)의 학습, 패턴 인식(Pattern
Recognition), 로봇 동작 계획(Robotic Motion Planning), 회로 및 VLSI 디자인,
의학 전문가 시스템(Medical Expert System), 유전자의 군집화(Gene Clustering)
등에 활용된다.

▶ 분할 문제는 로봇 동작 계획(왼쪽)과 시간과 장소를 고려한 컨테이너
의 효율적 배치(오른쪽)에 활용된다.

0-1 배낭(Knapsack) 문제는 다양한 분야에서 의사 결정 과정에 활용된다. 예를 들어, 원자재의 버리는 부분을 최소화시키는 분할, 금융 분야에서 금융 포트폴리오 선택, 자산 투자의 선택, 주식 투자, 다차원 경매(Combinatorial Auction), 암호학 분야에서 암호 생성(Merkle-Hellman Knapsack Cryptosystem), 게임 스도쿠(Sudoku) 등에 활용된다.

정점 커버(Vertex Cover) 문제는 집합 커버 문제의 특별한 경우이다. 이 두 문제의 연관성은 연습문제에서 다루기로 한다. 정점 커버 문제는 부울 논리 최소화(Boolean Logic Minimization)에 사용되며, 센서(Sensor) 네트워크에서 사용되는 센서 수의 최소화, 무선 통신(Wireless Telecommunication), 토목 공학(Civil Engineering), 전기 공학(Electrical Engineering), 최적 회로 설계(Circuit Design), 네트워크 플로우(Network Flow), 생물 정보 공학에서의 유전자 배열 연구, 미술관, 박물관, 기타 철저한 경비가 요구되는 장소의 경비 시스템, 예를 들어 CCTV 카메라의 최적 배치(Art Gallery 문제) 등에 활용된다.

▶ 정점 커버 문제는 토목 공학에 활용된다.

집합 커버(Set Cover) 문제의 응용은 정점 커버 문제의 응용을 포함하며, 비행기 조종사 스케줄링(Flight Crew Scheduling), 조립 라인 균형화(Assembly Line Balancing), 정보 검색(Information Retrieval) 등에 활용된다. 또한 도시 계획(City Planning)에서 공공 기관 배치하기, 컴퓨터 바이러스 찾기, 기업의 구매 업체 선정, 기업의 경력 직원 고용 등에도 활용된다.

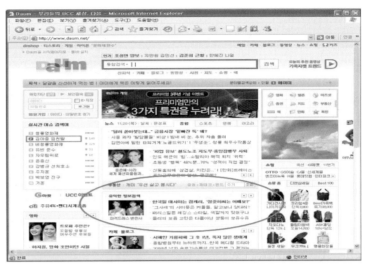

▶ 집합 커버 문제는 정보 검색에 활용된다.

독립 집합(Independent Set) 문제는 컴퓨터 비전(Computer Vision), 패턴 인식(Pattern Recognition), 정보/코딩 이론(Information/Coding Theory), 지도 레이블링(Map Labeling), 분자 생물학(Molecular Biology), 스케줄링(Scheduling), 회로 테스트, CAD 등에 활용된다.

▶ 독립 집합 문제는 회로 테스트에 활용된다.

클리크(Clique) 문제는 생물 정보 공학에서 유전자 표현 데이터(Gene Expression Data)의 군집화, 단백질 구조 예측 연구, 단백질 특성 연구, 생태학에서 먹이 그물(Food Web)에 기반을 둔 종(Species)에 관한 관계 연구, 진화 계보 유추를 위한 연구에 활용된다. 전자 공학에서는 통신 네트워크 분석, 효율적인 집적 회로 설계, 자동 테스트 패턴 생성(Automatic Test Pattern Generation)에 활용되며, 화학 분야에서는 화학 데이터베이스에서 화학 물질의 유사성 연구와 2개의 화학 물질의 결합의 위치를 모델링하는 데 활용된다.

▶ 클리크 문제는 데이터베이스에서 화학
물질의 유사성 연구와 2개의 화학 물질
결합의 위치를 모델링하는 데 활용된다.

그래프 색칠하기(Coloring) 문제는 생산 라인, 시
간표 등의 스케줄링, 무선 네트워크에서 주파수 할
당(Bandwidth Allocation), 컴파일러의 프로그램
최적화에 사용된다. 패턴 인식, 데이터 압축(Data
Compression)에도 활용되며, 스도쿠(Sudoku) 게임
도 따지고 보면 81개의 점이 있는 그래프에서 9개
의 색으로 점을 색칠하기와 동일하다. 또한 생물학
에서는 생체 분석에, 고고학에는 고고학 자료 분석
에 응용된다.

▶ 그래프 색칠하기 문제는 고고학
의 자료 분석에 활용된다.

최장 경로(Longest Path) 문제, 여행자(Traveling Salesman) 문제, 해밀토니
안 사이클(Hamiltonian Cycle) 문제는 서로 매우 유사한 문제이다. 운송 및 택
배 사업에서의 차량 운행(Vehicle Routing), 가전 수리 및 케이블 회사에서의 서
비스콜의 스케줄링, 회로 기판에 구멍을 뚫기 위한 기계의 스케줄링, 회로 기판에
서의 배선(Wiring), 논리 회로 테스트, 건축 시공에서의 배관 및 전선 배치, 데이
터의 군집화(Clustering) 등에 활용된다.

▶ 최장 경로 문제, 여행자 문제, 해밀토니안 사이클 문제는 건축 시공의 배관
및 전선 배치(왼쪽)와 운송 및 택배 사업의 차량 운행(오른쪽)에 활용된다.

통 채우기(Bin Packing) 문제는 다중 처리 장치(Multiprocessor) 스케줄링, 멀티미디어 저장 장치 시스템, Video-on-Demand 서버의 비디오 데이터 배치 등의 자원 할당(Resource Allocation)에 활용된다. 또한 생산 조립 라인에서의 최적화, 산업 공학, 경영 공학의 주요 분야인 공급망 경영(Supply Chain Management)에서 트럭, 컨테이너에 화물 채우기, 재료 절단(Cutting Stock) 문제, 작업의 부하 균등화(Load Balancing), 스케줄링(Scheduling), 프로젝트 경영(Project Management), 재무예산 집행계획(Financial Budgeting) 등에 직접 활용된다.

▶ 통 채우기 문제는 멀티미디어 저장 장치 시스템(왼쪽)과 경영 공학의 주요 분야인 공급망 경영에서 트럭, 컨테이너에 화물 채우기에 활용된다.

작업 스케줄링(Job Scheduling) 문제는 컴퓨터 운영 체제의 작업 스케줄링, 다중 프로세서(Multiprocessor) 스케줄링, 웹 서버(Web Server)에서 사용자 질의 처리, 주파수 대역 스케줄링(Bandwidth Scheduling), 기타 산업 및 경영 공학에서의 공정 스케줄링에 활용되고, 시간표 작성(Timetable Design)에도 응용된다. 또한 항공 산업에서 공항 게이트(Gate) 스케줄링, 조종사 스케줄링, 정비사 스케줄링 등에도 활용된다.

▶ 작업 스케줄링 문제는 경영공학에서의 공정 스케줄링(왼쪽)과 항공 산업에서 공항 게이트 스케줄링(오른쪽)에 활용된다.

요약

- NP-완전 문제의 특성은 어느 하나의 NP-완전 문제에 대해서 다항식 시간의 알고리즘을 찾아내면, 모든 다른 NP-완전 문제도 다항식 시간에 해를 구할 수 있는 것이다.

- 다항식 시간복잡도를 가진 알고리즘으로 해결되는 문제의 집합을 P (Polynomial) 문제 집합이라고 한다.

- 어느 문제 A에 대해서, 만일 모든 NP 문제가 문제 A로 다항식 시간에 변환이 가능하다면, 문제 A는 NP-하드 문제이다.

- 문제 A가 NP-완전 문제가 되려면, 문제 A는 NP 문제이고 동시에 NP-하드 문제여야 한다.

연습문제

1. 다음의 괄호 안에 알맞은 단어를 채워 넣어라.

   (1) NP-완전 문제의 특성은 어느 하나의 NP-완전 문제에 대해서 다항식 시간의 알고리즘을 찾아내면, 모든 다른 NP-완전 문제도 (   ) 시간에 해를 구할 수 있는 것이다.

   (2) 다항식 시간복잡도를 가진 알고리즘으로 해결되는 문제의 집합을 (   ) 문제 집합이라고 한다.

   (3) 어느 문제 A에 대해서, 만일 모든 NP 문제가 문제 A로 다항식 시간에 변환이 가능하다면, 문제 A는 (   ) 문제이다.

   (4) 문제 A가 NP-완전 문제가 되려면, 문제 A는 NP 문제이고 동시에 (   ) 문제여야 한다.

2. NP에 대해 옳지 <u>않게</u> 서술한 것은?

   ① Nondeterministic Polynomial의 약어이다.

   ② NP에 속한 문제는 NP 알고리즘을 가진다.

   ③ NP 알고리즘은 다항식 시간에 해를 비결정적으로 찾는다.

   ④ 다항식 시간에 해결되는 문제는 NP에 속한다.

   ⑤ 답 없음

3. NP-완전 문제에 대해 옳게 설명한 것은?

   ① NP-완전 문제들 중에는 NP에 속하지 않는 문제도 있다.

   ② 모든 NP-하드 문제는 NP-완전 문제이다.

   ③ 어느 하나의 NP-완전 문제가 다항식 시간에 해결되더라도 다른 NP-완전 문제를 다항식 시간에 해결할 수 없다.

   ④ NP-완전 문제 A는 모든 NP 문제들이 다항식 시간에 A로 변환 가능해야 한다.

   ⑤ 답 없음

4. 다음 중 NP-완전 문제가 <u>아닌</u> 것은?

① 그래프 색칠하기 문제   ② 0-1 배낭 문제

③ 독립 집합 문제   ④ 정점 커버 문제

⑤ 답 없음

5. 다음은 다항식 시간에 해결되는 문제와 NP-완전 문제를 각각 짝지어 놓은 것이다. 다음 중 <u>잘못</u> 짝지어 놓은 것은?

① 오일러 사이클, 해밀토니안 사이클

② 최단 경로, 최장 경로

③ 정점 커버, 독립 집합

④ 최소 신장 트리, 여행자 문제

⑤ 답 없음

6. 다음 중 부분 집합의 합 문제와 가장 밀접하게 연관된 문제는 무엇인가?

① 0-1 배낭 문제   ② 여행자 문제

③ 클리크 문제   ④ 정점 커버 문제

⑤ 답 없음

7. 다음 중 정점 커버 문제를 직접 다항식 시간에 변환할 수 있는 문제들만 모아 놓은 것은?

① 독립 집합, 집합 커버

② 클리크, 분할 문제

③ 부분 집합의 합, 그래프 색칠하기

④ 통 채우기, SAT

⑤ 답 없음

8. 다음 중 0-1 배낭 문제에 대해 <u>잘못</u> 서술한 것은?

① 물건들의 무게가 0 또는 1이면 0-1 배낭 문제는 다항식 시간에 최적해를 찾을 수 있다.

② 동적 계획 알고리즘으로 최적해를 다항식 시간에 찾는다.

③ 부분 집합의 합 문제는 0-1 배낭 문제의 특수한 경우의 문제이다.

④ 분기 한정 기법으로도 0-1 배낭 문제의 최적해를 찾을 수 있다.

⑤ 답 없음

9. SAT 문제에 관해 옳지 않게 서술한 것은?

① 각 변수가 *true* 또는 *false*의 값만을 갖는다.

② 변수들의 개수보다 절(clause)의 개수가 많아야 한다.

③ 각 절 안에 있는 변수들은 or 연산으로 연결되어 있다. 예를 들어, $(x \lor y \lor z)$.

④ 절과 절 사이의 연산은 and이다.

⑤ 답 없음

10. 다음은 각 절에 최대 2개의 변수만 들어가야 하는 2SAT 문제이다.

$$(x \lor y) \land (x \lor \bar{y}) \land (\bar{x} \lor y) \land (\bar{x} \lor \bar{y})$$

위의 논리식이 *true*가 되는 x와 y의 값은?

① $x = true,\ y = true$ ② $x = true,\ y = false$

③ $x = false,\ y = true$ ④ $x = false,\ y = false$

⑤ 답 없음

11. 다음은 각 절에 최대 2개의 변수만 들어가야 하는 2SAT 문제이다.

$$(x_1 \lor \bar{x_2}) \land (\bar{x_1} \lor \bar{x_3}) \land (x_1 \lor x_2) \land (x_4 \lor \bar{x_3}) \land (x_4 \lor \bar{x_1})$$

위의 논리식이 *true*가 되는 x_1, x_2, x_3의 값은?

① $x_1 = true,\ x_2 = true,\ x_3 = false,\ x_4 = true$

② $x_1 = true,\ x_2 = false,\ x_3 = false,\ x_4 = true$

③ $x_1 = false,\ x_2 = true,\ x_3 = false,\ x_4 = true$

④ $x_1 = false,\ x_2 = true,\ x_3 = true,\ x_4 = false$

⑤ 답 없음

12. 다음은 각 절에 최대 3개의 변수만 들어가야 하는 3SAT 문제이다.

$$(x \lor y \lor z) \land (x \lor \bar{y}) \land (y \lor \bar{z}) \land (z \lor \bar{x}) \land (\bar{x} \lor \bar{y} \lor \bar{z})$$

위의 논리식이 *true*가 되는 x, y, z의 값은?

① $x = true, y = true, z = true$

② $x = true, y = false, z = false$

③ $x = false, y = true, z = true$

④ $x = false, y = false, z = false$

⑤ 답 없음

13. 다음은 각 절에 최대 3개의 변수만 들어가야 하는 3SAT 문제이다.

$$(x \vee y \vee z) \wedge (x \vee y \vee \bar{z}) \wedge (x \vee \bar{y} \vee z) \wedge (x \vee \bar{y} \vee \bar{z})$$
$$\wedge (\bar{x} \vee y \vee z) \wedge (\bar{x} \vee y \vee \bar{z}) \wedge (\bar{x} \vee \bar{y} \vee z) \wedge (\bar{x} \vee \bar{y} \vee \bar{z})$$

위의 논리식이 $true$가 되는 x, y, z의 값은?

① $x = true, y = true, z = true$

② $x = true, y = false, z = false$

③ $x = false, y = true, z = true$

④ $x = false, y = false, z = false$

⑤ 답 없음

14. 다음 그래프에서 최소 크기의 정점 커버와 색칠할 때 필요한 최소 색의 수는?

① 7개, 2색

② 8개, 2색

③ 9개, 3색

④ 10개, 4색

⑤ 답 없음

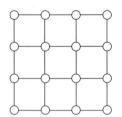

15. 다음 그래프를 색칠하는데 필요한 최소 색의 종류는?

① 2개

② 3개

③ 4개

④ 5개

⑤ 답 없음

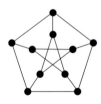

16. 다음 그래프에 해밀토니언 사이클이 몇 개있는가?

① 1개

② 2개

③ 4개

④ 6개

⑤ 답 없음

17. 다음 그래프에서 여행자 문제의 해를 찾았을 때 그 경로의 길이는?

① 8

② 9

③ 10

④ 12

⑤ 답 없음

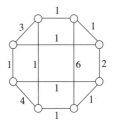

18. 다음은 통에 채울 물건들의 크기이다. 이 물건들을 모두 통에 채우려면 최소 몇 개의 통이 필요한가? 단, 통 1개의 크기는 10이다.

5, 7, 5, 2, 4, 2, 5, 1, 6

① 4   ② 5   ③ 6   ④ 7   ⑤ 답 없음

19. 다음 7개의 작업을 3대의 기계에서 수행하려 한다. 가장 빨리 모든 작업을 끝낼 수 있는 시간은?

작업	1	2	3	4	5	6	7
수행 시간	10	8	6	5	4	4	3

① 12   ② 13   ③ 14   ④ 15   ⑤ 답 없음

20. NP 문제이면서, NP-완전 문제나 P 문제 집합에 속하지 않는 문제들을 조사하라.

21. 0—1 배낭 문제를 결정 문제로 변환시키고, 이에 대한 NP 알고리즘을 작성하라.

22. 아래의 SAT 문제의 답을 각각 구하라.

1) $(x \lor y) \land (\overline{x} \lor \overline{y}) \land \overline{x}$

2) $(x \lor y) \land (x \lor \overline{y}) \land \overline{x}$

23. 집합 S의 원소의 합이 100이 되는 S의 부분 집합을 찾고, 그 과정을 보이라.

$$S = \{20, 30, 40, 80, 90\}$$

24. 집합 S를 2개의 부분 집합 X와 Y로 분할하라. 단, X에 속한 원소의 합과 Y에 속한 원소의 합이 동일하여야 한다.

$$S = \{10, 20, 30, 50, 90, 100\}$$

25. 다음에 주어진 0—1 배낭 문제에 대하여 해를 구하라. 단, 배낭의 용량은 10이다.

물건	1	2	3	4
무게	5	4	6	3
가치	10	40	30	50

26. 다음에 주어진 그래프에 대하여 최소 개수의 정점 커버를 구하라.

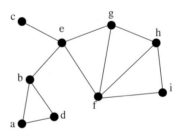

27. 집합 S = {1, 2, 3, 4, 5, 6, 7, 8}이고, 부분 집합들이 {1, 2, 3}, {2, 3, 4, 8}, {3, 5, 7}, {1, 2, 5, 8}, {2, 4, 6, 8}, {1, 3, 5}일 때, 이 부분 집합들 중에서 최소 개수로서 합집합하여 S가 되는 부분 집합들을 찾으라.

28. 다음에 주어진 그래프에 대하여 최대 크기의 독립 집합을 찾으라.

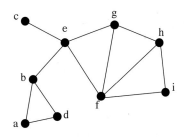

29. 다음에 주어진 그래프에서 가장 큰 클리크를 찾으라.

30. 다음에 주어진 그래프에서 가장 적은 수의 색으로 점을 색칠하라.

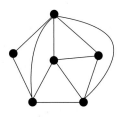

31. 다음에 주어진 그래프에서 a에서 h까지 가장 긴 경로를 찾으라.

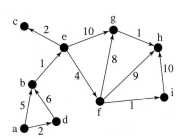

32. 최장 경로 문제가 동적 계획 알고리즘으로 해결될 수 없는 반례를 제시하라.

33. 다음의 그래프에 해밀토니안 사이클이 있는지 없는지를 조사하라.

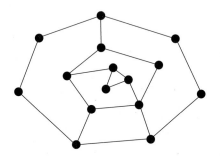

34. 다음은 통에 채울 물건의 크기이다. 통의 크기가 10일 때 가장 적은 수의 통을 사용하여 모든 물건을 채우라.

> 물건: 1, 2, 3, 3, 3, 4, 4, 4, 5, 5, 6

35. 다음은 통에 채울 물건의 크기이다. 통의 크기가 10일 때 주어진 순서에 따라 물건을 채울 때 필요한 통의 수를 찾으라.

> 물건 채울 순서: 1, 2, 3, 3, 3, 4, 4, 4, 5, 5, 6

36. 부분 집합의 합 문제는 배낭 문제의 특수한 경우의 문제이다. 이 두 문제의 관계를 위해 배낭 문제의 입력을 변환시켜 부분 집합의 합 문제의 입력으로 만들라.

37. 정점 커버 문제와 독립 집합 문제는 매우 밀접한 관계를 가지고 있다. 이 두 문제의 관계를 설명하라.

38. 독립 집합 문제와 클리크 문제가 서로 어떻게 변환될 수 있는지를 설명하라.

39. 정점 커버 문제는 집합 커버 문제의 특별한 경우이다. 즉, 집합 커버 문제가 더 일반적인 문제이다. 정점 커버 문제의 입력을 변환시켜 집합 커버 문제의

입력으로 만들라.

40. 그래프 색칠하기 문제와 클리크 문제의 관계를 가장 적은 수의 색과 가장 큰 클리크의 정점의 수의 관계를 통해서 설명하라.

41. 다음 문제가 NP에 속하는지 속하지 않는지를 답하라. 그리고 이유를 설명 하라.

> 주어진 SAT를 위한 논리식을 만족시키기 위한 해는 <u>없는가?</u>

42. 다음 문제가 NP에 속하는지 속하지 않는지를 답하라. 그리고 이유를 설명 하라.

> 주어진 그래프에 해밀토니언 사이클이 <u>없는가?</u>

43. 다음 문제가 다항식 시간에 해결될 수 있으면 해결할 알고리즘을 제시하고, 다항식 시간에 해결할 수 없으면 그 이유를 설명하라.

> 각 변수가 1번만 사용되는 SAT 문제

변수 x가 있다면 x 또는 $\bar{x}$ 중 1개만 주어진 논리식에 나타날 수 있다.

근사 알고리즘

Contents

08 근사 알고리즘

7장에서 살펴본 NP-완전 문제들은 실생활의 광범위한 영역에 활용되지만, 불행하게도 이 문제들을 다항식 시간에 해결할 수 있는 알고리즘이 아직 발견되지 않았다. 또한 아직까지 그 누구도 이 문제들을 다항식 시간에 해결할 수 없다고 증명하지도 못했다. 게다가 대부분의 학자들은 이 문제들을 해결할 다항식 시간 알고리즘이 존재하지 않을 것이라고 생각하고 있다. 이러한 NP-완전 문제들을 어떤 방식으로든지 해결하려면 다음의 3가지 중 1가지는 포기해야 한다.

- 다항식 시간에 해를 찾는 것
- 모든 입력에 대해 해를 찾는 것
- 최적해를 찾는 것

8장에서는 NP-완전 문제를 해결하기 위해 세 번째 것을 포기한다. 즉, 최적해에 아주 근사한(가까운) 해를 찾아주는 근사 알고리즘(Approximation algorithm)을 살펴본다. 근사 알고리즘은 근사해를 찾는 대신에 다항식 시간의 복잡도를 가진다. 그러나 근사 알고리즘은 근사해가 얼마나 최적해에 근사한 것인지(즉, 최적해에 얼마나 가까운지)를 나타내는 근사 비율(approximation ratio)을 알고리즘과 함께 제시하여야 한다. 근사 비율은 근사해의 값과 최적해의 값의 비율로서, 1.0에 가까울수록 정확도가 높은 알고리즘이라고 할 수 있다. 근사 비율을 계산하려면 최적해를 알아야 하는 모순이 생긴다. 따라서 최적해를 대신할 수 있는 '간접적인' 최적해를 찾고, 이를 최적해로 삼아서 근사 비율을 계산한다.

참고로 앞서 4.5절에 소개된 집합 커버 문제를 위한 그리디 알고리즘은 대표적인 근사 알고리즘이다. 8장에서는 여행자 문제, 정점 커버 문제, 통 채우기 문제, 작업 스케줄링 문제, 클러스터링(Clustering) 문제에 대한 근사 알고리즘을 각각 살펴본다.

8.1 여행자 문제

문제

여행자 문제(Traveling Salesman Problem, TSP)는 여행자가 임의의 한 도시에서 출발하여 다른 모든 도시를 1번씩만 방문하고 다시 출발했던 도시로 돌아오는 여행 경로의 거리를 최소화하는 문제이다. 여행자 문제는 주어지는 문제의 조건에 따라서 여러 종류가 있다. 여기서 다루는 여행자 문제의 조건은 다음과 같다.

● 도시 A에서 도시 B로 가는 거리는 도시 B에서 도시 A로 가는 거리와 같다. (대칭성)
● 도시 A에서 도시 B로 가는 거리는 도시 A에서 다른 도시 C를 경유하여 도시 B로 가는 거리보다 짧다. (삼각 부등식 특성[1])

핵심아이디어

TSP를 위한 근사 알고리즘을 고안하려면, 먼저 다항식 시간 알고리즘을 가지면서 유사한 특성을 가진 문제를 찾아서 활용해보는 것도 좋을 것이다. TSP와 비슷한 특성을 가진 문제는 4.2절의 최소 신장 트리(Minimum Spanning Tree, MST) 문제이다. 최소 신장 트리는 모든 점을 사이클 없이 연결하는 트리 중에서 트리 간선의 가중치의 합이 최소인 트리이다. 따라서 최소 신장 트리의 모든 점을 연결하는 특성과 최소 가중치의 특성을 TSP에 응용하여, 시작도시를 제외한 다른 모든 도시를 트리 간선을 따라 1번씩 방문하도록 경로를 찾는다.

[그림 8-1]은 최소 신장 트리를 활용한 근사해를 찾는 과정을 보이고 있다. 최소 신장 트리를 활용하여 여행자 문제의 근사해를 찾는 데에는 삼각 부등식 원리를 적용한다.

---

1) 삼각 부등식 원리는 a, b, c가 각각 한 삼각형의 변의 길이일 때, a + b > c 이 성립됨을 말한다.

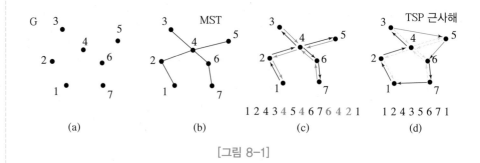

[그림 8-1]

먼저 [그림 8-1(a)]의 그래프 G에서 크러스컬 또는 프림 알고리즘을 이용하여 최소 신장 트리([그림 8-1(b)])를 찾는다. 그리고 임의의 도시([그림 8-1(c)]에서는 도시 1)에서 출발하여 트리의 간선을 따라서 모든 도시를 방문하고 돌아오는 도시의 방문 순서를 [그림 8-1(c)]와 같이 구한다. [그림 8-1(c)]에서는 [1 2 4 3 4 5 4 6 7 6 4 2 1]을 보여주고 있다. 마지막으로 이 순서를 따라서 도시를 방문하되 중복 방문하는 도시를 순서에서 다음과 같이 제거하여 여행자 문제의 근사해를 구한다([그림 8-1(d)]). 단, 도시 순서의 가장 마지막에 있는 출발 도시 1은 중복되어 나타나지만 제거하지 않는다.

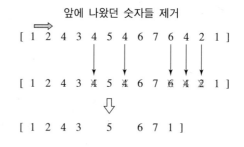

중복하여 방문하는 도시를 제거하는 과정에서 바로 삼각형 부등식 원리가 적용된다. 다음은 최소 신장 트리에 기반한 여행자 문제의 근사 알고리즘이다.

알고리즘

Approx_MST_TSP

입력: n개의 도시, 각 도시 간의 거리
출력: 출발 도시에서 각 도시를 1번씩만 방문하고 출발 도시로 돌아오는 도시 순서
1 입력에 대하여 최소 신장 트리를 찾는다.
2 최소 신장 트리에서 임의의 도시로부터 출발하여 트리의 간선을 따라서 모든 도시를 방문하고 다시 출발했던 도시로 돌아오는 도시 방문 순서를 찾는다.

3 return 이전 단계에서 찾은 도시 순서에서 중복되어 나타나는 도시를 제거한 도시 순서(단, 도시 순서의 가장 마지막의 출발 도시는 제거하지 않는다.)

- Line 1에서는 4.2절의 크러스컬이나 프림 알고리즘을 사용하여 최소 신장 트리를 찾는다.
- Line 2에서는 하나의 도시에서 어떤 트리 간선을 선택하여 다른 도시를 방문할 때 지켜야 할 순서가 정해져 있지 않으므로, 임의의 순서로 방문해도 괜찮다.
- Line 3에서는 삼각 부등식의 원리를 적용함과 동시에 각 도시를 1번씩만 방문하기 위해서 중복 방문된 도시를 제거한다. 단, 가장 마지막 도시인 출발 도시는 중복되지만 TSP 문제의 출발 도시로 돌아와야 하므로 제거하지 않는다.

시간복잡도 알아보기

Approx_MST_TSP 알고리즘의 시간복잡도를 알아보자. Line 1에서의 최소 신장 트리를 찾는 데에는 크러스컬이나 프림 알고리즘의 시간복잡도만큼 시간이 걸리고, line 2에서 트리 간선을 따라서 도시 방문 순서를 찾는 데는 $O(n)$ 시간이 걸린다. 왜냐하면 트리의 간선 수가 $(n-1)$이기 때문이다. 이에 대한 상세한 내용은 연습문제에서 다룬다. Line 3에서는 line 2에서 찾은 도시 방문 순서를 따라가며, 단순히 중복된 도시를 제거하므로 $O(n)$ 시간이 걸린다. 따라서 Approx_ MST_TSP 알고리즘의 시간복잡도는 (크러스컬이나 프림 알고리즘의 시간복잡도)$+O(n)+O(n)$이므로 크러스컬이나 프림 알고리즘의 시간복잡도[2]와 같다.

근사비율 알아보기

Approx_MST_TSP 알고리즘이 계산한 근사해에 대한 근사 비율을 알아보자. 여행자 문제의 최적해를 실질적으로 알 수 없으므로, '간접적인' 최적해인 최소 신장 트리 간선의 가중치의 합(M)을 최적해의 값으로 활용한다. 왜냐하면 실제의 최적해의 값이 M보다 항상 크기 때문이다.

그런데 Approx_MST_TSP 알고리즘이 계산한 근사해의 값은 2M보다는 크지 않다. 그 이유는 다음과 같다.

- Line 2에서 최소 신장 트리의 간선을 따라서 도시 방문 순서를 찾을 때 사용된 트리 간선을 살펴보면, 각 간선이 2번 사용되었다. 따라서 이 도시 방문 순서에

---

2) p.116과 p.120 참조

따른 경로의 총 길이는 2M이다.

● Line 3에서는 삼각 부등식의 원리를 이용하여 새로운 도시 방문 순서를 만들기 때문에, 이전 도시 방문 순서에 따른 경로의 길이보다 새로운 도시 방문 순서에 따른 경로의 길이가 더 짧다.

따라서 이 알고리즘의 근사 비율은 2M/M=2보다 크지 않다. 즉, 근사해의 값이 최적해의 값의 2배를 넘지 않는다. Approx_MST_TSP 알고리즘보다 낮은 근사 비율을 가진 근사 알고리즘은 연습문제에서 다루기로 한다.

 문제

8.2 정점 커버 문제

정점 커버(Vertex Cover) 문제는 주어진 그래프 G=(V,E)에서 각 간선의 양 끝점들 중에서 적어도 하나의 끝점을 포함하는 점들의 집합들 중에서 최소 크기의 집합을 찾는 문제이다. 정점 커버를 살펴보면, 그래프의 모든 간선이 정점 커버에 속한 점에 인접해 있다. 즉, 정점 커버에 속한 점으로서 그래프의 모든 간선을 '커버' 하는 것이다.

앞의 그래프 G에서 {1, 2, 3}, {1, 2}, {1, 3}, {2, 3}, {1}이 각각 정점 커버이다. 그러나 {2} 또는 {3}은 정점 커버가 아니다. 왜냐하면 {2}는 간선(1,3)을 커버하지 못하고, {3}은 간선(1,2)를 커버하지 못한다. 따라서 앞의 그래프에 대한 정점 커버 문제의 해는 {1}이다.

'커버한다'는 용어의 의미를 다음의 예제를 통해서 이해하여보자. 다음의 그래프 G는 어느 건물의 내부도면을 나타낸다. 건물의 모든 복도를 감시하기 위해 CCTV 카메라를 점 1, 5, 6에 각각 설치하면 모든 복도(간선)를 '커버'할 수 있다. 따라서 그래프 G의 정점 커버를 찾는 것은 모든 복도를 경비하기 위한 최소의 카메라 수와 각 카메라의 위치를 찾는 것과 동일하다.

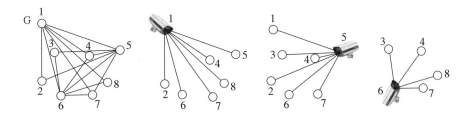

핵심아이디어

주어진 그래프의 모든 간선을 커버하려면 먼저 어떤 점을 선택해야 하는지 생각해 보아야 한다. 먼저 차수(degree)가 가장 높은 점을 우선 선택하면 많은 수의 간선이 커버될 수 있다. 이 전략이 바로 4.5절에서 설명한 집합 커버 문제의 근사 알고리즘에서 사용된 것이다. 그러나 이때의 근사 비율은 $\ln n$이다. 또 다른 방법은 점을 선택하는 대신에 간선을 선택하는 것이다. 간선을 선택하면 선택된 간선의 양 끝점에 인접한 간선이 모두 커버된다. 따라서 정점 커버는 선택된 각 간선의 양 끝점들로 이루어지는 집합이다.

정점 커버를 만들어가는 과정에서, 새 간선은 자신의 양 끝점들이 이미 선택된 간선의 양 끝점들의 집합에 포함되지 않을 때에만 중복을 피하기 위해 선택된다. [그림 8-2]에서 1개의 간선이 임의로 선택되었을 때, 선택된 간선 주변의 6개의 간선(점선으로 표시된 간선)은 정점 커버를 위해 선택되지 않는다. 그 이유는 선택된 간선의 양 끝점(파란색 점)들이 점선으로 표시된 간선을 모두 커버하기 때문이다.

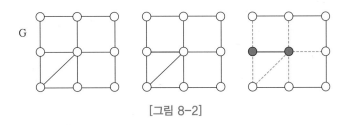

[그림 8-2]

이러한 방식으로 간선을 선택하다가 더 이상 간선을 추가할 수 없을 때 중단한다. 이렇게 선택된 간선의 집합을 극대 매칭(maximal matching)이라고 한다.[3] 매칭(matching)이란 각 간선의 양 끝점들이 중복되지 않는 간선의 집합이다. 극대 매

---

3) 매칭과 극대 매칭에 대한 설명은 부록 참조

칭은 이미 선택된 간선에 기반을 두고 새로운 간선을 추가하려 해도 더 이상 추가할 수 없는 매칭을 말한다. 다음은 극대 매칭을 이용한 정점 커버를 위한 근사 알고리즘이다.

알고리즘

Approx_Matching_VC

> 입력: 그래프 G=(V,E)
> 출력: 정점 커버
> 1 입력 그래프에서 극대 매칭 M을 찾는다.
> 2 return 매칭 M의 간선의 양 끝점들의 집합

예제 따라
이해하기

다음 그림에서 극대 매칭으로서 간선 a, b, c, d, e, f가 선택되었다. 따라서 근사해는 간선 a, b, c, d, e, f의 양 끝점들의 집합이다. 즉, 근사해는 총 12개의 점으로 구성된다. 반면에 오른쪽 그림은 입력 그래프의 최적해로서 7개의 점으로 구성되어 있다.

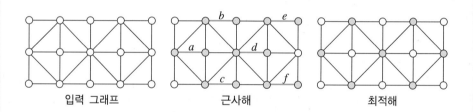

입력 그래프   근사해   최적해

시간복잡도
알아보기

Approx_Matching_VC 알고리즘의 시간복잡도는 주어진 그래프에서 극대 매칭을 찾는 과정의 시간복잡도와 같다. 극대 매칭을 찾기 위해 하나의 간선 e를 선택한 후에 e의 양 끝점들 중 적어도 하나가 이미 선택된 간선의 끝점이라면 e를 그래프에서 제거하고, 그렇지 않으면(e의 양 끝점들이 이미 선택된 간선의 끝점이 아니라면) e를 매칭에 추가한다. 이때에 e의 양 끝점들에 인접한 모든 간선들을 그래프에서 제거해야 한다. 따라서 O(n) 시간이 걸린다.[4] 그런데 입력 그래프의 간선 수가 m이면, 각 간선에 대해서 O(n) 시간이 걸리므로, Approx_Matching_VC 알고리즘의 시간복잡도는 O(n)×m = O(nm)이다.

---

4) 왜냐하면 점의 수가 n이고, 1차원 배열의 각 원소에 해당하는 끝점이 매칭으로 선택된 간선의 끝점이면 '1'로, 아직 선택되지 않은 간선의 끝점이면 '0'으로 놓으면, 양 끝점들에 대해 배열을 탐색하는 데는 O(n) 시간이 걸리기 때문이다.

근사비율
알아보기

Approx_Matching_VC 알고리즘의 근사 비율을 계산하기 위해서 극대 매칭을 '간접적인' 최적해로 사용한다. 즉, 매칭에 있는 간선의 수를 최적해의 값으로 사용한다. 그 이유는 어떠한 정점 커버라도 극대 매칭에 있는 간선을 커버해야 하기 때문이다.

그런데 Approx_Matching_VC 알고리즘은 극대 매칭의 각 간선의 양 끝점들의 집합을 정점 커버의 근사해로서 리턴하므로, 근사해의 값은 극대 매칭의 간선 수의 2배이다. 따라서 근사 비율은 (극대 매칭의 간선의 양 끝점들의 수)/(극대 매칭의 간선 수) = 2이다.

8.3 통 채우기 문제

문제

통 채우기(Bin Packing) 문제는 n개의 물건이 주어지고, 통(bin)의 용량이 C일 때, 주어진 모든 물건을 가장 적은 수의 통에 채우는 문제이다. 단, 각 물건의 크기는 C보다 크지 않다.

핵심아이디어

물건을 통에 넣으려고 할 때에는 그 통에 물건이 들어갈 여유가 있어야만 한다. 예를 들어, 통의 크기가 10이고, 현재 3개의 통에 각각 6, 5, 8만큼씩 차 있다면, 크기가 6인 물건은 기존의 3개의 통에 넣을 수 없고 새 통에 넣어야 한다. 그런데 만일 새 물건의 크기가 2라면, 어느 통에 새 물건을 넣어야 할까?

이 질문에 대한 간단한 답은 그리디 방법으로 넣을 통을 정하는 것이다. 그리디 방법은 '무엇에 욕심을 낼 것인가'에 따라서 다음과 같이 4종류로 분류할 수 있다.

- **최초 적합(First Fit):** 첫 번째 통부터 차례로 살펴보며, 가장 먼저 여유가 있는 통에 새 물건을 넣는다.
- **다음 적합(Next Fit):** 직전에 물건을 넣은 통에 여유가 있으면 새 물건을 넣는다.
- **최선 적합(Best Fit):** 기존의 통 중에서 새 물건이 들어가면 남는 부분이 가장 적은 통에 새 물건을 넣는다.
- **최악 적합(Worst Fit):** 기존의 통 중에서 새 물건이 들어가면 남는 부분이 가장 큰 통에 새 물건을 넣는다.

각 방법으로 새 물건을 기존의 통에 넣을 수 없으면, 새로운 통에 새 물건을 넣는다.

예제 따라
이해하기

통의 용량 C=10이고, 물건의 크기가 각각 [7, 5, 6, 4, 2, 3, 7, 5]일 때, 최초 적합, 다음 적합, 최선 적합, 최악 적합을 각각 적용한 결과는 다음과 같다. 그림에서 원 숫자는 물건이 채워지는 순서를 나타낸다.

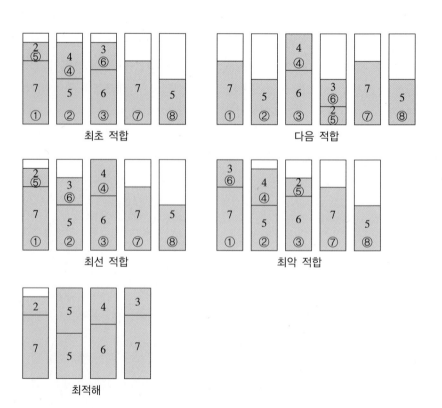

이외에도 최후 적합(Last Fit), 감소순 최초 적합(First Fit Decrease), 감소순 최선 적합(Best Fit Decrease) 등의 그리디 방법이 있다. 다음은 각 그리디 방법에 대한 근사 알고리즘이다.

 알고리즘

Approx_BinPacking

```
입력: n개의 물건의 각각의 크기
출력: 모든 물건을 넣는 데 사용된 통의 수
1  B = 0    // 사용된 통의 수
2  for i = 1 to n {
3    if (물건 i를 넣을 여유가 있는 기존의 통이 있으면)
4       그리디 방법에 따라 정해진 통에 물건 i를 넣는다.
5    else
6       새 통에 물건 i를 넣는다.
7       B = B +1  // 통의 수를 1 증가시킨다.
   }
8  return B
```

 시간복잡도 알아보기

다음 적합을 제외한 다른 3가지 방법은 새 물건을 넣을 때마다 기존의 통을 살펴보아야 한다. 따라서 통의 수가 n을 넘지 않으므로 수행시간은 $O(n^2)$이다. 다음 적합은 새 물건에 대해 직전에 사용된 통만을 살펴보면 되므로 수행시간은 $O(n)$이다.

 근사비율 알아보기

다음 적합을 제외한 3가지 방법에서 모든 물건을 넣는 데 사용된 통의 수는 최적해에서 사용된 통의 수의 2배를 넘지 않는다. 이는 각 방법이 사용한 통을 살펴보면 2개 이상의 통이 1/2 이하로 차 있을 수 없기 때문이다. [그림 8-3]에서와 같이 만일 2개의 통이 각각 1/2 이하로 차 있다면, 각 방법은 새 통을 사용하지 않고, 이 2개의 통에 있는 물건을 1통으로 합친다.

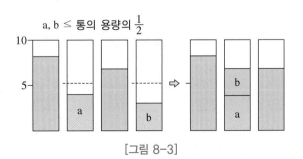

[그림 8-3]

최적해에서 사용된 통의 수를 OPT라고 하면, OPT ≥ (모든 물건의 크기의 합)/C 이다. 단, C는 통의 크기이다. 따라서 각 방법이 사용한 통의 수가 OPT'라면, OPT'의 통 중에서 기껏해야 1개의 통이 1/2 이하로 차 있으므로, 각 방법이 (OPT'−1)개의 통에 각각 1/2 넘게 물건을 채울 때 그 물건의 크기의 합은 ((OPT'−1)×C/2)보다는 크다. 그러므로 다음과 같은 부등식이 성립한다.

$$(모든\ 물건의\ 크기의\ 합) > (OPT'−1) \times C/2$$
$$\Rightarrow (모든\ 물건의\ 크기의\ 합)/C > (OPT'−1)/2$$
$$\Rightarrow OPT > (OPT'−1)/2, \quad OPT \geq (모든\ 물건의\ 크기의\ 합)/C이므로$$
$$\Rightarrow 2OPT > OPT'−1$$
$$\Rightarrow 2OPT + 1 > OPT'$$
$$\Rightarrow 2OPT \geq OPT'$$

따라서 3가지 방법의 근사 비율은 2이다.

다음 적합은 직전에 사용된 통에 들어 있는 물건의 크기의 합과 새 물건의 크기의 합이 통의 용량보다 클 때에만, 새 통에 새 물건을 넣는다. 다음 적합이 사용한 통의 수가 OPT'라면, 이웃한 2개의 통을 다음 그림과 같이 나타낼 수 있다.

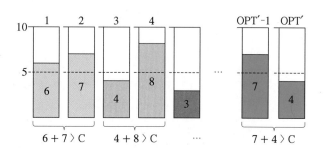

$$(모든\ 물건의\ 크기의\ 합) > OPT'/2 \times C$$
$$\Rightarrow (모든\ 물건의\ 크기의\ 합)/C > OPT'/2$$
$$\Rightarrow OPT > OPT'/2, \quad OPT \geq (모든\ 물건의\ 크기의\ 합)/C이므로$$
$$\Rightarrow 2OPT > OPT'$$

따라서 다음 적합의 근사 비율도 2이다.

○ 8.4 작업 스케줄링 문제

문제

작업 스케줄링(Job Scheduling) 문제는 n개의 작업, 각 작업의 수행 시간 t_i, i = 1, 2, 3, ⋯, n, 그리고 m개의 동일한 기계가 주어질 때, 모든 작업이 가장 빨리 종료되도록 작업을 기계에 배정하는 문제이다. 단, 한 작업은 배정된 기계에서 연속적으로 수행되어야 한다. 또한 기계는 한 번에 하나의 작업만을 수행한다.

핵심아이디어

작업을 어느 기계에 배정하여야 모든 작업이 가장 빨리 종료될까? 이에 대한 간단한 답은 그리디 방법으로 작업을 배정하는 것이다. 즉, 현재까지 배정된 작업에 대해서 가장 빨리 끝나는 기계에 새 작업을 배정하는 것이다. 다음의 예제에서는 두번째 기계가 가장 빨리 작업을 마치므로 새 작업을 두 번째 기계에 배정한다.

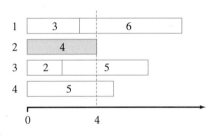

알고리즘

Approx_JobScheduling

	입력: n개의 작업, 각 작업 수행 시간 t_i, i = 1, 2, ⋯, n, 기계 M_j, j = 1,2, ⋯, m
	출력: 모든 작업이 종료된 시간
1	for j = 1 to m
2	L[j] = 0 // L[j]=기계 M_j에 배정된 마지막 작업의 종료 시간
3	for i = 1 to n {
4	min = 1
5	for j = 2 to m // 가장 일찍 끝나는 기계를 찾는다.
6	if (L[j] < L[min]) {
7	min = j
	}
8	작업 i를 기계 M_{min}에 배정한다.
9	L[min] = L[min] + t_i
	}
10	return 가장 늦은 작업 종료 시간

- Line 1~2에서는 각 기계에 배정된 마지막 작업의 종료 시간 L[j]를 0으로 초기화시킨다. 왜냐하면 초기엔 어떤 작업도 기계에 배정되지 않은 상태이기 때문이다. 단, 기계 번호는 1부터 시작된다.
- Line 3~9의 for-루프에서는 n개의 작업을 1개씩 가장 일찍 끝나는 기계에 배정한다.
- Line 4에서는 가장 일찍 끝나는 기계의 번호인 min을 1(즉, 기계 M_1)로 초기화시킨다.
- Line 5~7의 for-루프에서는 각 기계의 마지막 작업의 종료 시간을 검사하여, min을 찾는다.
- Line 8~9에서는 작업 i를 기계 M_{min}에 배정하고, L[min]을 작업 i의 수행 시간을 더하여 갱신한다.
- Line 10에서는 배열 L에서 가장 큰 값을 찾아서 리턴한다.

예제 따라
이해하기

작업의 수행시간이 각각 5, 2, 4, 3, 4, 7, 9, 2, 4, 1이고, 4개의 기계가 있을 때, Approx_JobScheduling 알고리즘을 수행시킨 결과는 [그림 8-4]와 같다. 먼저 [그림 8-4(a)]는 처음 4개의 작업 (5, 2, 4, 3)을 기계 1~4까지 각각 배정시킨 결과이고, [그림 8-4(b)]는 그 다음 4개의 작업 (4, 7, 9, 2)를 각각 배정하고, [그림 8-4(c)]는 나머지 작업 (4, 1)을 가장 빨리 끝나는 기계에 각각 배정한 결과이다. Approx_JobScheduling 알고리즘은 가장 늦게 끝나는 작업의 종료 시간인 13을 리턴한다.

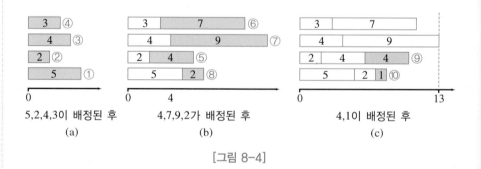

| 5,2,4,3이 배정된 후 | 4,7,9,2가 배정된 후 | 4,1이 배정된 후 |
| (a) | (b) | (c) |

[그림 8-4]

시간복잡도
알아보기

Approx_JobScheduling 알고리즘은 n개의 작업을 하나씩 가장 빨리 끝나는 기계에 배정한다. 이러한 기계를 찾기 위해 알고리즘의 line 5~7의 for-루프가 $(m-1)$번 수행된다. 즉, 모든 기계의 마지막 작업 종료 시간인 L[j]를 살펴보아야 하므로 O(m) 시간이 걸린다. 따라서 Approx_JobScheduling 알고리즘의 시간복잡도는 n개의 작업을 배정해야 하고, line 10에서 배열 L을 탐색해야 하므로 $n \times$O(m)

$+O(m) = O(nm)^{5)}$이다.

근사비율
알아보기

Approx_JobScheduling 알고리즘의 근사해를 OPT′, 최적해를 OPT라고 할 때, OPT′ ≤ 2 × OPT이다. 즉, 근사해는 최적해의 2배를 넘지 않는다. 이를 다음 그림을 통해서 이해해보자. 단, t_i는 작업 i의 수행 시간이다.

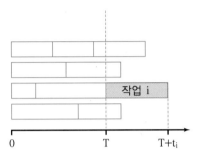

앞의 그림은 Approx_JobScheduling 알고리즘으로 작업을 배정하였고, 가장 마지막으로 배정된 작업 i가 T부터 수행되며, 모든 작업이 T+t_i에 종료된 것을 보이고 있다. 그러므로 OPT′ = T+t_i이다.

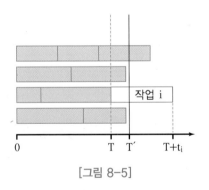

[그림 8-5]

[그림 8-5]에서 T′는 작업 i를 제외한 모든 작업의 수행시간의 합을 기계의 수 m으로 나눈 값이다. 즉, T′는 작업 i를 제외한 평균 종료 시간이다. 그러면 T≤T′이 된다. 왜냐하면 작업 i가 배정된(가장 늦게 끝나는) 기계를 제외한 모든 기계에 배정된 작업은 적어도 T 이후에 종료되기 때문이다.

---

5) 가장 일찍 끝나는 기계 번호를 찾기 위해 힙(heap) 자료구조를 활용하면 O($\log m$) 시간이 걸린다. 따라서 알고리즘의 시간복잡도는 O($n\log m$)이 된다.

다음은 T와 T′의 관계인 T≤T′를 가지고 OPT′≤2×OPT를 증명한다.

$$OPT' = t_i + T \le t_i + T' \quad - \text{①}$$

$$= t_i + \frac{\left(\sum_{j=1}^{n} t_j\right) - t_i}{m}, \quad \because \quad T' = \frac{\left(\sum_{j=1}^{n} t_j\right) - t_i}{m}$$

$$= t_i + \frac{\left(\sum_{j=1}^{n} t_j\right)}{m} - \frac{t_i}{m}$$

$$= \frac{1}{m}\sum_{j=1}^{n} t_j + \left(1 - \frac{1}{m}\right) t_i$$

$$\le OPT + \left(1 - \frac{1}{m}\right) OPT \quad - \text{②}$$

$$= \left(2 - \frac{1}{m}\right) OPT$$

$$\le 2OPT$$

첫 번째 부등식은 위의 그림에서 살펴본 T≤T′ ①을 이용한 것이다. 식 ②로의 변환은 최적해 OPT는 모든 작업의 수행시간의 합을 기계의 수로 나눈 값(평균 종료시간)보다 같거나 크고 또한 하나의 작업 수행시간 t_i와 같거나 크다는 것을 부등식에 반영한 것이다.

8.5 클러스터링 문제

문제

n개의 점이 2차원[6] 평면에 주어질 때, 이 점들 간의 거리를 고려하여 k개의 그룹으로 나누고자 한다. [그림 8-6]은 점들을 3개의 그룹으로 나눈 것을 보여준다. 클러스터링(Clustering) 문제는 입력으로 주어진 n개의 점을 k개의 그룹으로 나누고, 각 그룹의 중심이 되는 k개의 점을 선택하는 문제이다. 단, 가장 큰 반경을 가진 그룹의 직경이 최소가 되도록 k개의 점이 선택되어야 한다.

---

6) 2차원보다 큰 차원도 무방하다.

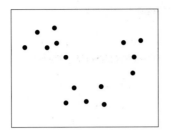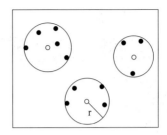

[그림 8-6]

n개의 점 중에서 k개의 센터를 선택하여야 하는데, 이를 한꺼번에 선택하는 것보다는 하나씩 선택하는 것이 쉽다. [그림 8-7]과 같이 첫 번째 센터가 랜덤하게 정해졌다고 가정해보자.

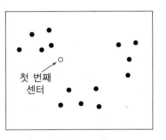

[그림 8-7]

어느 점이 두 번째 센터가 되면 좋을까? 첫 번째 센터에서 가장 가까운 점과 가장 먼 점 중에서 어느 점이 좋을까?

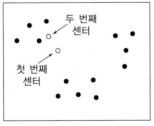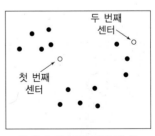

첫 번째 센터에서 가장 가까운 점   첫 번째 센터에서 가장 먼 점

[그림 8-8]

[그림 8-8]에서 보면 2개의 센터가 서로 가까이 있는 것보다 멀리 떨어져 있는 것이 좋다. 왜냐하면 2개의 센터가 서로 가까이 위치하고 이 센터들로부터 멀리 떨

어진 점들이 2개의 클러스터에 속하게 된다면, 클러스터의 직경이 커지게 되기 때문이다. 따라서 그 다음 세 번째 센터는 첫 번째와 두 번째 센터에서 가장 멀리 떨어진 점을 다음과 같이 선택한다.

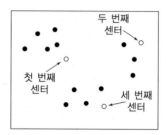

다음은 앞의 그림에서 센터를 정하는 방법에 기반을 둔 근사 알고리즘이다.

Approx_k_Clusters

입력: 2차 평면상의 n개의 점 x_i, i=0, 1, ⋯, n−1, 그룹의 수 k > 1
출력: k개의 클러스터 및 각 클러스터의 센터

1 C[1] = r, 단, x_r은 n개의 점 중에서 랜덤하게 선택된 점이다.
2 for j = 2 to k {
3   for i = 0 to n−1 {
4   if (x_i ≠ 센터)
5   x_i와 각 센터까지의 거리를 계산하여, x_i와 가장 가까운 센터까지의 거리를 D[i]에 저장한다.
     }
6   C[j] = i, 단, i는 배열 D의 가장 큰 원소의 인덱스이고, x_i는 센터가 아니다.
  }
7 센터가 아닌 각 점 x_i로부터 앞서 찾은 k개의 센터까지 거리를 각각 계산하고 그 중에 가장 짧은 거리의 센터를 찾는다. 이때 점 x_i는 가장 가까운 센터의 클러스터에 속하게 된다.
8 return 배열 C와 각 클러스터에 속한 점들의 리스트

예제 따라 이해하기

다음 그림에 주어진 점들을 Approx_k_Clusters 알고리즘을 수행하여 4개의 센터를 찾고, 나머지 점들을 4개의 센터를 기준으로 4개의 그룹으로 나누어보자.

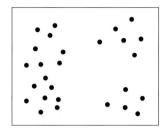

- Line 1에서 다음의 그림처럼 임의의 점 하나를 첫 번째 센터 C_1로 정한다.

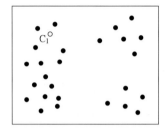

- Line 3~5에서 C_1이 아닌 각 점 x_i에서 C_1까지의 거리 D[i]를 계산한다.
- Line 6에서는 C_1로부터 거리가 가장 먼 점을 다음 센터 C_2로 정한다.

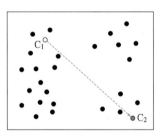

- Line 2에서는 j=3이 된다. 즉, 세 번째 센터를 찾는다.
- Line 3~5에서는 C_1과 C_2를 제외한 각 점 x_i에서 각각 C_1과 C_2까지의 거리를 계산하여 그중에서 작은 값을 D[i]로 정한다.
- Line 6에서는 배열 D에서 가장 큰 값을 가진 원소의 인덱스가 i라고 하면, 점 x_i가 다음 센터 C_3이 된다. 단, x_i는 C_1이나 C_2가 아니다.

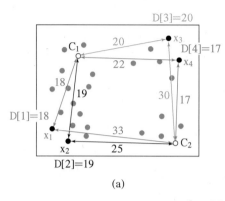 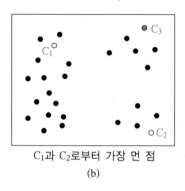

[그림 8-9]

[그림 8-9(a)]는 4개의 점 x_1, x_2, x_3, x_4에 대해 각각 $D[x_1]$, $D[x_2]$, $D[x_3]$, $D[x_4]$가 계산된 것을 보여주고 있다. 단, dist(x,C)는 점 x와 센터 C 사이의 거리이다.

- $D[1]=18$, min{dist(x_1,C_1), dist(x_1,C_2)}=min{18, 33}이므로
- $D[2]=19$, min{dist(x_2,C_1), dist(x_2,C_2)}=min{19, 25}이므로
- $D[3]=20$, min{dist(x_3,C_1), dist(x_3,C_2)}=min{20, 30}이므로
- $D[4]=17$, min{dist(x_4,C_1), dist(x_4,C_2)}=min{22, 17}이므로
- 이외의 다른 모든 점 x_i에 대해서 $D[i]$는 20보다 작다고 가정하자.

센터가 아닌 점 중에서 $D[3]$이 가장 큰 값이므로 점 x_3이 세 번째 센터인 C_3으로 정해진 것을 [그림 8-9(b)]가 보여주고 있다.

- Line 2에서는 j=4가 된다. 즉, 네 번째 센터를 찾는다.
- Line 3~5에서는 C_1, C_2, C_3을 제외한 각 점 x_i에서 각각 C_1, C_2, C_3까지의 거리를 계산하여 그중에서 작은 값을 $D[i]$로 정한다.
- Line 6에서는 배열 D에서 가장 큰 값을 가진 원소의 인덱스가 i라고 하면, 점 x_i가 다음 센터 C_4로 된다. 단, x_i는 C_1, C_2, C_3이 아니다.

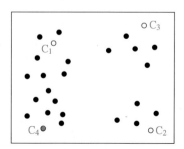

● Line 7에서는 센터가 아닌 각 점 x_i로부터 앞에서 찾은 4개의 센터까지 거리를 각각 계산하고 그중에 가장 짧은 거리의 센터를 찾는다. 이때 점 x_i는 가장 가까운 센터의 클러스터에 속하게 된다. 그리고 각 점에서 가까운 센터를 찾으면 다음과 같이 4개의 클러스터로 나누어진다.

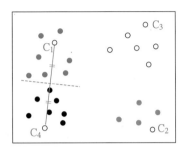

● Line 8에서는 4개의 센터와 각 클러스터에 속한 점들의 리스트를 리턴한다.

시간복잡도
알아보기

Approx_k_Clusters 알고리즘의 시간복잡도를 살펴보자. Line 1에서는 임의의 점을 선택하므로 O(1) 시간이 걸린다. Line 3~5에서는 각 점에서 각 센터까지의 거리를 계산하므로 O(kn) 시간이 걸리며, line 6에서는 그중에서 최댓값을 찾으므로 O(n) 시간이 걸린다. 그런데 line 2의 for-루프는 ($k-1$)회 반복되므로, line 6까지의 수행 시간은 O(1)+($k-1$)×(O(kn)+O(n))이다. Line 7에서 센터가 아닌 각 점으로부터 k개의 센터까지의 거리를 각각 계산하면서 최솟값을 찾는 것이므로 O(kn) 시간이 소요된다. 따라서 Approx_k_Clusters 알고리즘의 시간복잡도는 O(1)+($k-1$)×(O(kn)+O(n))+O(kn) = O(k^2n)이다.

근사비율
알아보기

클러스터링 문제의 근사 비율을 계산해보자. 먼저 최적해가 만든 클러스터 중에서 가장 큰 직경을 OPT라고 하자. 그리고 OPT의 하한을 간접적으로 찾기 위해서, Approx_k_Clusters 알고리즘이 k개의 센터를 모두 찾고 나서 ($k+1$)번째 센터를 찾은 상황을 생각해보자. [그림 8-10(a)]는 k=4라서 4개의 센터를 찾은 후, 1개의 센터 C_5를 추가로 찾은 것을 보여준다.

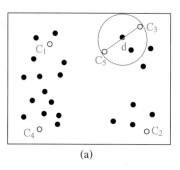 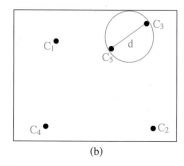

(a)   (b)

[그림 8-10]

C_5에서 가장 가까운 센터인 C_3까지의 거리를 d라고 하자. 클러스터링 문제의 최적해를 계산하는 어떤 알고리즘이라도 위의 5개의 센터 점을(k=4이니까) 4개의 클러스터로 분할해야 한다. 따라서 5개의 센터 중에서 2개는 하나의 클러스터에 속해야만 한다. [그림 8-10(b)]에서는 C_3과 C_5가 하나의 클러스터에 속한 것을 보이고 있다. 그러므로 최적해의 가장 큰 그룹의 직경인 OPT는 d보다 작을 수는 없다. 즉, OPT≥d이다.

Approx_k_Clusters 알고리즘이 계산한 근사해의 가장 큰 그룹의 직경 OPT′는 d와 어떤 관계인지 살펴보자. [그림 8-11]을 살펴보면, 가상의 다음 센터 C_5와 C_3 사이의 거리가 d이므로, 센터가 아닌 어떤 점이라도 자신으로부터 가장 가까운 센터까지의 거리가 d보다 크지 않다. 따라서 각 클러스터의 센터를 중심으로 반경 d 이내에 클러스터에 속하는 모든 점들이 위치한다. 따라서 OPT′≤2d이다.

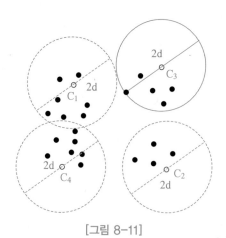

[그림 8-11]

즉, $OPT \geq d$ 이고, $OPT' \leq 2d$ 이므로, $2OPT \geq 2d \geq OPT'$ 이다. 따라서 Approx_k_Clusters 알고리즘의 근사 비율은 2를 넘지 않는다.

클러스터링 알고리즘은 대단히 많은 분야에서 활용된다. 이는 일반적으로 어떠한 데이터라도 유사한 특성(유사도)을 가진 부분적인 데이터로 분할하여 분석할 때에 사용될 수 있기 때문이다. 몇몇 사례로는 추천 시스템, 데이터 마이닝(Data Mining), VLSI 설계, 병렬 처리(Parallel Processing), 웹 탐색(Web Searching), 데이터베이스, 소프트웨어 공학(Software Engineering), 컴퓨터 그래픽스 (Computer Graphics), 패턴 인식(Pattern Recognition), 유전자 분석(Gene Analysis), 소셜 네트워크(Social Network) 분석 등이 있으며, 도시 계획, 사회학, 심리학, 의학, 금융, 통계, 유통 등 많은 분야에서 데이터의 분석을 효과적으로 하기 위해서 클러스터링이 활용된다.

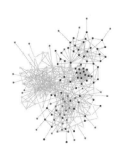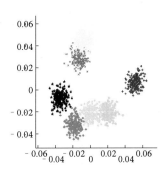

▶ 클러스터링 알고리즘은 소셜 네트워크 분석(왼쪽)과 패턴 인식을 위한 자료 분석(오른쪽)에 활용된다.

요약

● 근사 알고리즘은 최적해의 값에 가까운 해인 근사해를 찾는 대신에 다항식 시간의 복잡도를 가진다.

● 근사 비율(approximation ratio)은 근사해가 얼마나 최적해에 가까운지를 나타내는 근사해의 값과 최적해의 값의 비율로서, 1.0에 가까울수록 실용성이 높은 알고리즘이다.

● 여행자 문제를 위한 근사 알고리즘은 최소 신장 트리의 모든 점을 연결하는 특성과 최소 가중치의 특성을 이용한다. 근사 비율은 2이다.

● 정점 커버 문제를 위한 근사 알고리즘은 그래프에서 극대 매칭을 이용하여 근사해를 찾는다. 근사 비율은 2이다.

● 통 채우기 문제는 최초 적합(First Fit), 다음 적합(Next Fit), 최선 적합(Best Fit), 최악 적합(Worst Fit)과 같은 그리디 알고리즘으로 근사해를 찾는다. 근사 비율은 각각 2이다.

● 작업 스케줄링 문제는 가장 빨리 끝나는 기계에 새 작업을 배정하는 그리디 알고리즘으로 근사해를 찾는다. 근사 비율은 2이다.

● 클러스터링 문제는 현재까지 정해진 센터에서 가장 멀리 떨어진 점을 다음 센터로 정하는 그리디 알고리즘으로 근사해를 찾는다. 근사 비율은 2이다.

○ 연습문제

1. 다음의 괄호 안에 알맞은 단어를 채워 넣어라.
   (1) 근사 알고리즘은 최적해의 값에 가까운 해인 (   )해를 찾는 대신에 (   ) 시간의 복잡도를 가진다.
   (2) 근사 비율은 근사해와 (   )해의 비율로서, (   )에 가까울수록 실용성이 높은 알고리즘이다.
   (3) 여행자 문제를 위한 근사 알고리즘은 (   ) 트리의 모든 점을 연결하는 특성을 이용한다.
   (4) 정점 커버 문제를 위한 근사 알고리즘은 그래프에서 (   )을 이용하여 근사해를 찾는다.
   (5) 통 채우기 문제는 최초 적합, 다음 적합, 최선 적합, 최악 적합과 같은 (   ) 알고리즘으로 근사해를 찾는다.
   (6) 작업 스케줄링 문제는 가장 빨리 끝나는 기계에 새 작업을 배정하는 (   ) 알고리즘으로 근사해를 찾는다.
   (7) 클러스터링 문제는 현재까지 정해진 센터에서 (   ) 점을 다음 센터로 정하는 (   ) 알고리즘으로 근사해를 찾는다.

2. 다음은 근사 알고리즘에 관한 설명이다. 옳지 <u>않은</u> 것은?
   ① NP-완전 문제들 중에서 최적해를 찾는 문제들을 위한 알고리즘이다.
   ② 근사 비율을 계산할 때 대부분의 경우 최적해 대신에 간접적인 수치를 이용한다.
   ③ 근사 알고리즘은 최적해를 찾지 못한다.
   ④ 대부분의 근사 알고리즘들은 다항식 시간에 근사해를 찾는다.
   ⑤ 답 없음

3. 다음은 Approx_MST_TSP 알고리즘에 관한 설명이다. 옳지 <u>않은</u> 것은?
   ① 최소 신장 트리를 이용한다.
   ② 반드시 삼각형 부등식 원리가 적용되어야만 한다.
   ③ 근사 비율은 2.0을 넘지 않는다.
   ④ 최적해의 값을 최소 신장 트리의 가중치로 삼는다.
   ⑤ 답 없음

4. 다음의 왼쪽 그래프에서 Approx_MST_TSP 알고리즘으로 오른쪽 그림의 최소 신장 트리를 찾았다. 이 최소 신장 트리에서 여행자 경로를 찾기 위해 트리를 알파벳 순(A, B, C, …, H)으로 방문하여 얻은 근사해는?

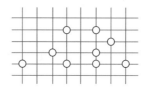 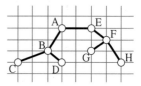

①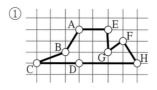

②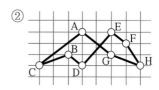

③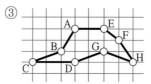

④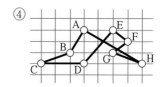

⑤ 답 없음

5. 다음은 정점 커버 문제를 위한 Approx_Matching_VC 알고리즘에 관한 설명이다. 옳지 않은 것은?
① 최적해의 값을 극대 매칭의 간선 수로 삼는다.
② 그리디 방법으로 정점 커버의 근사해를 찾을 수 있다.
③ 근사 비율은 2.0을 넘지 않는다.
④ 시간복잡도는 선형 시간이다.
⑤ 답 없음

6. 다음 그래프에서 Approx_Matching_VC 알고리즘으로 정점 커버를 찾으려고 한다. 이 그래프에서 극대 매칭의 간선 수가 몇 개일 때 근사해의 정점 수와 최적해의 정점 수가 같은가?
① 1개
② 2개
③ 3개
④ 4개
⑤ 답 없음

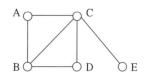

7. 다음은 통 채우기 문제를 위한 근사 알고리즘에 관한 설명이다. 옳지 <u>않은</u> 것은?

① 최적해의 값을 $\lfloor$, „ ˙ ∅ ˉ'– " /° ˉ'–$\rfloor$로 삼는다.

② 대표적인 그리디 방법에는 최초 적합, 다음 적합, 최선 적합, 최악 적합이 있다.

③ 최악 적합의 근사 비율은 2.0을 넘지 않는다.

④ 다음 적합의 시간복잡도는 $O(n^2)$이다. 단, n은 물건의 수이다.

⑤ 답 없음

8. 다음은 물건의 크기이다. 통의 크기가 10일 때 다음 중 어떤 그리디 방법이 가장 많은 수의 통을 사용하는가?

575242516

① 최초 적합   ② 다음 적합

③ 최선 적합   ④ 최악 적합

⑤ 답 없음

9. 다음은 Approx_JobScheduling 알고리즘에 관한 설명이다. 옳지 <u>않은</u> 것은? 단, n은 작업의 수이고, m은 기계의 수이다.

① 최적해의 값을 $\lfloor$, ∅ …˙ ‰^ £˙'/m$\rfloor$으로 삼는다.

② 가장 일찍 끝난 기계에 다음 작업을 할당한다.

③ 알고리즘의 근사 비율은 2.0을 넘지 않는다.

④ 알고리즘의 시간복잡도는 $O(n\log m)$이다.

⑤ 답 없음

10. 다음의 7개의 작업에 대해 기계가 2, 3, 4대일 때 Approx_JobScheduling 알고리즘을 수행했을 때 각각의 최종 종료 시간은?

작업	1	2	3	4	5	6	7
수행 시간	10	8	6	5	4	4	3

① 20, 13, 12   ② 20, 14, 11

③ 21, 13, 12   ④ 21, 14, 11

⑤ 답 없음

11. 다음은 Approx_k_Clusters 알고리즘에 관한 설명이다. 옳지 <u>않은</u> 것은? 단, n은 정점의 수이고, k는 클러스터의 수이다.

① 첫 번째 센터를 어떤 점으로 정하여도 클러스터링 결과는 비슷하다.

② 현재까지 찾아 놓은 센터에서 가장 먼 점을 다음 센터로 정한다.

③ 알고리즘의 근사 비율은 2.0을 넘지 않는다.

④ 알고리즘의 시간복잡도는 $O(k^2 n)$이다.

⑤ 답 없음

12. 다음 그림에서 정점 A를 첫 번째 센터로 정했을 때 Approx_k_Clusters 알고리즘이 선택하는 두 번째와 세 번째 센터는?

① H, G

② E, C

③ B, H

④ H, C

⑤ 답 없음

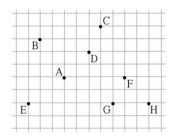

13. 여행자 문제의 최적해의 값이 동일한 입력에서 찾은 최소 신장 트리의 간선의 가중치의 합보다 항상 큰 이유를 설명하라.

14. 여행자 문제의 근사 알고리즘인 Approx_MST_TSP의 line 2에서는 트리의 간선을 따라서 도시 방문 순서를 찾는다. 이 순서를 찾는 데 $O(n)$ 시간이 소요됨을 설명하라.

15. 근사 비율이 1.5인 여행자 문제를 위한 근사 알고리즘을 조사하라.

16. 다음의 그림에서 Approx_Matching_VC 알고리즘을 이용하여 정점 커버의 근사해를 찾으라.

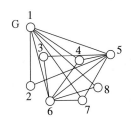

17. 문제 16의 그림에서 차수가 가장 큰 점을 선택하는 그리디 알고리즘으로 정점 커버의 근사해를 찾으라.

18. 통의 용량 C=10이고, 물건의 크기가 각각 4, 8, 5, 1, 7, 6, 1, 4, 2, 2일 때, 최초 적합을 이용하여 모든 물건을 통에 채우라.

19. 통의 용량 C = 10이고, 물건의 크기가 각각 4, 8, 5, 1, 7, 6, 1, 4, 2, 2일 때 다음 적합을 이용하여 모든 물건을 통에 채우라.

20. 통의 용량 C=10이고, 물건의 크기가 각각 4, 8, 5, 1, 7, 6, 1, 4, 2, 2일 때 최선 적합을 이용하여 모든 물건을 통에 채우라.

21. 통의 용량 C=10이고, 물건의 크기가 각각 4, 8, 5, 1, 7, 6, 1, 4, 2, 2일 때 최악 적합을 이용하여 모든 물건을 통에 채우라.

22. 통의 용량 C=10이고, 물건의 크기가 각각 4, 8, 5, 1, 7, 6, 1, 4, 2, 2일 때 최적해를 구하라.

23. 통의 용량 C=10이고, 물건의 크기가 각각 4, 8, 5, 1, 7, 6, 1, 4, 2, 2일 때 감소순 최초 적합을 이용하여 모든 물건을 통에 채우라. 단, 감소순 최초 적합(First Fit Decrease)이란 물건을 크기 감소 순서로 정렬한 후에 최초 적합을 적용하는 기법이다.

24. 통의 용량 C=10이고, 물건의 크기가 각각 4, 8, 5, 1, 7, 6, 1, 4, 2, 2일 때 감소순 최선 적합을 이용하여 모든 물건을 통에 채우라. 단, 감소순 최선 적합(Best Fit Decrease)이란 물건을 크기 감소 순서로 정렬한 후에 최선 적합

을 적용하는 기법이다.

25. 분할(Partition) 문제가 통 채우기 문제로 다항식 시간에 변환됨을 보이라.

26. 분할(Partition) 문제가 작업 스케줄링 문제로 다항식 시간에 변환됨을 보이라.

27. 다음과 같이 변형된 작업 스케줄링 문제가 통 채우기 문제로 다항식 시간에 변환됨을 보이라. 단, n과 d는 양수이다.

> 멀티프로세서 스케줄링 문제는 n개의 작업과 그들의 수행 시간이 각각 주어질 때,
> 모든 작업을 d까지 마치기 위해 필요한 최소의 기계의 수를 구하는 것이다.

참고로 8.4절의 작업 스케줄링 문제는 입력으로 기계의 수가 주어지고, 작업의 마감 시간은 없다.

28. 작업의 수행 시간이 각각 4, 6, 5, 1, 7, 6, 3, 9, 2, 2일 때, Approx_JobScheduling 알고리즘이 작업을 배정시킨 결과를 보이라. 단, 기계의 수는 4이다.

29. 작업의 수행 시간이 각각 4, 6, 5, 1, 7, 6, 3, 9, 2, 2일 때, 작업을 수행 시간의 감소순으로 정렬한 후에 Approx_JobScheduling 알고리즘이 작업을 배정시킨 결과를 보이라. 단, 기계의 수는 4이다.

30. 8.4절의 Approx_JobScheduling 알고리즘이 각 기계에 배정된 작업 리스트를 출력하도록 알고리즘을 수정하라.

31. 클러스터링 방법 중에서 가장 대표적인 알고리즘은 K-Means Clustering 알고리즘이다. 이에 대해서 조사하고, 8.5절에서 설명한 클러스터링 알고리즘과 비교하여 보라.

32. 다음의 입력에 대해서 Approx_k_Clusters 알고리즘이 수행한 결과를 보이라. 단, $k=3$이다.

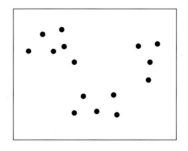

33. 상품권을 가지고 백화점에서 상품을 구입하려고 한다. 다음은 n개의 상품 가격이다.

$$\{p_1, p_2, p_3, \cdots, p_n\}$$

액면이 W인 백화점 상품권을 가지고 서로 다른 상품을 구매한 후에 남는 돈의 액수를 최소화하려고 한다. 이 문제를 위한 근사 알고리즘을 작성하라. 단, 알고리즘의 수행 시간은 $O(n)$이고, 근사 알고리즘은 잔돈이 $W/2$를 넘지 않아야 한다. 예를 들어 $W = 10$일 때, $\{2, 11, 5, 1, 7\}$이라면, $2 + 5 + 1 = 8 \leq W$가 하나의 해가 된다. 물론 최적해는 $2 + 1 + 7 = 10$이다.

34. 어느 회사에서 신도시에 커피 전문점들을 개업하기 위해 시장조사를 하여 점포를 개업할 수 있는 곳들의 예상 매출액을 산출하였다. 또한 이 회사에서는 두 개의 인접한 곳에 커피 전문점을 개업하지 않는다는 방침을 가지고 있다. 이 회사는 최대 예상 매출액을 얻기 위해 어디에 지점을 개업해야 할지를 찾아야 하나 도시가 너무 커서 최대 예상 매출액은 포기하고 다음과 같은 그리디 방법을 이용한 근사 알고리즘으로 개업해야 할 곳을 찾으려고 한다.

[1] S = ϕ
[2] while 선택할 점이 있으면
[3] v = 가장 큰 예상 매출액을 가진 점
[4] S = S U {v}
[5] v와 v에 인접한 점들 삭제

①	⑤	④	⑥
③	⑪	③	⑤
⑫	⑩	③	⑬
⑨	②	⑭	⑮

(1) 위에 그래프에서 주어진 근사 알고리즘으로 계산한 예상 매출액은 얼마 인가?

(2) 위에 그래프에서 최대 예상 매출액(최적해)은 얼마인가?

(3) 위의 근사 알고리즘으로 산출한 예상 매출은 적어도 $1/4 \cdot OPT$ 보다는 크다는 것을 보이라. 여기서 OPT 는 최적해의 예상 매출액이다.

해 탐색 알고리즘

09

CHAPTER

ALGORITHM

Contents

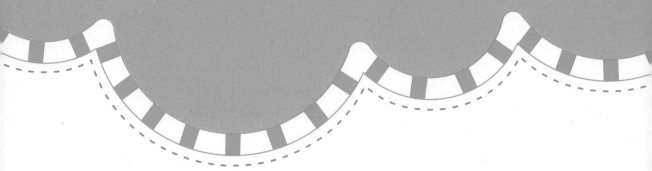

해 탐색 알고리즘

9장에서는 NP-완전 문제의 해를 탐색하기 위한 다양한 방법들 중에서 가장 대표적인 백트래킹(Backtracking) 기법, 분기 한정(Branch-and-Bound) 기법, 유전자 알고리즘(Genetic Algorithm), 모의 담금질(Simulated Annealing) 기법을 살펴본다.

9.1 백트래킹 기법

백트래킹(Backtracking) 기법은 해를 찾는 도중에 '막히면'(즉, 해가 아니면) 되돌아가서 다시 해를 탐색하는 기법이다. 백트래킹 기법은 최적화(optimization) 문제[1]와 결정(decision) 문제를 해결할 수 있다. 결정 문제는 문제의 조건을 만족하는 해가 존재하는지의 여부를 'yes' 또는 'no' 라고 답하는 문제로, 미로 찾기[2], 해밀토니안 사이클(Hamiltonian Cycle) 문제, 서양 장기 여왕 말(n-Queens) 문제, 부분 집합의 합(Subset Sum) 문제 등이 있다. 이 문제들 중에서 몇몇 문제는 연습문제에서 다루기로 한다.

---

1) 최적화 문제는 최솟값 또는 최댓값을 구하는 문제를 말한다.
2) 미로 찾기 문제를 백트래킹 기법으로 해결하는 과정은 부록에서 설명한다.

문제

알고리즘

9장에서는 최적화 문제의 대표적인 문제로서 여행자 문제(Traveling Salesman Problem, TSP)를 각각의 해 탐색 알고리즘으로 해결되는 과정을 살펴보기로 한다.

TSP를 위한 백트래킹 알고리즘은 다음과 같다. 알고리즘에서 bestSolution은 현재까지 찾은 가장 우수한 (거리가 짧은) 해이고, 2개의 성분인 (tour, tour의 거리)로 나타낸다. 단, tour는 점의 순서(sequence)이다. 또한 bestSolution의 tour의 거리는 줄여서 'bestSolution의 거리'로 표현한다.

```
    tour = [시작점]  // tour는 점의 순서(sequence)
    bestSolution = (−, ∞) // bestSolution의 거리는 가장 큰 상수로 초기화시킨다.
    BacktrackTSP(tour)
    if (tour가 완전한 해이면)
1     if (tour의 거리 < bestSolution의 거리)  // 더 짧은 해를 찾았으면
2        bestSolution = (tour, tour의 거리)
3   else {
4     for (tour를 확장 가능한 각 점 v에 대해서) {
5        newTour = tour + v  // 기존 tour의 뒤에 점 v를 추가한다.
6        if (newTour의 거리 < bestSolution의 거리)
7           BacktrackTSP(newTour)
8     }
9   }
10
```

- Line 1~3에서는 현재 tour가 완전한 해이면서 현재까지 찾은 가장 우수한 해인 bestSolution의 거리보다 짧으면 현재 tour로 bestSolution을 갱신한다. bestSolution의 거리보다 길거나 같은 경우에는 갱신 없이 이전에 호출했던 곳으로 돌아간다.
- Line 4~8은 tour가 아직 완전한 해가 아닐 때 수행된다.
- Line 5~8의 for-루프에서는 현재 tour에서 확장 가능한 각 점에 대해서 루프의 내부가 수행된다. 확장 가능한 점이란 현재 tour에 없는 점으로서 현재 tour의 가장 마지막 점과 간선으로 연결된 점을 말한다.
- Line 6에서 현재 tour를 확장(즉, 확장 가능한 점을 기존 tour에 추가)하여 newTour를 얻는다.
- Line 7~8에서는 확장된 newTour의 거리가 bestSolution의 거리보다 짧으면,

newTour를 가지고 알고리즘을 순환 호출한다. 만일 newTour의 거리가 bestSolution의 거리보다 길거나 같으면, newTour를 확장하여도 현재까지의 bestSolution의 거리보다 짧은 tour를 얻을 수 없기 때문에 가지치기(pruning)를 한다. 가지를 친 경우에는 다음의 확장 가능한 점에 대해서 루프가 수행된다.

예제 따라 이해하기

다음의 그림에 대해서 앞에서 설명한 BacktrackTSP 알고리즘이 수행되는 과정을 살펴보자. 단, 점 A가 시작점이다.

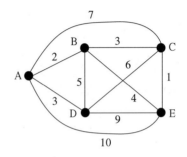

- 시작점이 A이므로, tour=[A]이고, bestSolution=$(-, \infty)$이다. 그리고 BacktrackTSP(tour)를 호출하여 해 탐색이 시작된다.
- Line 1에서 [A]가 완전한 해가 아니므로 line 5의 for-루프가 수행된다.
- Line 5의 for-루프에서 현재 tour [A]를 확장할 수 있는 점을 살펴보면, 점 B, C, D, E가 있다. 따라서 각 점에 대해 루프가 수행된다. 먼저 점 B에 대해서 line 6~8이 수행된다고 가정하자.
- Line 6에서 newTour=[A,B]가 되고, newTour의 거리는 2가 된다. 왜냐하면 간선 (A,B)의 가중치가 2이기 때문이다.

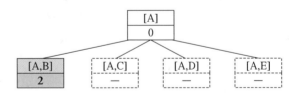

- Line 7~8에서는 newTour의 거리 2가 bestSolution의 거리 ∞보다 짧으므로, BacktrackTSP([A,B])를 순환 호출한다. 확장 가능한 점 C, D, E에 대해서는 BacktrackTSP([A,B]) 호출을 다 마친 후에 각각 수행된다.
- BacktrackTSP([A,B])가 호출되면, line 1에서 [A,B]가 완전한 해가 아니므로

line 5의 for-루프가 수행된다.

- Line 5의 for-루프에서 현재 tour [A,B]를 확장할 수 있는 점을 살펴보면, 점 C, D, E가 있다. 따라서 각 점에 대해 루프가 수행된다. 먼저 점 C에 대해서 line 6~8이 수행된다고 가정하자.
- Line 6에서 newTour=[A,B,C]가 되고, newTour의 거리는 5가 된다. 왜냐하면 간선 (B,C)의 가중치가 3이기 때문이다. 즉, A에서 B까지의 거리가 2이고 B에서 C까지의 거리가 3이므로, A에서 C까지의 거리가 5이다.

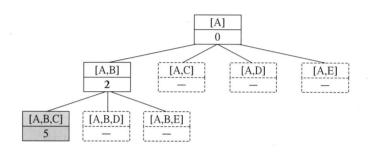

- Line 7~8에서는 newTour의 거리 5가 bestSolution의 거리인 ∞보다 짧으므로, BacktrackTSP([A,B,C])를 순환 호출한다. 확장 가능한 점 D, E에 대해서는 BacktrackTSP([A,B,C]) 호출을 다 마친 후에 각각 수행된다.

…

이와 같이 계속 탐색이 진행되면 다음과 같이 첫 번째 완전한 해를 찾는다. 이때 bestSolution=([A,B,C,D,E,A], 30)이 된다.

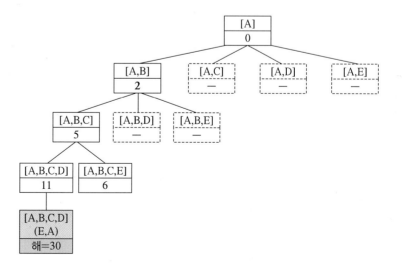

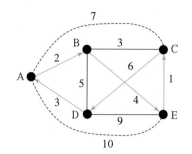

시간복잡도
알아보기

Backtracking 알고리즘의 시간 복잡도는 상태 공간 트리(state space tree)의 노드 수에 비례한다. 여기서 상태 공간 트리란 탐색의 시작 상태인 [A]로부터 점들 tour 에 추가하여 확장시켜 탐색한 모든 상태들로 형성된 트리를 말한다. n개의 점이 있는 입력에 대해서 BacktrackTSP 알고리즘이 탐색하는 최대 크기의 상태 공간 트리는 다음과 같다.

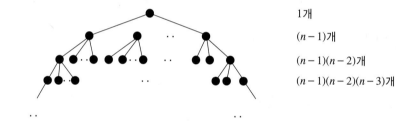

1개

$(n-1)$개

$(n-1)(n-2)$개

$(n-1)(n-2)(n-3)$개

$(n-1)(n-2)(n-3) \cdots 2 \cdot 1$개

이 트리의 이파리 노드 수만 계산해도 $(n-1)!$이다. 그러나 문제에 따라서 이진트리 형태의 상태 공간 트리가 형성되기도 하는데 이때에도 최악의 경우에 2^n개의 노드를 대부분 탐색해야 하므로 지수 시간이 걸린다. 이는 모든 경우를 다 검사하여 해를 찾는 완전탐색(Exhaustive Search)의 시간복잡도와 같다. 그러나 일반적으로 백트래킹 기법은 '가지치기'를 하므로 완전탐색보다 훨씬 효율적이다.

9.2 분기 한정 기법

9.1절에서 소개된 백트래킹 기법은 문제의 조건에 따라 해를 깊이 우선 탐색으로 찾는다. 특히 최적화 문제에 대해서는 최적해가 상태 공간 트리의 어디에 있는지 알 수 없으므로, 트리에서 대부분의 노드를 탐색하여야 하고, 입력의 크기가 커지면 해를 찾는 것은 거의 불가능해진다. 이러한 단점을 보완하는 탐색 기법이 분기 한정(Branch-and-Bound) 기법이다.

분기 한정 기법은 상태 공간 트리의 각 노드(상태)에 특정한 값(한정값)을 부여하고, 노드의 한정값을 활용하여 탐색함으로써 백트래킹 기법보다 빠르게 해를 찾는다. 분기 한정 기법에서는 가장 우수한 한정값을 가진 노드를 먼저 탐색하는 최선 우선 탐색(Best First Search)으로 해를 찾는다. 또한 분기 한정 기법은 최적화 문제를 해결하는 데 적합하다.

핵심아이디어

분기 한정 기법이 효율적인 탐색을 하는 원리는 3가지로 요약된다.
1) 최적해를 찾은 후에, 탐색하여야 할 나머지 노드의 한정값이 최적해의 값과 같거나 나쁘면 더 이상 탐색하지 않는다.
2) 상태 공간 트리의 대부분의 노드가 문제의 조건에 맞지 않아 해가 되지 못한다.
3) 최적해가 있을 만한 영역을 먼저 탐색한다.

다음은 최솟값을 최적해로 갖는 문제를 위한 분기 한정 알고리즘이다. 알고리즘은 Branch-and-Bound(S)로 처음 호출된다. 단, S는 문제의 초기 상태이다.

알고리즘

Branch-and-Bound(S)

1	상태 S의 한정값을 계산한다.
2	activeNodes = { S } // 탐색되어야 하는 상태의 집합
3	bestValue = ∞ // 현재까지 탐색된 해 중의 최솟값
4	while (activeNodes ≠ ∅) {
5	S_{min} = activeNodes의 상태 중에서 한정값이 가장 작은 상태
6	S_{min}을 activeNodes에서 제거한다.
7	S_{min}의 자식(확장 가능한) 노드 $S'_1, S'_2, \cdots, S'_k$를 생성하고, 각각의 한정값을 계산한다.

```
8       for i=1 to k { // 확장한 각 자식 S'ᵢ에 대해서
9          if (S'ᵢ의 한정값 ≥ bestValue)
10            S'ᵢ를 가지치기한다.  // S'ᵢ로부터 탐색해도 더 우수한 해가 없기 때문에
11         else if (S'ᵢ가 완전한 해이고, S'ᵢ의 값 < bestValue)
12            bestValue = S'ᵢ의 값
13            bestSolution = S'ᵢ
14         else
15            S'ᵢ를 activeNodes에 추가한다.
        }
     }
```

각 상태에서는 한정값을 계산하는데, 한정값을 계산하는 방법은 문제에 따라 다르다. 하나의 상태에 대해 탐색을 마친 후에는 acitveNodes에서 가장 작은 한정값을 가진 상태를 탐색한다. 즉, 최선 우선 탐색을 한다. 여기서 activeNodes는 탐색할 상태의 집합이다.

- Line 1~3에서는 문제의 초기 상태의 한정값을 계산한 후, 초기 상태만을 원소로 갖는 activeNodes로서 탐색이 시작되고, bestValue는 현재까지 탐색된 해 중의 가장 작은 값을 가지는데, 처음에는 bestValue를 가장 큰 수로 초기화시킨다.
- Line 4~15의 while-루프는 activeNodes가 공집합이 되면, 즉 더 이상 탐색할 상태가 없으므로 탐색을 중단한다.
- activeNodes가 공집합이 아니면, line 5에서는 activeNodes에서 한정값이 가장 작은 상태를 선택하여 이를 S_{min}이라고 한다.
- Line 6에서는 S_{min}을 activeNodes에서 제거한다.
- Line 7에서는 S_{min}으로부터 확장 가능한 상태(자식 노드)를 생성하고 각각의 상태에 대한 한정값을 계산한다.
- Line 8~15의 for-루프에서는 line 7에서 S_{min}으로부터 생성된 각각의 S'_i에 대하여 루프가 수행된다.
- Line 9~10에서는 S'_i의 한정값이 bestValue보다 크거나 같으면 가지치기하여 S'_i로부터 탐색하지 않는다.
- Line 11~13에서는 만일 S'_i가 완전한 해이고 동시에 S'_i의 값이 bestValue보다 작으면, 즉 더 '우수한' 해이면, bestValue를 S'_i의 값으로 갱신하고, S'_i가 bestSolution이 된다.

● Line 15에서는 line 9와 11의 if−조건이 모두 '거짓' 이면 S'_i를 나중에 탐색하기 위해서 activeNodes에 추가시킨다.

문제

여행자 문제를 분기 한정 기법으로 해결하는 과정을 살펴보자. 분기 한정 기법으로 문제의 최적해를 찾으려면, 먼저 각 상태에서의 한정값을 계산하여야 한다. 이를 위해서 여행자 문제의 조건을 살펴보자. 문제의 해는 주어진 시작점에서 출발하여 모든 다른 점을 1번씩만 방문하고 시작점으로 돌아와야 한다. 이러한 경로상의 1개의 점 x를 살펴보면, 다른 점에서 점 x로 들어온 후에 점 x를 떠나 또 다른 점으로 나간다. 이러한 사실을 점 x의 한정값 계산에 활용할 수 있다.

[한정값의 계산 방법]
여행자 문제에서 임의의 점 v에서의 한정값이란 시작점부터 점 v까지의 경로 길이에다가 점 v를 떠나서 남은 다른 점들을 1번씩만 방문하고 시작점으로 돌아오는 경로의 '예측' 길이를 뜻한다.

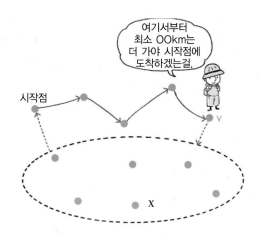

여행자 문제는 최단 경로를 찾는 문제이므로 앞으로 방문해야 할 각 점 x에 연결된 간선 중에서 가장 짧은 두 간선의 가중치의 평균의 합을 예측 길이를 계산하는데 사용한다.

가중치의 합을 1/2로 곱하는(평균을 내는) 이유는 한 점에서 나가는 간선은 인접한(다른) 점으로부터 들어오는 간선과 동일하기 때문이다. 단, 소수점 이하의 숫자는 올림을 한다.

예를 들어, 다음 그림은 점에 인접한 간선의 가중치 중에서 2개의 가장 작은 가중치가 3과 2인 것을 보이고 있다. 가중치 3인 간선으로 들어와서 가중치 2인 간선으로 나가든지([그림 9-1(a)]) 반대로 가중치 2인 간선으로 들어와서 가중치 3인 간선으로 나가든지([그림 9-1(b)]), 두 경우 모두 가장 적은 비용으로 이 점을 방문하는 것이다.

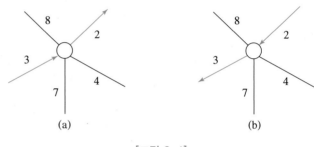

[그림 9-1]

예제 따라
이해하기

다음은 5개의 점(A, B, C, D, E)으로 된 그림에 대해서 Branch-and-Bound 알고리즘으로 여행자 문제의 최적해를 찾는 과정을 보여준다. 단, 점 A가 시작점이다. 따라서 [A]가 초기 상태이므로 Branch-and-Bound([A])를 호출하여 탐색을 시작한다.

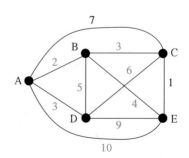

- 먼저 line 1에서 초기 상태 [A]의 한정값을 계산한다. 초기 상태는 경로를 시작하기 전이므로, 각 점에 인접한 간선의 가중치 중에서 가장 작은 2개의 가중치의 합을 구한 다음에, 모든 점의 합의 1/2을 한정값으로 정한다. 각 점의 인접한 간선 중에서 가장 작은 2개의 가중치는 다음과 같다.
  - 점 A: 2, 3
  - 점 B: 2, 3
  - 점 C: 1, 3
  - 점 D: 3, 5
  - 점 E: 1, 4

따라서 초기 상태의 한정값은 다음과 같이 계산된다.

$$\begin{array}{ccccc} A & B & C & D & E \end{array}$$
$$[(2+3) + (2+3) + (1+3) + (3+5) + (1+4)] \times 1/2 = 27/2 = 14$$

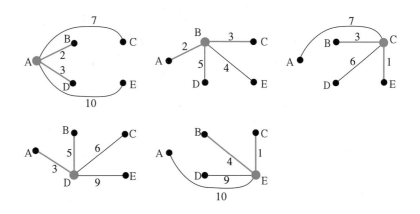

- Line 2~3에서는 activeNodes={S}, bestValue=∞로 각각 초기화한다.
- Line 4의 while-루프가 activeNodes 집합이 공집합이 될 때까지 수행된다.
- Line 5에서는 activeNodes 집합에 초기 상태 [A]만 있으므로, S_{min}=[A]가 된다.
- Line 6에서는 [A]가 activeNodes 집합으로부터 제거되어 일시적으로 activeNodes 집합은 공집합이다.
- Line 7에서는 S_{min}(즉, 상태 [A])의 자식 상태 노드를 다음과 같이 생성하고, 각각 한정값을 구한다. 여기서 자식 노드는 두 번째 방문하는 점이 B인 상태 [A,B], C인 상태 [A,C], D인 상태 [A,D], E인 상태 [A,E]이다.

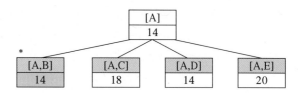

상태 [A,B], [A,C], [A,D], [A,E]의 한정값은 다음과 같이 각각 계산된다.

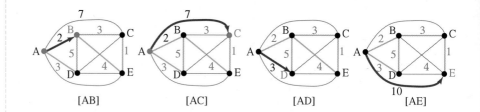

A   B   C   D   E

- [A,B]의 한정값은 ([2+3]+[2+3]+[1+3]+[3+5]+[1+4])/2 = 27/2 = 14이다. 상태 [A,B]는 A에서 B로 이동한 것이므로 간선 (A,B)의 가중치인 2가 A로부터 나가는 간선의 가중치임과 동시에 B로 들어오는 간선의 가중치로서 상태 [A,B]의 한정값 계산에 사용된 것이다.

- [A,C]의 한정값은 ([2+7]+[2+3]+[1+7]+[3+5]+[1+4])/2 = 36/2 = 18이다. 마찬가지로 간선 (A,C)의 가중치인 7이 A로부터 나가는 간선의 가중치임과 동시에 C로 들어오는 간선의 가중치로서 상태 [A,C]의 한정값 계산에 사용된 것이다.

- [A,D]의 한정값은 ([2+3]+[2+3]+[1+3]+[3+5]+[1+4])/2 = 27/2 = 14이다. 마찬가지로 간선 (A,D)의 가중치인 3이 상태 [A,D]의 한정값 계산에 사용된 것이다.

- [A,E]의 한정값은 ([2+10]+[2+3]+[1+3]+[3+5]+[1+10])/2 = 40/2 = 20이다. 마찬가지로 간선 (A,E)의 가중치인 10이 상태 [A,E]의 한정값 계산에 사용된 것이다.

- Line 8의 for-루프에서는 앞서 생성된 4개 (k=4)의 상태 각각에 대하여, (즉, S'_1=[A,B], S'_2=[A,C], S'_3=[A,D], S'_4=[A,E]) line 9~15를 수행한다.
- Line 9에서 i=1: S'_1의 한정값인 14와 현재의 bestValue인 ∞를 비교하여 if-조

건이 '거짓'이고, line 11에서 상태 [A,B]가 완전한 해가 아니므로, line 14~15에서 S'_1을 activeNodes에 추가한다. 이와 유사하게 i=2, 3, 4일 때에도 각각 S'_2, S'_3, S'_4가 activeNodes에 추가된다. 따라서 activeNodes = {[A,B], [A,C], [A,D], [A,E]}이다.

- 다음으로 line 4 while-루프의 조건 검사에서 activeNodes가 공집합이 아니므로, line 5에서 한정값이 가장 작은 상태를 찾는다. 상태 [A,B]와 [A,D]가 동일한 최소의 한정값을 가지므로 이 중에서 임의로 S_{min} = [A,B]라고 하자.

- Line 6에서 activeNodes로부터 [A,B]를 제거하여, activeNodes = {[A,C], [A,D], [A,E]}가 된다.

- Line 7에서 [A,B]의 자식 상태를 다음과 같이 생성하고, 각각의 한정값을 계산한다. 여기서 자식 노드는 세 번째 방문하는 점이 C인 상태 [A,B,C], D인 상태 [A,B,D], E인 상태 [A,B,E]이다.

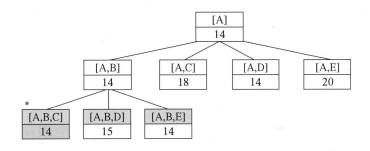

상태 [A,B,C], [A,B,D], [A,B,E]의 한정값은 다음과 같이 각각 계산된다.

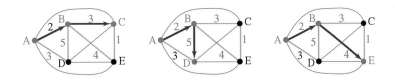

        A   B   C   D   E
- [A,B,C]의 한정값: ([2+3]+[2+3]+[1+3]+[3+5]+[1+4])/2 = 27/2 = 14
- [A,B,D]의 한정값: ([2+3]+[2+5]+[1+3]+[3+5]+[1+4])/2 = 29/2 = 15
- [A,B,E]의 한정값: ([2+3]+[2+4]+[1+3]+[3+5]+[1+4])/2 = 28/2 = 14

- Line 8의 for-루프에서는 앞에서 생성된 3개 (k=3)의 상태 각각에 대하여, (즉,

$S'_1=[A,B,C]$, $S'_2=[A,B,D]$, $S'_3=[A,B,E]$) line 9~15를 수행한다.

- Line 9에서 i=1: S'_1의 한정값인 14와 현재의 bestValue인 ∞를 비교하여 if−조건이 '거짓'이고, line 11에서 상태 [A,B,C]가 완전한 해가 아니므로, line 14~15에서 S'_1을 activeNodes에 추가한다. 이와 유사하게 i=2, 3일 때에도 각각 S'_2, S'_3이 activeNodes에 추가된다. 따라서 activeNodes = {[A,C], [A,D], [A,E], [A,B,C], [A,B,D], [A,B,E]}이다.

- 다음으로 line 4 while−루프의 조건 검사에서 activeNodes가 공집합이 아니므로, line 5에서 한정값이 가장 작은 상태를 찾는다. 상태 [A,B,C], [A,B,E], [A,D]가 동일한 최소의 한정값을 가지므로 이 중에서 임의로 S_{min} = [A,B,C]라고 하자.

- Line 6에서 activeNodes로부터 [A,B,C]를 제거하여, activeNodes = {[A,C], [A,D], [A,E], [A,B,D], [A,B,E]}가 된다.

- Line 7에서 [A,B,C]의 자식 상태를 아래와 같이 생성하고, 각각의 한정값을 구한다. 여기서 자식 노드들은 네 번째 방문하는 점이 D인 상태 [A,B,C,D]와 E인 상태 [A,B,C,E]이다.

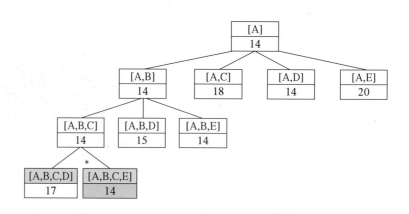

상태 [A,B,C,D], [A,B,C,E]의 한정값은 다음과 같이 각각 계산된다.

$$\begin{array}{ccccc} A & B & C & D & E \end{array}$$

- [A,B,C,D]의 한정값: ([2+3]+[2+3]+[6+3]+[3+6]+[1+4])/2 = 33/2 = 17
- [A,B,C,E]의 한정값: ([2+3]+[2+3]+[1+3]+[3+5]+[1+4])/2 = 27/2 = 14

- Line 8의 for−루프에서는 위와 같이 생성된 2개 (k=2)의 상태 각각에 대하여, (즉, $S'_1=[A,B,C,D]$, $S'_2=[A,B,C,E]$) line 9~15를 수행한다.
- Line 9에서 i=1: S'_1의 한정값인 17과 현재의 bestValue인 ∞를 비교하여 if−조

건이 '거짓'이고, line 11에서 상태 [A,B,C,D]가 완전한 해가 아니므로, line 14~15에서 S_1'을 activeNodes에 추가시킨다. 이와 유사하게 i=2일 때에도 S_2'가 activeNodes에 추가된다. 따라서 activeNodes = {[A,C], [A,D], [A,E], [A,B,D], [A,B,E], [A,B,C,D], [A,B,C,E]}이다.

- 다음으로 line 4 while-루프의 조건 검사에서 activeNodes가 공집합이 아니므로, line 5에서 한정값이 가장 작은 상태를 찾는다. 상태 [A,B,C,E], [A,B,E], [A,D]가 동일한 최소 한정값을 가지므로 이 중에서 임의로 S_{min} = [A,B,C,E]라고 하자.

- Line 6에서 activeNodes로부터 [A,B,C,E]를 제거하여, activeNodes = {[A,C], [A,D], [A,E], [A,B,D], [A,B,E], [A,B,C,D]}가 된다.

- Line 7에서 [A,B,C,E]의 자식 상태가 1개이므로, 즉 E 다음에 방문할 점인 점 D 하나만 남아 있으므로 D를 방문하는 상태 [A,B,C,E,D]이다. 그런데 D에서 시작점 A로 돌아가야 하므로[3] 하나의 해가 완성된 셈이다. 이 해의 경로 A—B—C—E—D—A의 거리는 2+3+1+9+3 = 18이다.

- Line 11에서 해가 발견되었고, 경로 거리가 bestValue =∞보다 작으므로 if-조건이 '참'이 되어서, bestValue=18, bestSolution=[A,B,C,E,D,A]가 된다.

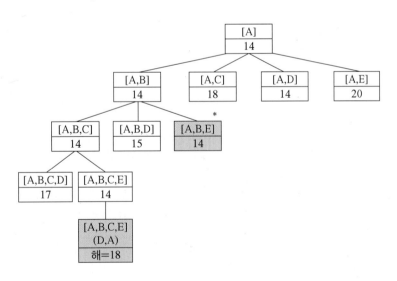

- 다음에는 상태 [A,B,E] 또는 [A,D]로부터 탐색이 시작되며, 상태 [A,B,E]로부터 탐색하여, 탐색을 마친 최종 결과는 다음과 같다.

---

3) 여행자 문제의 조건은 시작점 (A)에서 출발하여 각 점을 1번씩 방문하고 다시 시작점 (A)로 돌아와야 한다.

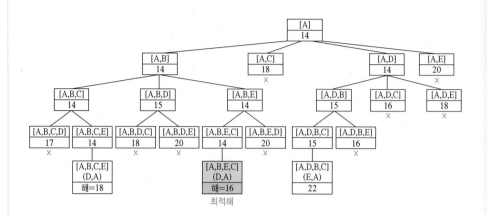

이 예제에서 상태 [A,B,E,C,D,A]가 최적해이고, 경로의 길이는 16이다. [그림 9-2]는 최적해에 대한 경로를 보이고 있다.

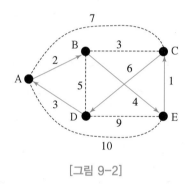

[그림 9-2]

9.1절의 여행자 문제를 위한 백트래킹 알고리즘도 위와 동일한 예제로 수행되었다. 이때 방문된 상태 공간 트리의 노드 수는 총 54개이다. 그러나 분기 한정 알고리즘의 상태 공간 트리의 노드 수는 22개뿐이다. 이처럼 최적화 문제의 해를 탐색하는 데는 분기 한정 기법이 백트래킹 기법보다 일반적으로 훨씬 우수한 성능을 보인다. 이는 한정값을 사용하여 최적해가 없다고 판단되는 부분은 탐색을 하지 않는 것과 최선 우선 탐색의 결과에 기인한다. 분기 한정 기법으로 최적해를 찾는 또 다른 대표적인 문제는 작업 배정(Job Scheduling) 문제인데, 그 해결 과정은 부록에서 설명한다.

9.3 유전자 알고리즘

유전자 알고리즘(Genetic Algorithm, GA)은 다윈의 진화론으로부터 창안된 해 탐색 알고리즘이다. 즉, '적자생존'의 개념을 최적화 문제를 해결하는 데 적용한 것이다. 유전자 알고리즘은 다음과 같은 형태를 가진다.

알고리즘

GeneticAlgorithm

1   초기 후보해 집합 G_0을 생성한다.
2   G_0의 각 후보해를 평가한다.
3   $t \leftarrow 0$
4   repeat
5   G_t로부터 G_{t+1}을 생성한다.
6   G_{t+1}의 각 후보해를 평가한다.
7       $t \leftarrow t + 1$
8   until(종료 조건이 만족될 때까지)
9   return G_t의 후보해 중에서 가장 우수한 해[4]

유전자 알고리즘은 여러 개의 해를 임의로 생성하여 이들을 초기 세대(generation) G_0으로 놓고, repeat-루프에서 현재 세대의 해로부터 다음 세대의 해를 생성해가며, 루프가 끝났을 때의 마지막 세대에서 가장 우수한 해를 리턴한다. 이 해들은 repeat-루프의 반복적인 수행을 통해서 최적해 또는 최적해에 근접한 해가 될 수 있으므로 후보해(candidate solution)라고 일컫는다.

---

4) 후보해 중에서 가장 큰 값 또는 가장 작은 값을 가진 해를 말한다.

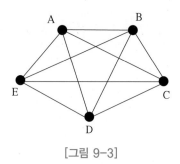

[그림 9-3]

후보해에 대한 이해: [그림 9-3]에 있는 5개의 도시(A, B, C, D, E)에 대한 여행자 문제를 예로 들어보자. 단, 시작도시는 A이다. 여행자 문제의 조건이 시작도시에서 출발하여 모든 다른 도시를 1번씩만 방문하고 시작도시로 돌아와야 하므로, ABCDEA, ACDEBA, AECDBA 등이 후보해이다. 시작도시를 제외하고 중복된 도시가 있거나 A, B, C, D, E 중에서 빠진 도시가 있는 경우는 후보해가 되지 못한다. 예를 들어, ABDBCEA나 ADCEA는 후보해가 아니다.

이 여행자 문제의 후보해의 수는 시작도시를 제외한 4개의 도시를 일렬로 나열하는 방법의 수와 같으므로 4! = 24이다. 만일 n개의 도시가 있다면, 후보해의 수는 $(n-1)!$이다.

후보해의 평가: 후보해를 평가한다는 것은 후보해의 값을 계산하는 것이다. 여행자 문제의 후보해의 값은 도시 간의 거리가 입력으로 주어지므로, 다음과 같이 계산한다. 예를 들어,

후보해 ABCDEA의 값 = (A와 B 사이의 거리)
    + (B와 C 사이의 거리)
    + (C와 D 사이의 거리)
    + (D와 E 사이의 거리)
    + (E와 A 사이의 거리)
    = 5 + 2 + 1 + 3 + 9
    = 20

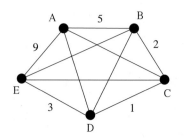

또한 후보해의 값을 후보해의 적합도(fitness value)라고 한다. 후보해 중에서 최적해의 값에 근접한 적합도를 가진 후보해를 '우수한' 해라고 부른다.

앞의 GeneticAlgorithm에서 가장 핵심적인 부분은 line 5의 현재 세대의 후보해에 대해서 다음과 같은 3개의 연산을 통해서 다음 세대의 후보해를 생성하는 것이다.

- 선택(selection) 연산
- 교차(crossover) 연산
- 돌연변이(mutation) 연산

1. 선택 연산

선택 연산은 현재 세대의 후보해 중에서 우수한 후보해들을 선택하는 연산이다. 현재 세대에 n개의 후보해가 있으면, 이들 중에서 우수한 후보해는 중복되어 선택될 수 있고, 적합도가 상대적으로 낮은 후보해들은 선택되지 않을 수도 있다. 이렇게 선택된 후보해의 수는 n개로 유지된다. 이러한 선택은 '적자생존' 개념을 모방한 것이다.

선택 연산을 간단히 구현하는 방법은 룰렛 휠(roulette wheel) 방법이다. 이 방법은 각 후보해의 적합도에 비례하여 원반의 면적을 할당하고, 원반을 회전시켜서 원반이 멈추었을 때 핀이 가리키는 후보해를 선택한다. 따라서 면적이 넓은 후보해가 선택될 확률이 높다.

다음은 각 후보해의 적합도가 아래와 같을 때 선택 연산이 룰렛 휠 방법으로 수행되는 과정을 보여준다.

- 후보해 1의 적합도: 10
- 후보해 2의 적합도: 5
- 후보해 3의 적합도: 3
- 후보해 4의 적합도: 2

각 후보해에 해당되는 원반 면적은 (후보해의 적합도 / 모든 후보해의 적합도의 합)에 비례한다. 앞의 예제에서 모든 적합도의 합이 10 + 5 + 3 + 2 = 20이므로, 후보해 1의 면적은 10/20 = 50%, 후보해 2의 면적은 5/20 = 25%, 후보해 3의

면적은 3/20 = 15%, 후보해 4의 면적은 2/20 = 10%이다.

현재 4개의 후보해가 있으므로, 4번 원반을 돌리고 회전이 멈추었을 때 핀이 가리키는 후보해를 각각 선택하면 된다.

2. 교차 연산

교차 연산은 선택 연산을 수행한 후의 후보해 사이에 수행되는데, 이는 염색체가 교차하는 것을 그대로 모방한 것이다. 예를 들어, 2개의 후보해가 각각 2진수로 다음과 같이 표현된다면, 교차점 이후의 부분을 서로 교환하여 교차 연산이 수행되며, 그 결과

각각 새로운 후보해가 만들어진다. 이와 같은 교차 연산을 1-점 (point) 교차 연산이라고 한다.

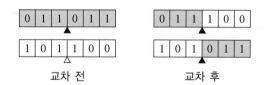

후보해가 길게 표현되면, 여러 개의 교차점을 임의로 정하여 교차 연산을 할 수도 있다. 교차 연산의 목적은 선택 연산을 통해서 얻은 후보해보다 우수한 후보해를 생성하는 것이다.

문제에 따라서 교차 연산을 수행할 후보해의 수를 조절하는데, 이를 교차율 (crossover rate)이라고 한다. 일반적으로 교차율은 0.2~1.0 범위에서 정한다.

3. 돌연변이 연산

교차 연산이 수행된 후에 돌연변이 연산을 수행한다. 돌연변이 연산은 아주 작은 확률로 후보해의 일부분을 임의로 변형시키는 것이다. 이 확률을 돌연변이율 (mutation rate)이라고 하며, 일반적으로 (1/PopSize)~(1/Length)의 범위에서 사용된다. 여기서 PopSize란 모집단 크기(population size)로, 한 세대의 후보해의

수이고, Length란 후보해를 이진 표현으로 했을 경우의 bit 수이다. 다음의 예는
두 번째 bit가 0에서 1로 돌연변이가 일어난 것을 보여주고 있다.

돌연변이가 수행된 후에 후보해의 적합도가 오히려 나빠질 수도 있다. 그러나 돌
연변이 연산의 목적은 다음 세대에 돌연변이가 이루어진 후보해와 다른 후보해를
교차 연산함으로써 이후 세대에서 보다 우수한 후보해를 생성하기 위한 것이다.

GeneticAlgorithm의 종료 조건은 일정하지 않다. 왜냐하면 유전자 알고리즘이 항
상 최적해를 찾는다는 보장이 없기 때문이다. 따라서 일반적으로 알고리즘을 수행
시키면서 더 이상 우수한 해가 출현하지 않으면 알고리즘을 종료시킨다.

예제 따라
이해하기

다음의 2차 함수에 대해 유전자 알고리즘으로 $0 \leq x \leq 31$ 구간에서 최댓값을 찾아
보자.

$$f(x) = -x^2 + 38x + 80$$

먼저 한 세대의 후보해 수를 4로 정하고, 0~31에서 랜덤하게 4개의 후보해인 1,
29, 3, 10을 선택하였다고 가정하자. 이들이 바로 초기 세대를 구성하는 후보해들
이다. 각 후보해의 적합도는 $f(1) = -(1)^2 + 38(1) + 80 = 117$, $f(29) = 341$, $f(3)$
$= 185$, $f(10) = 360$이다.

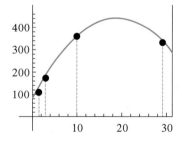

후보해	2진 표현	x	적합도 $f(x)$	원반 면적 (%)
1	0 0 0 0 1	1	117	12
2	1 1 1 0 1	29	341	34
3	0 0 0 1 1	3	185	18
4	0 1 0 1 0	10	360	36
계			1,003	100
평균			250.75	

앞의 그래프는 각 후보해에 대한 적합도, 즉 $f(x)$의 값을 보이고 있다. 앞의 표는 각 후보해의 2진 표현, 적합도, 룰렛 휠 선택을 위한 원반 면적을 보이고 있다. 또한 초기 세대의 평균 적합도는 250.75이다.

- **선택 연산:** 룰렛 휠 선택 방법을 이용하여, 후보해 4는 2번 선택되었고, 후보해 2와 3은 각각 1번 선택되었으며, 후보해 1은 선택되지 않았다고 가정하자.
- **교차 연산:** 후보해 4가 2개이므로, 후보해 2와 4를 짝짓고, 후보해 3과 4를 짝지어 다음과 같이 교차 연산을 수행한다. 단, 1점-교차 연산을 위해 다음과 같이 임의의 교차점이 선택되었다고 가정하자.

- **돌연변이 연산:** 교차 연산 후에 후보해 1의 왼쪽에서 두 번째 bit가 돌연변이가 되어서 '1'에서 '0'으로 바뀌었다고 가정하자. 다른 후보해는 교차 연산 후와 동일하다.

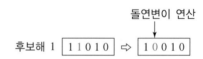

다음의 표는 두 번째 세대의 후보해에 대한 적합도를 보이고 있다.

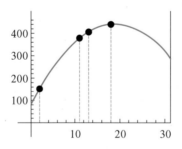

후보해	2진 표현	x	적합도 $f(x)$
1	1 0 0 1 0	18	152
2	0 0 0 1 0	2	440
3	0 1 1 0 1	13	405
4	0 1 0 1 1	11	377
계			1,374
평균			343.5

두 번째 세대의 평균 적합도가 343.5로 많이 향상된 것을 알 수 있다. 그러나 일반적으로 더 우수한 해가 있는지를 확인할 방법이 없으므로 충분한 세대를 거쳐 (repeat-루프를 더 수행하여) 후보해의 적합도가 변하지 않으면, 알고리즘을 종료

하고, 후보해 중에서 가장 적합도가 높은 후보해를 리턴한다.

다음은 여행자 문제를 해결할 때 GeneticAlgorithm을 적용하기 위해 사용되는 2가지의 교차 연산을 소개한다. 여행자 문제의 후보해는 시작도시부터 각 도시를 중복 없이 나열하여 만들어진다.

- **2점-교차 연산**: 임의의 2점을 정한 후, 가운데 부분을 서로 바꾼다. 이후 중복되는 도시(점선 박스 내의 도시)를 현재 후보해에 없는 도시로 차례로 바꾼다. 예를 들어, ABCDEFGH가 ABHBAFGH가 되면, C, D, E가 없어졌고, H, B, A는 각각 2개씩 있다. 따라서 가운데 부분의 좌우에 있는 H, B, A를 각각 C, D, E로 바꾸어 주면 EDHBAFGC가 된다.

AB | CDE | FGH	⇒	AB | HBA | FGH	⇒	ED | HBA | FGC
GD | HBA | FEC		GD | CDE | FEC		GB | CDE | FAH
교차 전		가운데 부분만 교차된 모습		교차 후

- **사이클 교차 연산**: 후보해 1에서 임의 도시 A를 선택한 후, A와 같은 위치에 있는 후보해 2의 도시 B와 바꾼다. 바꾼 후에는 후보해 1에는 A가 없고 B가 2개 존재하게 된다. 이를 해결하기 위해 후보해 1에 원래부터 있었던 B를 후보해 2에 B와 같은 위치에 있는 도시와 바꾼다. 이렇게 반복하여 A가 후보해 2로부터 후보해 1로 바뀌게 되면 교차 연산을 마친다.

↓		↓		↓		↓
ABCDEFG	⇒	ABDDEFG	⇒	ABDGEFG	⇒	ABDGEFC
FEDGBAC		FECGBAC		FECDBAC		FECDBAG

앞의 예를 보면, 처음에 후보해 1에서 임의로 C가 선택된 후, C와 같은 위치의 후보해 2의 도시 D와 서로 바꾼다. 그러면 후보해 1에는 2개의 D가 있다. 후보해 1에 원래부터 있었던 D(화살표로 가리키고 있는)를 후보해 2의 같은 위치의 G와 서로 바꾼다. 그러면 후보해 1에는 2개의 G가 있다. 후보해 1에 원래부터 있었던 G(화살표로 가리키고 있는)를 후보해 2의 같은 위치의 C와 서로 바꾼다. 이때 처음에 후보해 1에서 선택했던 C가 후보해 1로 바뀌어 올라오게 되어서, 교차 연산을 마친다. 즉, C→D→G→C의 사이클을 따라서 상하로 도시를 바꾼 것이다.

유전자 알고리즘은 대부분의 경우 실제로 적지 않은 실험을 요구한다. 주어진 문제에 대해서, 모집단 크기, 교차율, 돌연변이율 등과 같은 파라미터가 다양한 실험을 통해서 조절되어야 하며, repeat-루프의 종료 조건도 실험을 통해서 결정할 수밖에 없다. 또한 다양한 선택 연산과 교차 연산 중에서 어떤 연산이 주어진 문제에 적절한지도 많은 실험을 통해서 결정해야 한다.

유전자 알고리즘은 문제의 최적해를 알 수 없고, 기존의 어느 알고리즘으로도 해결하기 어려운 경우에, 최적해에 가까운 해를 찾는 데 매우 적절한 알고리즘이다. 유전자 알고리즘이 최적해를 반드시 찾는다는 보장은 없으나 대부분의 경우 매우 우수한 해를 찾는다. 유전자 알고리즘은 통 채우기, 작업 스케줄링, 차량 경로, 배낭 문제 등과 같은 NP-완전 문제를 해결하는 데 활용되며, 로봇 공학, 기계 학습 (Machine Learning), 신호 처리(Signal Processing), 반도체 설계, 항공기 디자인, 통신 네트워크, 패턴 인식 분야에서 활용된다. 그 외에도 경제, 경영, 환경, 의학, 음악, 군사 등과 같은 다양한 분야에서 최적화 문제를 해결하는 데 활용된다.

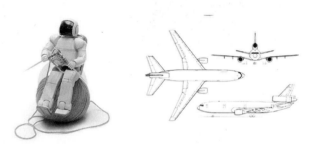

▶ 유전자 알고리즘은 로봇 공학(왼쪽), 항공기 디자인(오른쪽)에 활용된다.

9.4 모의 담금질 기법

모의 담금질(Simulated Annealing) 기법은 높은 온도에서 액체 상태인 물질이 온도가 점차 낮아지면서 결정체로 변하는 과정을 모방한 해 탐색 알

고리즘이다. 용융 상태에서는 물질의 분자가 자유로이 움직이는데([그림 9-4(a)]), 이를 모방하여 해를 탐색하는 과정도 특정한 패턴 없이 이루어진다. 그러나 온도가 점점 낮아지면 분자의 움직임이 점점 줄어들어 결정체가 되는데, 해 탐색 과정도 이와 유사하게 점점 더 규칙적인 방식으로 이루어진다.

이러한 방식으로 해를 탐색하려면, 후보해에 대해 이웃하는 해(이웃해)를 정의하여야 한다. [그림 9-4(b)]에서 각 점은 후보해이고 아래쪽에 위치한 해가 위쪽에 있는 해보다 우수한 해이다. 또한 2개의 후보해 사이의 화살표는 이 후보해들이 서로 이웃하는 관계임을 나타낸다.

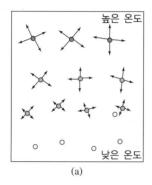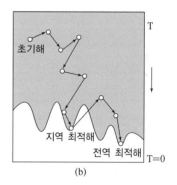

[그림 9-4]

[그림 9-4(b)]는 모의 담금질 기법이 최솟값을 탐색하는 과정을 보이고 있다. 높은 T에서의 초기 탐색은 최솟값을 찾는데도 불구하고 확률 개념을 도입하여 현재 해의 이웃해 중에서 현재 해보다 '나쁜' 해로(위 방향으로) 이동하는 자유로움을 보인다. 그러나 T가 낮아지면서 점차 탐색은 아래 방향으로 향한다. 즉, T가 낮아질수록 위 방향으로 이동하는 확률이 점차 작아진다. [그림 9-4(b)]에서 처음 도착한 골짜기(지역 최적해, local optimum)에서 더 이상 아래로 탐색할 수 없는 상태에 이르렀을 때 '운 좋게' 위 방향으로 탐색하다가 전역 최적해(global optimum)를 찾는 것을 보여준다. 그러나 유전자 알고리즘과 마찬가지로 모의 담금질 기법도 항상 전역 최적해를 찾아준다는 보장은 없다.

모의 담금질 기법의 또 하나의 특징은 하나의 초기 해로부터 탐색이 진행된다는 것이다. 반면에 유전자 알고리즘은 여러 개의 후보해를 한 세대로 하여 탐색을 진행한다. 다음은 최솟값을 최적해로 갖는 문제를 위한 모의 담금질 기법의 기본적인 알고리즘이다.

 알고리즘

SimulatedAnnealing

1	임의의 후보해 s를 선택한다.
2	초기 T를 정한다.
3	repeat
4	for i = 1 to k_T { // k_T는 T에서의 for—루프 반복 횟수이다.
5	s의 이웃해 중에서 랜덤하게 하나의 해 s′를 선택한다.
6	d = (s′의 값) − (s의 값)
7	if (d < 0) // 이웃해인 s′가 더 우수한 경우
8	s ← s′
9	else // s′가 s보다 우수하지 않은 경우
10	q ← (0,1) 사이에서 랜덤하게 선택한 수
11	if (q < p) s ← s′ // p는 자유롭게 탐색할 확률이다.
	}
12	T ← αT // 1보다 작은 상수 α를 T에 곱하여 새로운 T를 계산한다.
13	until(종료 조건이 만족될 때까지)
14	return s

- SimulatedAnnealing 알고리즘은 line 1에서 임의의 해 s를 선택하여 탐색을 시작한다.
- Line 2에서는 충분히 높은 값의 T를 실험을 통해 정한다.
- Line 3~12의 repeat-루프는 종료 조건이 만족될 때까지 수행된다. repeat-루프 내에서는 for-루프가 k_T만큼 반복 수행된다. k_T는 현재 T에서 for-루프가 수행되는 횟수인데, 일반적으로 T가 작아질수록 k_T가 커지도록 조절한다. k_T는 입력의 크기와 이웃하는 해의 수 등에 따라서 실험을 통하여 정한다.
- Line 5에서는 현재 해인 s에 이웃하는 해 중에서 임의로 s′를 선택한다.
- Line 6에서는 s′와 s의 값의 차이인 d를 계산한다. 해의 값은 유전자 알고리즘에서의 적합도와 같다.
- Line 7의 if-조건에서는 s′가 s보다 우수한 해이면 다음 탐색을 위해 s′가 현재 해 s가 된다.
- Line 9~11에서 s′가 s보다 우수하지 않더라도 0~1 사이에서 랜덤하게 선택한 수 q가 확률 p보다 작으면, s′가 현재 해 s로 될 기회를 준다. 즉, 이 기회가 [그림 9-5]에서처럼 최솟값을 찾는데도 불구하고

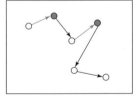

[그림 9-5]

위쪽에 위치한 이웃해로 탐색을 수행하게 하는 것이다. 여기서 p는 자유롭게 탐색할 확률이다. p는 [핵심 아이디어]에서 상세히 설명한다.

- Line 12에서는 T를 일정 비율 α로 감소시킨다. 실제로 $0.8 \leq \alpha \leq 0.99$ 범위에서 미리 정한 냉각률(cooling ratio)을 T에 곱하여 새로운 T를 계산한다. 일반적으로 α를 0.99에 가까운 수로 선택하여, T가 천천히 감소되도록 조절한다.

- Line 13의 종료 조건은 더 이상 우수한 해를 찾지 못하거나, 미리 정한 repeat-루프의 최대 반복 횟수의 초과 여부로 정한다.

- 마지막으로 repeat-루프가 끝나면 line 14에서 현재 해인 s를 리턴한다.

핵심아이디어

모의 담금질 기법은 T가 높을 때부터 점점 낮아지는 것을 확률 p에 반영시켜서 초기에는 탐색이 자유롭다가 점점 규칙적이 되도록 한다. 그러므로 확률 p는 T에 따라서 변해야 한다. T가 높을 때에는 p도 크게 하여 자유롭게 탐색할 수 있도록 하고, T가 0이 되면 p를 0에 가깝게 만들어서 line 11에서 나쁜 이웃해 s′가 s로 되지 못하도록 한다.

p에 반영시켜야 할 또 하나의 요소는 s′와 s의 값의 차이 d이다. d 값이 크면 p를 작게 하고, 작으면 p를 크게 한다. 이렇게 하는 이유는 값의 차이가 큼에도 불구하고 p를 크게 하면 그동안 탐색한 결과가 무시되어 랜덤하게 탐색하는 결과를 낳기 때문이다. 이 2가지 요소를 종합하여 확률 p는 다음과 같이 정의된다.

$$p = 1 / e^{d/T} = e^{-d/T}$$

앞의 식에서 T는 큰 값으로부터 0까지 변하고, d는 s′와 s의 값의 차이이다.

모의 담금질 기법으로 해를 탐색하려면, 먼저 후보해에 대한 이웃해를 정의하여야 한다. 다음은 여행자 문제의 이웃하는 해를 정의하는 3가지 예이다.

- **삽입(Insertion):** 2개의 도시를 랜덤하게 선택한 후에, 두 번째 도시를 첫 번째 도시 옆으로 옮기고, 두 도시 사이의 도시들은 오른쪽으로 1칸씩 이동한다. 다음의 예제에서 도시 B와 F가 랜덤하게 선택되었다고 하면, F가 B의 바로 오른쪽으로 이동한 후, B와 F 사이의 C, D, E를 각각 오른쪽으로 1칸씩 이동한다.

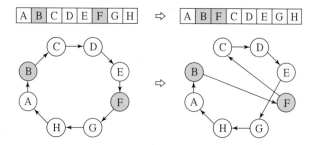

- **교환(Switching):** 2개의 도시를 랜덤하게 선택한 후에, 그 도시들의 위치를 서로 바꾼다. 다음의 예제에서 도시 B와 F가 랜덤하게 선택되었다면, B와 F의 자리를 서로 바꾼다.

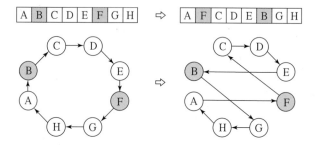

- **반전(Inversion):** 2개의 도시를 랜덤하게 선택한 후에, 그 두 도시 사이의 도시를 역순으로 만든다. 단, 선택된 두 도시도 반전에 포함시킨다. 다음의 예제에서는 도시 B와 E가 랜덤하게 선택되었다면 [B C D E]가 역순으로 [E D C B]로 바꾼다.

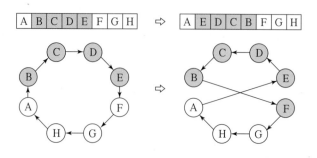

SimulatedAnnealing 알고리즘은 line 5에서 현재 해 s에 이웃하는 해 중 하나를 랜덤하게 하나를 선택하는데, 이때 앞에 소개된 이웃해 정의 중의 하나를 이용하

여 여행자 문제를 해결한다.

응용

모의 담금질 기법은 유전자 알고리즘의 응용에
서와 같이 반도체 회로 설계, 유전자 배열, 단백
질 구조 연구, 경영 분야의 재고 계획, 원자재 조
달, 상품의 생산 및 유통, 운송 분야의 스케줄링,
건축 분야의 빌딩 배치(Building Layout), 항공기
디자인, 복합 물질 모델링, 금융 분야의 은행의
재무 분석 등에 매우 광범위하게 활용된다.

▶ 모의 담금질 기법은 건축 분야의 빌
딩 배치에 활용된다.

○ 요약

- 백트래킹(Backtracking) 기법은 해를 찾는 도중에 '막히면' 되돌아가서 다시 해를 찾아 가는 기법으로 상태 공간 트리에서 깊이 우선 탐색(Depth First Search) 방법으로 해를 찾는 알고리즘이다.

- 백트래킹 기법의 시간복잡도는 상태 공간 트리의 노드 수에 비례하고 대부분 지수 시간이다. 이는 모든 경우를 다 검사하여 해를 찾는 완전탐색(Exhaustive Search)의 시간복잡도와 같다. 그러나 일반적으로 백트래킹 기법은 '가지치기'를 하므로 완전탐색보다 훨씬 효율적이다.

- 분기 한정 기법은 상태 공간 트리의 각 노드(상태)에 특정한 값(한정값)을 부여하고, 노드의 한정값을 활용하여 탐색함으로써 백트래킹 기법보다 빠르게 해를 찾는다.

- 분기 한정 기법에서는 가장 우수한 한정값을 가진 노드를 먼저 탐색하는 최선 우선 탐색(Best First Search)으로 해를 찾는다. 또한 분기 한정 기법은 최적화 문제를 해결하는 데 적절하다.

- 유전자 알고리즘(Genetic Algorithm)은 다윈의 진화론으로부터 창안된 해 탐색 알고리즘이다. 즉, '적자생존'의 개념을 최적화 문제를 해결하는 데 적용한 것이다.

- 유전자 알고리즘은 여러 개의 해를 임의로 생성하여 이들에 대해 선택, 교차, 돌연변이 연산을 반복 수행하여 마지막에 가장 우수한 해를 리턴한다.

- 유전자 알고리즘은 문제의 최적해를 알 수 없고, 기존의 어느 알고리즘으로도 해결하기 어려운 경우에 최적해에 가까운 해를 찾는 데 매우 적절한 알고리즘이다.

- 모의 담금질(Simulated Annealing) 기법은 높은 온도에서 액체 상태인 물질이 온도가 점차 낮아지면서 결정체로 변하는 과정을 모방한 해 탐색 알고리즘이다.

- 유전자 알고리즘과 마찬가지로 모의 담금질 기법도 항상 최적해를 찾아준다는 보장은 없다.

연습문제

1. 다음의 괄호 안에 알맞은 단어를 채워 넣어라.

   (1) 백트래킹은 해를 찾는 도중에 (   ) 되돌아가서 다시 해를 찾아 가는 기법으로 상태 공간 트리에서 (   ) 탐색 방법으로 해를 찾는 알고리즘이다.

   (2) 백트래킹의 시간복잡도는 상태 공간 트리의 (   ) 수에 비례하고 (   ) 시간이다. 이는 모든 경우를 다 검사하여 해를 찾는 (   ) 탐색의 시간복잡도와 같다. 그러나 일반적으로 백트래킹 기법은 (   )를 하므로 훨씬 효율적이다.

   (3) 분기 한정 기법은 상태 공간 트리의 각 노드(상태)에 (   )값을 부여하고, 노드의 (   )값을 활용하여 (   )함으로써 백트래킹보다 빠르게 해를 찾는다.

   (4) 분기 한정 기법에서는 가장 우수한 한정값을 가진 노드를 먼저 탐색하는 (   ) 우선 탐색으로 해를 찾는다.

   (5) 유전자 알고리즘은 다윈의 진화론으로부터 창안된 해 탐색 알고리즘이다. 즉, (   )의 개념을 최적화 문제를 해결하는 데 적용한 것이다.

   (6) 유전자 알고리즘은 여러 개의 해를 임의로 생성하여 이들에 대해 (   ), (   ), (   ) 연산을 반복 수행하여 마지막에 가장 우수한 해를 리턴한다.

   (7) 모의 담금질은 높은 온도에서 액체 상태인 물질이 (   )가 점차 낮아지면서 (   )(으)로 변하는 과정을 모방한 해 탐색 알고리즘이다.

   (8) 유전자 알고리즘과 마찬가지로 모의 담금질 기법도 항상 (   )해를 찾아준다는 보장은 없다.

2. 백트래킹에 대한 설명이다. 다음 중 옳지 <u>않은</u> 것은?

   ① 모든 해를 다 찾을 수 있다.

   ② 일반적으로 완전탐색보다 효율적이다.

   ③ 해가 성립되지 않으면 탐색을 중단하고 이전 단계에서 탐색을 계속한다.

   ④ 일반적으로 깊이 우선 방식의 탐색으로 진행된다.

   ⑤ 답 없음

3. 다음의 논리식이 참이 되기 위한 각 변수의 *true/false* 값을 찾으려고 한다.

$$(x_1 \vee \overline{x_2}) \wedge (\overline{x_1} \vee \overline{x_3}) \wedge (x_1 \vee x_2) \wedge (x_4 \vee \overline{x_3}) \wedge (x_4 \vee \overline{x_1})$$

위 문제를 해결하기 위해 백트래킹 기법으로 다음과 같이 탐색을 수행하였다.

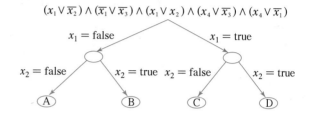

위의 상태 공간 트리에서 어느 노드를 따라 내려가야 해를 찾을 수 있을까?

① A   ② B   ③ C   ④ D   ⑤ 답 없음

4. 서양장기(Chess)의 여왕 말(n–Queens) 문제는 n개의 여왕 말이 서로를 공격하지 못하도록 장기판에 n개의 여왕 말을 배치하는 것이다. 여기서 여왕 말이 장기판 (i, j)에 배치되면 다른 여왕 말은 i행, j열, 양 대각선상에 배치될 수 없다.

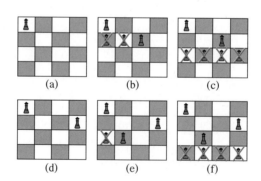

(1,1)	(1,2)	(1,3)	(1,4)
(2,1)	(2,2)	(2,3)	(2,4)
(3,1)	(3,2)	(3,3)	(3,4)
(4,1)	(4,2)	(4,3)	(4,4)

위의 그림처럼 장기판이 4×4일 때 4개의 여왕 말을 서로를 공격하지 못하도록 백트래킹 기법을 이용하여 (a)~(f)까지 탐색을 하였는데 마지막 행에 4번째 말을 놓는데 실패한 상태이다. 그 다음엔 몇 번째 말을 어디에 놓아야 할까?

① 첫 번째 말을 (1, 2)에 놓는다.

② 두 번째 말을 (1, 3)에 놓는다.

③ 세 번째 말을 (3, 3)에 놓는다.

④ 세 번째 말을 (3, 4)에 놓는다.

⑤ 답 없음

5. 분기 한정 기법에 대한 설명이다. 다음 중 옳지 <u>않은</u> 것은?

　① 백트래킹 기법을 향상시킨 탐색 알고리즘이다.

　② 상태 공간 트리의 대부분의 노드들이 문제의 조건에 부합하기 때문에 분기 한정 기법이 백트래킹 기법보다 효율적이다.

　③ 분기 한정 기법은 최적해가 있을 만한 영역을 먼저 탐색한다.

　④ 분기 한정 기법은 최적해를 찾은 후에, 탐색하여야 할 나머지 노드의 한정값이 최적해의 값과 같거나 나쁘면 더 이상 탐색하지 않는다.

　⑤ 답 없음

6. 분기 한정 기법에 대한 설명이다. 다음 중 옳은 것은?

　① 너비 우선 탐색보다 깊이 우선 탐색이 더 많은 해를 찾는다.

　② 임의의 탐색 방법을 사용하여도 해를 찾는 시간은 비슷하다.

　③ 깊이 우선 탐색이 다른 탐색 방법보다 항상 효율적으로 해를 찾는다.

　④ 최선 우선 탐색이 깊이 우선 탐색보다 해를 탐색하는데 효율적이다.

　⑤ 답 없음

7. 다음의 그래프 G=(V, E)에서 분기 한정 기법으로 출발점 A로부터 여행자 문제의 최적해를 찾으려고 한다.

　한정값 계산은 다음과 같다.

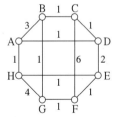

　상태 공간 트리의 어느 노드 [X, T, Y]는 점 X로부터 T에 있는 점들을 지나서 점 Y에 도착한 상태를 나타낸다. 단, T는 X와 Y도 포함한다.

　이때 이 노드의 한정값은 (X로부터 T의 점들을 지나서 Y까지 온 거리) + (G에서 T를 제외한 부분(즉, V−T)의 최소 신장 트리의 가중치) + (점 X에서 V−T에 있는 점 사이의 가장 짧은 거리) + (점 Y에서 V−T에 있는 점 사이의 가장 짧은 거리)이다.

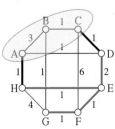

예를 들어 [A, {A, B, C}, C]의 한정값은 (3 + 1) + (1 + 2 + 1 + 1) + (1) + (1) = 11이다.

이 상태 공간 트리에서 노드 [A, {A, H}, H]의 한정값은?

① 7   ② 8   ③ 9   ④ 10   ⑤ 답 없음

8. 게임 8-퍼즐은 초기에 3×3판에 1부터 8까지의 각 숫자가 한 칸의 타일에 들어가 있고 한 칸은 비어있는 상태에서 숫자 타일을 빈칸으로 이동시켜가며 목표 상태를 만드는 게임이다. 다음에 주어진 초기 상태와 목표 상태에 대해 8-퍼즐 문제를 분기 한정 기법으로 해결하려고 한다.

초기 상태:

1	2	3
5	6	
7	8	4

목표 상태:

1	2	3
5	8	6
	7	4

상태 공간 트리의 한 노드 N의 한정값 계산은 다음과 같다.
N의 한정값 = (목표 상태와 비교하여 잘못 위치한 타일의 수) + (현재까지 타일을 이동한 횟수)

예를 들어 다음 노드의 한정값은 1 + 4 = 5이다. 왜냐하면 초기 상태에서 4번 타일을 위로 올려서 만들어진 상태이며, 4개의 타일이 목표 상태에서 자신의 자리를 잡지 못했기 때문이다.

위와 같은 한정값을 사용하면서 최선 우선 탐색을 수행하면, 목표 상태에 도달하기 위해 총 몇 개의 노드를 탐색해야 하는가? 단, 초기 상태는 제외하고 계산하라.

① 4   ② 6   ③ 8   ④ 12   ⑤ 답 없음

9. 유전자 알고리즘에 대한 설명이다. 다음 중 옳지 <u>않은</u> 것은?

① 적자생존 개념을 최적화 문제를 해결하는데 적용한 것이다.

② 선택, 교차, 돌연변이 연산을 사용한다.

③ 후보해는 1개만을 가지고 여러 세대를 진행하여 해를 얻는다.

④ 최적해를 찾는다는 보장이 없다.

⑤ 답 없음

10. 다음은 선택 연산에 대한 설명이다. 다음 중 옳지 <u>않은</u> 것은?

① 선택 연산은 후보해들 중에서 적합도가 높은 후보해를 선택하는 연산이다.

② 선택 연산에는 룰렛 휠 선택, 토너먼트 선택 방법 등이 있다.

③ 동일한 후보해가 여러 번 선택될 수도 있다.

④ 어떤 후보해라도 한 번은 선택된다.

⑤ 답 없음

11. 다음 중 교차 연산이 <u>아닌</u> 것은?

① 나선형 교차   ② 1점 교차

③ 2점 교차   ④ 균등 교차

⑤ 답 없음

12. 다음은 돌연변이 연산에 관한 설명이다. 옳은 것은?

① 잃어버린 정보를 찾아주는 역할을 한다.

② 돌연변이 연산을 많이 수행해도 탐색에 그리 많은 영향을 주지 않는다.

③ 후보해의 많은 부분을 변경시킨다.

④ 다수의 후보해들이 지역 최적해에 가까운 값을 갖도록 도와준다.

⑤ 답 없음

13. 다음 중 유전자 알고리즘의 실제 수행 시간에 가장 큰 영향을 미치는 것은?

① 모집단 크기(population size)   ② 교차율(crossover rate)

③ 돌연변이율(mutation rate)   ④ 선택 연산

⑤ 답 없음

14. 다음 중 유전자 알고리즘을 종료시키는 조건에 알맞은 것은?

① 더 이상 좋은 후보해가 생성되지 않으면

② 일정한 세대 수를 임의로 정하여

③ 실제 CPU 시간을 측정하여 일정 시간이 지나면

④ 최적해에 가까운 후보해를 찾으면

⑤ 답 없음

15. 모의 담금질 기법에 대한 설명이다. 다음 중 옳지 <u>않은</u> 것은?

① 높은 온도에서 물질의 입자가 자유롭게 움직이고 온도가 낮아지면서 물질
이 결정으로 되는 과정을 최적화 문제를 해결하는데 적용한 것이다.

② 온도가 높을 때는 좋지 않은 이웃해로 이동하기도 한다.

③ 후보해는 1개만을 가지고 알고리즘을 수행하여 해를 얻는다.

④ 최적해를 찾는다는 보장이 없다.

⑤ 답 없음

16. 모의 담금질 기법의 냉각율에 대한 설명이다. 다음 중 맞는 것은?

① 냉각율이 높을수록 알고리즘의 수행 시간이 줄어든다.

② 냉각율이 낮으면 온도(T)가 느리게 떨어진다.

③ 냉각율은 일반적으로 0.99에 가깝게 선택된다.

④ 냉각율은 이웃해로 이동하는 것과 관련이 없다.

⑤ 답 없음

17. 모의 담금질 기법에서 이웃해가 현재해보다 좋지 않은 해일지라도 $e^{-\Delta T}$ 라는
확률로 이동한다. 이 확률에 대해 옳게 설명한 것은?

① T가 낮아질수록 이 확률은 커진다.

② Δ가 커질수록 이 확률도 커진다.

③ T가 0이면 이 확률은 1.0에 가까워진다.

④ Δ는 |현재 해의 값 − 이웃해의 값|이다.

⑤ 답 없음

CHAPTER 09
해 탐색 알고리즘

18. 다음은 유전자 알고리즘과 모의 담금질 기법에 관한 설명이다. 다음 중 가장 부적절한 설명은?

① 두 알고리즘은 최적해를 찾는 문제를 해결하기 위해 사용된다.

② 두 알고리즘의 최종해가 최적해라는 보장이 없다.

③ 유전자 알고리즘이 모의 담금질 기법보다 빨리 해를 찾는다.

④ 모의 담금질 기법의 repeat-루프를 1회 수행하는 시간이 유전자 알고리즘에서 한 세대를 수행하는 시간보다 짧다.

⑤ 답 없음

19. 다음은 백트래킹과 유전자 알고리즘에 관한 설명이다. 다음 중 옳지 <u>않은</u> 것은?

① 백트래킹을 사용하면 항상 최적해를 찾을 수 있으나 유전자 알고리즘은 최적해를 찾는다는 보장이 없다.

② 백트래킹은 최악 경우에 지수 시간이 소요되나 유전자 알고리즘은 적절한 파라미터들을 선택하기 위해 많은 실험이 필요하다.

③ 백트래킹은 상태 공간 트리에서 모든 노드를 탐색하나 유전자 알고리즘은 상태 공간 트리에서 해를 탐색하지 않는다.

④ 백트래킹과 유전자 알고리즘 모두 최적해를 찾는 문제를 해결하는데 사용될 수 있다.

⑤ 답 없음

20. 서양장기(Chess)의 여왕 말(n-Queens) 문제는 n개의 여왕 말이 서로를 공격하지 못하도록 장기판에 n개의 여왕 말을 배치하는 것이다. 여기서 여왕 말이 장기판 (i,j)에 배치되면 다른 여왕 말은 i행, j열, 양 대각선상에 배치될 수 없다.

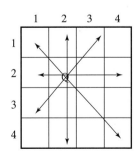

위의 그림처럼 장기판이 4×4일 때 4개의 여왕 말을 서로를 공격하지 못하도록 백트래킹 기법을 이용하여 장기판에 배치하라.

21. 주어진 그래프에서 해밀토니안 사이클(Hamiltonian Cycle)을 찾기 위한 백트래킹 기법을 제시하라. 해밀토니안 사이클이란 하나의 시작점에서 출발하여 모든 다른 점을 1번씩만 방문하여 시작점으로 돌아오는 사이클이다. 단, 입력 그래프에는 해밀토니안 사이클을 가지고 있다고 가정하라.

22. 다음의 그래프에서 문제 21에서 제시된 해밀토니안 사이클을 찾는 백트래킹 기법으로 해밀토니안 사이클을 찾는 과정을 보이라.

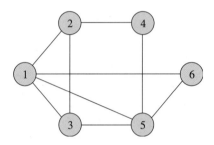

23. 다음에 주어진 0–1 배낭(Knapsack) 문제의 입력에 대해서 백트래킹 기법으로 해결되는 과정을 상태 공간 트리를 이용하여 보이라.

물건 1:	5kg, 5,000원
물건 2:	8kg, 6,400원
물건 3:	6kg, 3,600원
물건 4:	4kg, 1,200원
배낭의 용량: 12kg	

24. 다음에 주어진 부분 집합의 합(Subset Sum) 문제(즉, 다음 집합 S의 원소들 중에서 합이 17이 되는 원소 찾기)에 대해서 백트래킹 기법으로 해를 찾는 과정을 상태 공간 트리를 이용하여 보이라.

S= { 2, 5, 6, 9 }, k=17

25. 지도 색칠하기는 주어진 지도를 색칠하되 이웃하는 지역은 서로 다른 색으로 색칠하는 문제이다. 이 문제를 그래프 색칠하기(Coloring) 문제로 변환시켜 다음의 입력에 대해서 백트래킹 기법으로 해결되는 과정을 상태 공간 트리를 이용하여 보이라. 단, 4개의 색으로 색칠하라. 그리고 색은 1, 2, 3, 4로 구분하라.

26. 다음의 그림에서 여행자 문제의 최적 경로를 9.2절에서 소개된 분기 한정 기법으로 찾으라. 단, 시작점은 A이다.

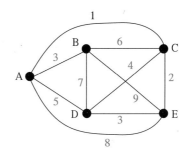

27. 다음과 같은 한정값 계산 방법을 사용하여 9.2절에 주어진 그래프에서 여행자 문제의 최적해를 찾아라. 단, 시작점은 A이다.

> 초기 상태의 한정값은 각 점에 인접한 간선의 최소 가중치의 합이다. 일반적인 상태에 대해서는 시작점에서 현재 도착한 점까지의 경로의 길이에다가 아직 방문하지 않은 각 점에 인접한 간선의 최소 가중치를 더하여 한정값을 정한다.

예를 들어서 그래프의 점이 A, B, C, D, E라면, 상태 [A,B,C]의 한정값은 가중치(간선 AB) + 가중치(간선 BC) + 점 C에 인접한 최소 가중치 + 점 D에 인접한 최소 가중치 + 점 E에 인접한 최소 가중치이다.

28. 다음의 배낭 문제의 입력에 대해 분기 한정 기법으로 최적해를 찾고자 한다. 이를 위해 한정값 계산 방법을 제시하고 알고리즘이 수행되는 과정을 보이라.

배낭의 용량 C: 10kg
물건 1: w_1=4kg, v_1=40, 물건 2: w_2=7kg, v_2=42
물건 3: w_3=5kg, v_3=25, 물건 4: w_4=3kg, v_4=12

29. 9.3절에서 2차 함수 $f(x) = -x^2+38x+80$에 대해서 $0 \le x \le 31$ 구간에서 두 번째 세대까지 GeneticAlgorithm이 수행된 예를 보였는데, 세 번째 세대가 만들어지는 과정을 보이라. 단, 선택 연산, 교차점 선택, 돌연변이 연산은 임의로 정하여 수행하라.

30. $0 \le x \le 31$ 구간에서 $f(x) = x^2$의 최솟값을 찾기 위해 다음과 같이 첫 세대를 임의로 선택하였다. 다음의 표를 적절히 채우라.

후보해	2진 표현	x	적합도 $f(x)$	원반 면적 (%)
1	0 1 1 0 1			
2	1 1 0 0 0			
3	0 1 0 0 0			
4	1 0 0 1 1			
계				100
평균				

31. 문제 30에서 선택 연산 후에 다음과 같이 후보해가 짝지어졌다고 가정하고 주어진 교차점에 대해 교차 연산 후의 후보해를 보이라.

$$
\begin{array}{cc}
0\,1\,1\,0\,1 & 1\,1\,0\,0\,0 \\
\blacktriangle & \blacktriangle \\
1\,1\,0\,0\,0 & 1\,0\,0\,1\,1 \\
\blacktriangle & \blacktriangle
\end{array}
$$

32. 문제 31에서 교차 연산 후 얻은 후보해에 대해서 다음의 표를 채우라.

후보해	2진 표현	x	적합도 $f(x)$	원반 면적 (%)
1				
2				
3				
4				
계				100
평균				

33. 여행자 문제에 대해서 9.3절에 소개된 2점-교차 연산을 다음의 후보해에 대하여 수행한 결과를 보이라.

G A C B F E D
▲   ▲

F E D G B A C
▲   ▲

34. 여행자 문제에 대해서 9.3절에 소개된 사이클 교차 연산을 다음의 후보해에 대하여 수행한 결과를 보이라.

▼
G A C B F E D

F E D G B C A

35. 언덕 오르기(Hill Climbing) 기법과 모의 담금질 기법의 장단점을 비교하라.

36. 9.4절에서 소개된 여행자 문제의 이웃해에 대한 3가지 정의에 대해서 다음 해의 이웃해를 각각 구하라. 단, A와 E가 랜덤하게 선택되었다고 각각 가정하라.

B A C H F E D

37. 9.4절에서 소개된 여행자 문제의 이웃해에 대한 3가지 정의는 각각 2개의 도시를 랜덤하게 선택한다. 이때 입력에 n개의 도시가 주어지면, 임의의 해에 대해 이웃하는 해는 몇 개인가?

38. 9.4절에서 소개된 확률 $p = 1 / e^{d/T} = e^{-d/T}$에는 원래 Boltzmann 상수 k가 다음과 같이 포함되어 있었다.

$$p = 1 / e^{d/kT} = e^{-d/kT}$$

그러나 모의 담금질 기법에서는 일반적으로 k=1로 놓고 사용한다. Boltzmann 상수의 용도를 조사하라.

39. 일직선 대로에 n개의 커피 전문점들이 있는데 각 쌍의 커피 전문점들 사이의 거리만 주어질 때 맨 왼쪽에 있는 커피 전문점을 기준으로 커피 전문점들의 일직선상의 위치를 찾으려고 한다. 단, 맨 왼쪽에 있는 커피 전문점 p_1의 일직선상의 위치는 0이고 다른 커피 전문점들의 일직선상의 위치는 양의 정수이며 서로 다르다. 다음의 입력에 대해 백트래킹 기법으로 해를 찾아라.

1, 2, 2, 3, 3, 4 ,5, 6, 7, 9

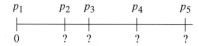

40. 문제의 입력이 [1, 2, 2, 2, 3, 3, 3, 4, 5, 5, 5, 6, 7, 8, 10]일 때 백트래킹 기법으로 해를 찾아라.

부록

ALGORITHM

Contents

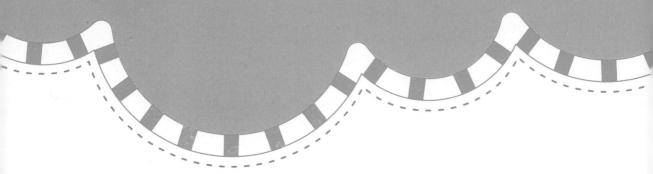

부록

분할 정복 알고리즘의 시간복잡도는 순환 관계[1](recurrence relation)를 이용해서도 계산할 수 있다. 이러한 순환 관계를 순환 항 없이 점근적 표기로 나타내는 것을 순환 관계의 해를 구한다고 한다.

일반적인 분할 정복 알고리즘의 수행 시간 T(n)은 다음과 같은 식의 형태로 표현된다.

$$T(1) = c, \text{ 단, } c \text{는 양의 상수이다.}$$
$$T(n) = aT(n/b) + O(n^d)$$

앞의 식에서 $aT(n/b)$는 a개의 부분문제들을 수행하는 데 걸리는 시간이며, n/b는 각 부분문제의 크기이다. 또한 $O(n^d)$은 부분문제들을 정복하는 데 걸리는 시간이다. 다음은 순환 관계의 해를 구하는 방법들이다.

- 연속 대치법
- 순환 트리법
- 귀납법

---

1) 점화 관계, 점화식이라고도 일컫는다.

1. 연속 대치법

연속 대치법이란 순환 항을 주어진 순환 식에 연속적으로 대치하여 순환 항 없는 식을 계산하는 방법이다. 그리고 순환 항 없는 식을 등비급수의 공식을 이용하여 간단한 식으로 만들고, 이를 점근적 표기로 나타낸다. 다음은 일반적인 순환 관계에 대해 연속 대치법으로 해를 구하는 과정이다.

$$
\begin{aligned}
T(n) &= aT(n/b)+n^d \\
&= a[aT(n/b^2)+(n/b)^d]+n^d = a^2T(n/b^2)+a(n/b)^d+n^d \\
&= a^2[aT(n/b^3)+(n/b^2)^d]+a(n/b)^d+n^d \\
&= a^3T(n/b^3)+a^2(n/b^2)^d+a(n/b)^d+n^d \\
&= a^4T(n/b^4)+a^3(n/b^3)^d+a^2(n/b^2)^d+a(n/b)^d+n^d \\
&\cdots \\
&= a^kT(n/b^k)+a^{k-1}(n/b^{k-1})^d+\cdots+a^3(n/b^3)^d+a^2(n/b^2)^d+a(n/b)^d+n^d \\
&= a^kT(1) + n^d\{(a/b^d)^{k-1}+\cdots+(a/b^d)^3+(a/b^d)^2+(a/b^d)+1\}, \text{ if } n/b^k=1 \\
&= a^k T(1) + n^d \sum_{i=1}^{k-1}\left(\frac{a}{b^d}\right)^i
\end{aligned}
$$

앞의 식은 3가지 경우로 나누어 점근적 표기로 나타낼 수 있다. 단, $T(1)=c$, c는 양의 상수이다.

● $a/b^d < 1$인 경우(즉, $d > \log_b a$)

$$
\begin{aligned}
T(n) &= a^k \cdot T(1) + O(n^d) \\
&= a^{\log_b n} T(1) + O(n^{\log_b a}) \\
&= c \cdot n^{\log_b a} + O(n^{\log_b a}) \\
&= O(n^{\log_b a})
\end{aligned}
$$

● $a/b^d = 1$인 경우($d = \log_b a$)

$$
\begin{aligned}
T(n) &= a^k T(1) + n^d \cdot k \\
&= a^{\log_b n} T(1) + n^d \cdot \log_b n \\
&= n^{\log_b a} T(1) + n^d \cdot \log_b n \\
&= n^d T(1) + n^d \cdot \log_b n \\
&= c \cdot n^d + n^d \cdot \log_b n \\
&= O(n^d \log n)
\end{aligned}
$$

● $a/b^d > 1$인 경우(즉, $d < \log_b a$)

$$T(n) = a^k T(1) + O\left(n^d \left(\frac{a}{b^d}\right)^k\right)$$

$$= ca^{\log_b n} + O(n^{\log_b a})$$

$$= cn^{\log_b a} + O(n^{\log_b a})$$

$$= O(n^{\log_b a})$$

$$\because n^d \left(\frac{a}{b^d}\right)^k = n^d \cdot \frac{a^k}{(b^d)^k}$$

$$= n^d \frac{a^{\log_b n}}{(b^d)^{\log_b n}}$$

$$= n^d \frac{n^{\log_b a}}{n^{\log_b b^d}}$$

$$= n^d \frac{n^{\log_b a}}{n^d}$$

$$= n^{\log_b a}$$

$$T(n) = \begin{cases} O(n^d) & \text{if } d > \log_b a \;\; \Leftarrow a/b^d < 1 \\ O(n^d \log n) & \text{if } d = \log_b a \;\; \Leftarrow a/b^d = 1 \\ O(n^{\log_b a}) & \text{if } d < \log_b a \;\; \Leftarrow a/b^d > 1 \end{cases}$$

앞과 같이 일반적 순환 관계를 점근적 표기로 나타낸 것을 공식처럼 활용할 수 있다. 이를 마스터 정리(master theorem)라고 한다.

 예제 따라 하기

다음의 예를 연속 대치법으로 해를 구하여보자.

$$\begin{cases} T(1) = c \\ T(n) = 3T(n/2) + n \end{cases}$$

앞의 순환 관계는 $T(n) = aT(n/b) + n^d$, $T(1) = c$에서 $a=3$, $b=2$, $d=1$이다.

$T(n) = 3T(n/2) + n$

$\quad = 3[3T((n/2)/2) + (n/2)] + n$, 왜냐하면 $T(n/2)$은 $T(n) = 3T(n/2) + n$ 식에 n 대신 $n/2$을 대치시켜 얻을 수 있으므로

$\quad = 3^2 T(n/2^2) + 3n/2 + n$

$$= 3^2[3T((n/2^2)/2)+(n/2^2)]+3n/2+n$$

$$= 3^3T(n/2^3)+3^2n/2^2+3n/2+n$$

$$\vdots$$

$$= 3^kT(n/2^k)+3^{k-1}n/2^{k-1}+ \cdots +3^2n/2^2+3n/2+n$$

$$= 3^kT(n/2^k)+n[(3/2)^{k-1}+ \cdots +(3/2)^2+3/2+1]$$

$$= 3^kT(1)+n[(3/2)^{k-1}+ \cdots +(3/2)^2+3/2+1], \text{ 만일 } n/2^k=1\text{이라면}$$

$$= 3^kc+n[(3/2)^{k-1}+ \cdots +(3/2)^2+3/2+1], \text{ T}(1)=c\text{이므로}$$

$$= 3^kc+n[\{(3/2)^k-1\}/\{3/2-1\}], \text{ 초항이 1이고 공비가 } r\text{인 급수의 } (k-1)\text{승}$$
항까지의 합이 $(r^k-1)/(r-1)$이므로

$$= 3^kc+2n\{(3/2)^k-1\}$$

$$= 3^{\log_2 n}c+2n\{(3/2)^{\log_2 n}-1\}, \text{ } n/2^k=1\text{에서 } 2^k=n\text{이고, 따라서 } k=\log_2 n\text{이므로}$$

$$= n^{\log_2 3}c+2n\{n^{\log_2(3/2)}-1\}, \text{ 왜냐하면 } a^{\log_b n}=n^{\log_b a}\text{이므로}$$

$$= cn^{\log_2 3}+2n\{n^{\log_2 3-\log_2 2}-1\}, \text{ 왜냐하면 } \log_2(a/b)=\log_2 a-\log_2 b\text{이므로}$$

$$= cn^{\log_2 3}+2n\{n^{\log_2 3-1}-1\}$$

$$= cn^{\log_2 3}+2n^{\log_2 3}-2n$$

$$= (c+2)n^{\log_2 3}-2n$$

$$= O(n^{\log_2 3})$$

또한 앞의 순환 관계를 마스터 정리를 이용하면, $a=3$, $b=2$, $d=1$이므로, $d<\log_b a$이다. 즉, $1<\log_2 3$이다. 따라서 $T(n)= O(n^{\log_2 3})$이다.

2. 순환 트리법

순환 트리법은 주어진 순환 관계를 트리로 그린 다음에, 각 층(level)에서 정복을 위해 수행되는 연산 횟수를 합하여 총 연산 횟수를 계산한다. 이 계산 결과를 등비 급수의 공식을 이용하여 간단한 식으로 만들고, 이를 점근적 표기로 나타낸다. 다음 그림은 일반적인 순환 관계를 트리로 그린 것이다.

$$\begin{cases} T(1) = c, \text{ 단, } c\text{는 상수이다.} \\ T(n) = aT(n/b) + O(n^d) \end{cases}$$

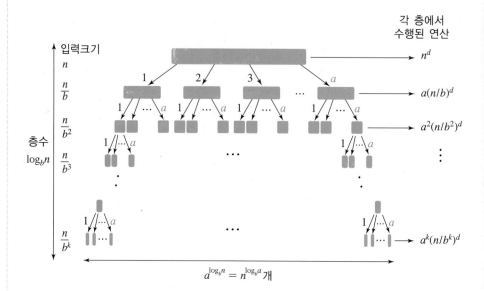

가장 마지막 층의 각 문제 크기는 n/b^k이다. 이때 n/b^k가 더 이상 분할할 수 없는 크기인 1이라면, 즉 $n/b^k=1$이라면 $k=\log_b n$이다. 따라서 모든 층에서 수행된 연산을 합하면 다음과 같다.

$$
\begin{aligned}
T(n) &= a^k T((n/b^k)^d) + a^{k-1}(n/b^{k-1})^d + \cdots + a^3(n/b^3)^d + a^2(n/b^2)^d + a(n/b)^d + n^d \\
&= a^k T(1) + n^d \{(a/b^d)^{k-1} + \cdots + (a/b^d)^3 + (a/b^d)^2 + (a/b^d) + 1\}, \text{ if } n/b^k = 1 \\
&= a^k T(1) + n^d \{(a/b^d)^k - 1\}/\{(a/b^d) - 1\}
\end{aligned}
$$

앞의 식이 연속 대치법에서 유도한 식과 동일함을 알 수 있다.

예를 들어, $a=3$, $b=2$, $d=1$이라면,

$$
\begin{aligned}
T(n) &= 3^k T(1) + n\{(3/2)^k - 1\}/\{(3/2) - 1\}, \ n/2^k = 1 \text{이므로 } n = 2^k,\ k = \log_2 n \\
&= 3^{\log_2 n} T(1) + 2n\{(3/2)^{\log_2 n} - 1\} \\
&= 3^{\log_2 n} T(1) + 2n\{3^{\log_2 n}/2^{\log_2 n} - 1\} \\
&= 3^{\log_2 n} T(1) + 2n\{3^{\log_2 n}/n - 1\} \\
&= 3^{\log_2 n} T(1) + 2 \cdot 3^{\log_2 n} - 2n \\
&= 3^{\log_2 n}(T(1) + 2) - 2n \\
&= n^{\log_2 3}(T(1) + 2) - 2n,\ T(1) = c \\
&= O(n^{\log_2 3}) \\
&= O(n^{1.59})
\end{aligned}
$$

또 다른 예로서 합병 정렬의 시간복잡도를 순환 트리법으로 구하여보자. 합병 정렬의 순환 관계는 $T(1)=c$, $T(n) =2T(n/2) + O(n)$이다. 이를 트리로 그려보면 다음과 같다.

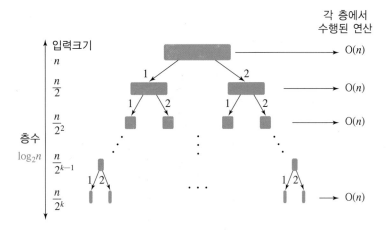

앞 트리에서 합병 정렬의 시간복잡도 $T(n)$이 (층의 수)$\times O(n)$인 것을 쉽게 알 수 있고, 따라서 $T(n)= \log_2 n \times O(n) = O(n\log n)$이다.

3. 귀납법

귀납법은 연속 대치법이나 순환 트리법으로 해결하기 어려운 형태의 순환 관계를 해결하기 위해서 사용되는데, 귀납법 증명과 같은 형태로 이루어진다. 귀납법은 먼저 주어진 순환 관계의 해를 추측하여야 한다. 그 다음에는 추측된 해를 귀납법으로 증명한다. 이 방법의 어려운 점은 순환 관계의 해를 잘못 추측하면 해를 찾을 수 없다는 것이다. 따라서 해를 정확히 추측하기 위해 많은 경험이 요구된다.

다음의 예제에 대해 귀납법으로 해를 구하여보자.

$$\begin{cases} T(1) = 1 \\ T(n) = 4T(n/2) + n \end{cases}$$

먼저 위의 순환 관계의 해를 $T(n) \le cn^2 - n$으로 추측한다.

[기초 단계] $n=2$일 때 T(n) = 4T($n/2$)+n = 4T(2/2)+2 = 4T(1)+2 = 4+2 = 6 이고, T(n)≤cn^2−n = $c2^2$−2 = 4c−2이므로, 상수 c가 2보다 크면 추측된 부등식은 항상 성립한다.

[귀납 가정] n보다 작은 모든 m에 대해서 T(m)≤cm^2−m이 성립한다고 가정하자.

[귀납 단계]

 T(n) = 4T($n/2$) + n, T($n/2$)≤$c(n/2)^2$−($n/2$)이므로
   ≤ 4[($cn^2/2^2$)−($n/2$)]+n, $n/2$은 n보다 작으므로, [귀납 가정]에 의해
   = cn^2−2n +n
   = cn^2−n

즉, 어떤 상수 $c>0$에 대해서도 T(n)≤cn^2−n이 항상 성립한다. 따라서 T(n) = O(n^2)이다. 같은 순환 관계를 마스터 정리로 해결하면, $a=4$, $b=2$, $d=1$이므로, $d<\log_b a$이다. 즉, $1<\log_2 4$ = 2이다. 따라서 T(n) = O($n^{\log_b a}$) = O($n^{\log_2 4}$) = O(n^2)이다. 위의 예제에 대해서 T(n)≤$n\log n$으로 추측하면 증명할 수 없고, 심지어 T(n)≤n^2으로 추측하여도 귀납법으로 증명할 수 없다. 따라서 귀납법으로 순환 관계의 해를 구하는 데는 많은 경험이 필요하다.

~o Ⅱ. 힙 자료구조

1. 힙 자료구조

힙(heap)[2]은 최솟값(또는 최댓값)을 O(1) 시간에 접근하도록 만들어진 자료구조이다. 따라서 최댓값을 빠르게 접근하려면 최대힙(maximum heap)을 사용하여야 하고, 최솟값을 빠르게 접근하려면 최소힙(minimum heap)을 사용하여야 한다. 두 개의 힙이 대칭성을 가지므로, 이 중에서 최대힙 자료구조에 대해서만 설명한다.

---

2) 힙은 메모리의 일부분으로 동적으로, 즉 프로그램이 수행하는 도중에 프로그램을 위해 할당하는 부분이다. 힙 자료구조와 메모리의 힙은 같은 단어를 사용하나 서로 무관하다.

힙은 다음과 같은 조건을 만족하는 이진트리이다.
● 각 노드의 값이 자식 노드들의 값들보다 크다.[3]
● 트리는 완전 이진트리(complete binary tree)이다.

완전 이진트리는 이진트리로서 다음과 같은 특성을 가진다.
● 트리의 마지막 층에 있는 이파리 노드들은 왼쪽부터 꽉 차 있는 형태를 가진다.

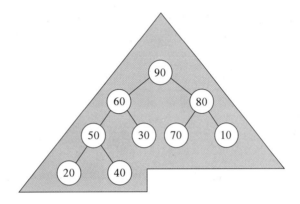

최대힙의 루트에는 가장 큰 값이 저장된다. 또한 n개의 노드를 가진 힙은 완전 이진트리이므로, 힙의 높이가 $\log_2 n$이며, 노드들의 값이 빈 틈 없이 배열에 저장된다. 다음의 그림은 힙의 노드들이 배열에 저장된 모습을 보여주고 있다.

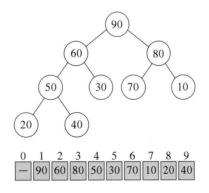

0	1	2	3	4	5	6	7	8	9
—	90	60	80	50	30	70	10	20	40

---

3) 중복된 값이 있는 경우에는 '각 노드의 값이 자식 노드들의 값들보다 같거나 크다' 로 조건을 변경하면 된다. 여기서는 중복된 값이 없다고 가정한다.

배열 A에 힙을 저장한다면, A[0]은 비어 두고, A[1]부터 A[n]까지에 힙 노드들을 트리의 층별로 좌우로 저장한다. 그림에서 보면 루트의 90이 A[1]에 저장되고, 그 다음 층의 60과 80이 각각 A[2]와 A[3]에 저장되며, 그 다음 층의 50, 30, 70, 10 이 A[4]에서 A[7]에 각각 저장되고, 마지막으로 20과 40이 A[8]과 A[9]에 저장 되어 있다.

이와 같이 힙을 배열에 저장하면, 부모 노드와 자식 노드의 관계를 배열의 인덱스 로 쉽게 표현할 수 있다. A[i]에 저장된 노드의

- 부모 노드는 A[i/2]에 저장되어 있다. 단, i가 홀수일 때, i/2에서 정수 부분만을 취한다. 예를 들어, A[7]에 있는 10의 부모 노드는 A[7/2] = A[3]에 저장되어 있다.
- 왼쪽 자식 노드는 A[2i]에 저장되고, 오른쪽 자식 노드는 A[2i+1]에 저장된다. 예를 들어, A[4]의 왼쪽 자식 노드는 A[2i] = A[2×4] =A[8]에 저장되고, 오른 쪽 자식 노드는 40은 A[2i+1] = A[2×4+1] =A[9]에 저장된다.

앞과 같은 특성을 가진 최대힙에 대해서 힙 만들기, 삭제, 삽입 연산을 각각 살펴 보자.

2. 힙 만들기

크기 n인 배열 A의 힙을 O(n) 시간에 만드는 알고리즘을 소개한다. 단, n개의 숫 자들이 A[1]~A[n]에 저장되어 있다. 이 알고리즘은 bottom—up 방식으로 힙을 만 든다. 다음 [부록 그림-1]과 같이 크기가 3인 힙을 만들고, 그 다음에는 크기가 7 인 힙을 만들고, 크기가 15인 힙을 만들어 계속 힙 크기를 (2^i—1)로 키워가며 완 전한 힙을 만든다.

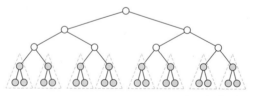

크기 3인 힙 만들기

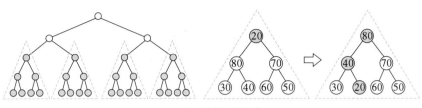

크기 7인 힙 만들기

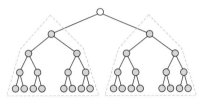

크기 15인 힙 만들기

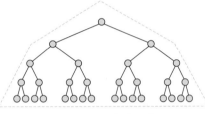

크기 31인 힙 만들기

[부록 그림-1]

알고리즘

```
BuildHeap (A) {
    for ( i = ⌊n/2⌋ to 1 )
        DownHeap(i)
}

DownHeap(i)
1   leftChild = 2i        // i의 왼쪽 자식 노드
2   rightChild = 2i+1    // i의 오른쪽 자식 노드
3   if ((leftChild ≤ n) and (A[leftChild] > A[i]))
4           bigger = leftChild
5   else
6           bigger = i
7   if ((rightChild ≤ n) and (A[rightChild] > A[bigger]))
8           bigger = rightChild
9   if (bigger != i) {
```

```
10              A[i] ↔ A[bigger]
11              DownHeap(bigger)
      }
```

[부록 그림-2]는 BuildHeap 알고리즘이 배열 A[1]~A[31]에 대해서 수행되는 순서를 화살표로 나타내고 있다. 각 노드 옆의 숫자는 노드의 값이 저장된 배열 원소의 인덱스이다. 가장 먼저 i=⌊n/2⌋=⌊31/2⌋=15에서 DownHeap을 호출하여, i=1일 때까지 DownHeap을 호출한다. 즉, for-루프에서 15번의 DownHeap이 호출되는데, 이때 i에 대응되는 노드를 '시작 노드'라고 하자.

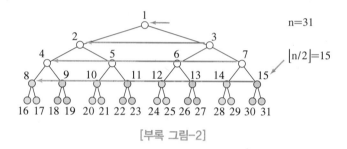

[부록 그림-2]

DownHeap은 시작 노드의 값을 자식 노드들의 값과 비교하여 힙 조건이 만족될 때까지 시작 노드의 값을 아래쪽으로 자리를 바꾸며 이동시킨다.

●Line 1~2에서는 시작 노드(인덱스 i인 노드)의 왼쪽과 오른쪽 자식 노드들의 인덱스를 각각 leftChild=2i, rightChild=2i+1로 놓는다. 이는 앞서 힙 자료구조에서 설명된 부모와 자식 노드들 간의 인덱스 관계에 따른 것이다.

●Line 3~6에서는 시작 노드의 값과 왼쪽 자식 노드의 값 중에서 큰 값을 가진 노드의 인덱스를 bigger라는 변수에 저장한다. Line 3의 if-조건에서 (leftChild≤n)의 검사는 '왼쪽 자식 노드가 힙에 포함되는지'를 검사하는 것이다. 만일 조건이 '거짓'이 되면, 왼쪽 자식 노드가 힙에 없는 것이므로 시작 노드가 왼쪽 자식 노드를 가지고 있지 않다는 의미이다.

●Line 7~8에서는 bigger를 인덱스로 가지는 노드의 값(즉, 시작 노드의 값과 왼쪽 자식 노드의 값 중에서 큰 값을 가진 노드의 값)과 오른쪽 자식 노드의 값 중에서 큰 값을 가진 노드의 인덱스를 bigger에 저장한다. if-조건에서 (rightChild≤n)의 검사는 역시 '오른쪽 자식 노드가 힙에 포함되는지'를 검사하

는 것이다. 만일 조건이 '거짓'이 되면, 오른쪽 자식 노드가 힙에 없는 것이므로 시작 노드가 오른쪽 자식 노드를 가지고 있지 않다는 것을 의미한다.

● Line 9~11에서는 bigger가 시작 노드의 인덱스(i)와 같으면, 시작 노드의 값이 힙 조건을 만족하여 더 이상의 자리바꿈이나 DownHeap 호출이 필요 없다. 그러나 그렇지 않으면, 두 자식 중에서 bigger를 인덱스로 가지는 노드의 값이 시작 노드의 값보다 커서 bigger가 i와 다르므로, 시작 노드의 값과 bigger를 인덱스로 가지는 노드의 값을 교환한 후에, 즉 시작 노드의 값을 자식 노드로 내려 보냈으니 다시 이전과 같이 힙 조건을 만족시키기 위해 DownHeap을 순환 호출한다. 여기서 순환 호출될 때의 인자는 bigger인데, bigger를 인덱스로 가지는 노드에 시작 노드의 값이 저장되어 DownHeap이 호출되는 것이다. 따라서 이 노드를 계속해서 '시작 노드'로 놓으면, 순환 호출 후 수행 과정을 이해하기 쉬울 것이다.

예제 따라
이해하기

DownHeap의 수행 과정을 다음의 예제를 통해서 살펴보자.

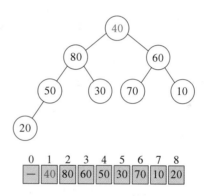

● DownHeap(1)이 호출되었을 때의 수행과정:

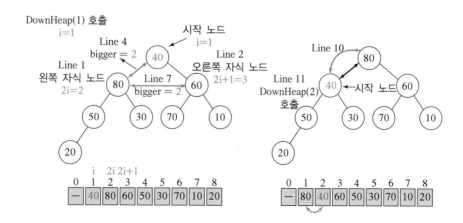

● DownHeap(2)가 호출되었을 때의 수행과정:

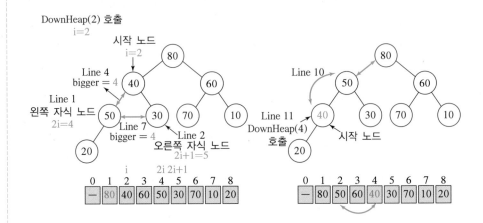

● DownHeap(4)가 호출되었을 때의 수행과정:

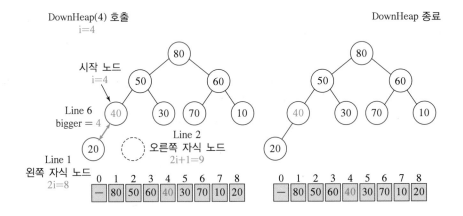

Line 7에서는 rightChild의 인덱스인 9가 힙의 크기 8보다 크므로 오른쪽 자식 노드는 존재하지 않는다. 따라서 line 6에서 bigger=i가 되었으므로 line 9의 if-조건이 '거짓'이 되어서 DownHeap의 수행을 마친다. 즉, 시작 노드의 값 40이 힙 조건에 맞게 자리를 잡았으므로 DownHeap이 종료된 것이다.

시간복잡도
알아보기

BuildHeap의 시간복잡도가 O(n)임을 알아보자. [부록 그림-3]은 노드 수가 31개일 때 BuildHeap이 수행되는 과정을 보여준다. h=1일 때, 최악의 경우 시작 노드가 1층 내려가게 되고, h=2일 때, 최악의 경우 시작 노드가 2층 내려가게 되며, …, h=4일 때, 최악의 경우 시작 노드가 4층 내려가서 이파리 노드에 저장된다.

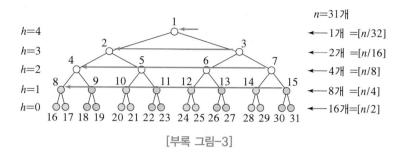

[부록 그림-3]

그런데 한 개층을 내려가는 일은 DownHeap을 호출하여 이루어지는데 DownHeap 의 수행 시간은 루프의 반복 없이 상수 시간에 수행된다. 따라서 BuildHeap의 시 간복잡도는 (각 층에 있는 노드 수)×(층 높이)이다. 이를 수식으로 다음과 같이 표 현하고, 간략히 하면 시간복잡도는 O(n)이 된다.

$$시간복잡도 = \sum_{h=0}^{\log n} h \frac{n}{2^{h+1}}$$
$$= n \sum_{h=0}^{\log n} h \frac{1}{2^{h+1}}$$
$$= O\left(n \cdot \frac{1/2}{(1-1/2)^2}\right) \quad \because \quad \sum_{x=0}^{\infty} x \frac{1}{2^{x+1}} = \frac{1/2}{(1-1/2)^2} = 2 \text{이므로,}$$
$$= O(2n)$$
$$= O(n)$$

3. 삭제 연산

힙에서의 삭제 연산은 루트 노드를 제거하는 것을 뜻한다. 루트를 제거한 후에 힙 의 마지막 노드를 루트로 옮긴다. 이때 힙 조건이 위배되므로 다음과 같이 노드들 의 위치를 바꾼다.

● 루트 값과 자식 노드들의 값들 중에서 큰 것을 비교하여 큰 자식 노드와 루트를 바꾼다.
● 새로이 자식 노드로 이동된 노드의 값은 다시 자식들의 값들 중에서 큰 것과 비 교하여 힙 조건이 위배되면 큰 값을 가진 자식 노드와 자리를 바꾼다. 이와 같은 과정을 힙 조건이 만족될 때까지 반복한다.

다음의 예제를 통해 삭제 연산이 수행되는 과정을 이해하여보자.

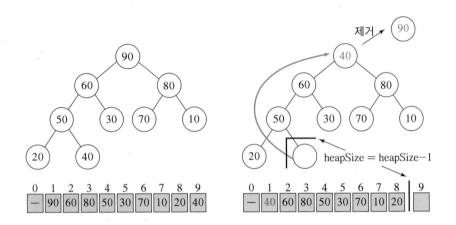

루트의 90을 제거하고, 힙의 마지막 노드인 40을 루트로 옮긴다. 이때 힙의 크기
(노드 수)를 1개 감소시킨다.

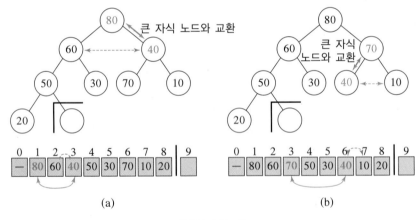

[부록 그림-4]

[부록 그림-4(a)]에서는 새로이 루트로 이동한 40이 자식 노드들의 값들(60과
80)보다 작아서 힙 조건이 위배되므로 자식 노드의 값들 중에서 큰 80과 루트의
40이 교환되었다. [부록 그림-4(b)]에서는 40이 다시 자식 노드들의 값들(70과
10)과 비교되고, 이들 중 70이 40보다 크므로, 힙 조건이 아직 위배되므로 70과
40을 서로 바꾼다. 그 다음에는 더 이상 자식 노드가 없으므로 힙 조건이 만족되
어서 삭제 연산을 마친다.

시간복잡도
알아보기

삭제 연산은 최악의 경우 힙의 마지막 노드의 숫자가 힙의 이파리 노드에 저장될 때이므로 힙의 높이는 $\log_2 n$이기 때문에 $O(\log n)$ 시간이 걸린다.

4. 삽입 연산

힙에 새로운 값을 삽입하는 것은 다음과 같은 단계로 이루어진다.

- 힙의 마지막 노드의 다음 노드에 새로운 값을 저장한다.
- 힙 크기를 1 증가시킨다.
- 새로운 값이 자신의 부모 노드의 값보다 작을 때까지 부모의 값과 서로 바꾼다. 새로운 값이 힙에 있는 모든 값들보다 크면, 새로운 값은 루트에 저장된다.

예제 따라
이해하기

다음의 힙에 새로운 값 90을 삽입하는 과정을 살펴보자.

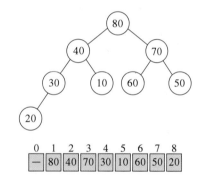

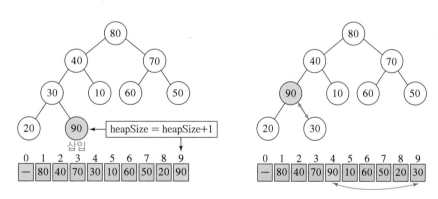

새로운 값 90은 힙의 마지막 노드의 다음 노드에 삽입되는데, 실제로는 배열의 10 번째 원소에 90이 삽입된다. 그리고 힙의 크기도 1 증가시킨다. 새로 삽입된 값 90과 부모 노드의 값 30을 비교해보면 최대힙의 조건이 위배된다. 따라서 이 두 값을 서로 교환하여 조건을 만족시킨다. 여기서 배열을 살펴보면 90이 있는 배열의 인덱스가 9이므로, 부모 노드는 인덱스가 9/2=4인 원소이다. 따라서 배열에서 이 두 원소를 서로 바꾸면 된다.

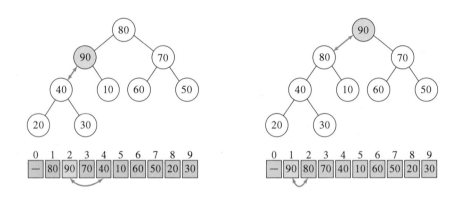

앞과 같이 새로운 값 90은 계속해서 부모 노드와 교환되고 마지막에는 루트에 자리 잡는다.

삽입 연산은 최악의 경우 새로 삽입되는 값이 힙의 루트에 저장될 때이고, 힙의 높이는 $\log_2 n$이기 때문에 O($\log n$) 시간이 걸린다.

Ⅲ. 매칭

그래프에서 매칭(matching)이란 그래프에 있는 간선들의 끝점이 각각 다른 간선들의 집합이다. 즉, 매칭에 속한 간선의 양 끝점은 서로 짝을 맺는 것이며, 다른 점들과 짝을 맺을 수는 없다. 매칭에는 극대 매칭(maximal matching)과 최대 매칭(maximum matching)이 있다. 극대 매칭은 간선을 더 추가할 수 없는 매칭을 말하며, 최대 매칭은 주어진 그래프에서 가장 많은 간선으로 구성된 매칭을 일컫는다. 극대 매칭과 최대 매칭을 다음의 그림을 통해 이해하여보자.

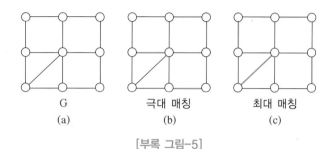

G
(a)

극대 매칭
(b)

최대 매칭
(c)

[부록 그림-5]

[부록 그림-5(b)]에 있는 3개의 파란색 간선들은 G에 대해서 극대 매칭이다. 왜냐하면 이 매칭에 4번째 간선을 추가하려 해도 이미 선택된 3개의 간선의 양 끝점들 (즉, 6개의 점들) 중에 적어도 하나의 점이 4번째 간선의 끝점과 중복되기 때문이다. [부록 그림-5(c)]에 있는 4개의 파란색 간선들은 G의 최대 매칭이다. 따라서 주어진 그림의 극대 매칭은 최대 매칭보다 간선 수가 작을 수 있다. 반면에 최대 매칭의 간선 수는 적어도 극대 매칭의 간선 수와 같거나 크다. 또한 주어진 그림에 대해서 최대 매칭은 여러 개가 있을 수 있다. 다음은 [부록 그림-5(a)]의 G에 대해서 또 다른 2개의 최대 매칭을 보이고 있다.

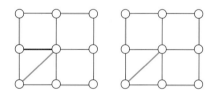

IV. 백트래킹 기법과 분기 한정 기법의 추가 문제

문제

1. 미로 찾기 문제

백트래킹(Backtracking) 기법을 적용하여 해결할 수 있는 가장 단순한 문제는 미로 찾기 문제이다. [부록 그림-6(a)]의 미로에서 입구로부터 출구까지의 길을 찾는데 ①에서 ②로 출구를 찾아 이동하였다면([부록 그림-6(b)] 그림), ②의 3면이

다 막혀 있으므로, ①로 되돌아가야만 한다. 그리고 ①에서 다시 길을 찾아 아래쪽 (방문하지 않은 곳)으로 이동한다([부록 그림-6(c)]). [부록 그림-6(d)]는 입구에서 출구까지 찾은 길을 보이고 있다.

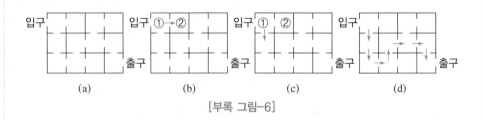

[부록 그림-6]

일반적으로 백트래킹 기법은 트리 형태의 공간에서 부분해를 확장시켜 가며 (완전한) 해를 찾는다. 이러한 트리를 상태 공간 트리(State Space Tree)라고 한다. 트리의 각 노드는 문제의 해를 찾는 과정 중의 한 상태를 나타낸다. 상태 공간 트리의 루트는 문제의 초기 상태이고, 트리의 이파리(단말) 노드는 자식이 없는 상태이거나 해를 나타낸다.

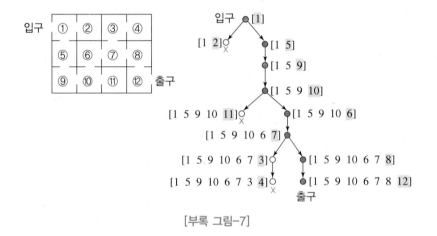

[부록 그림-7]

[부록 그림-7]은 미로 찾기 예제에 대한 상태 공간 트리이다. 루트는 초기 상태로서 ①에 있는 상태 [1]이고, ①에서는 ②(상태 [1-2])와 ⑤(상태 [1-5])로만 갈 수 있다. 그러나 ②에서는 더 이상 다른 곳으로 갈 수 없으므로, 상태 [1-2]의 자식 노드는 없다. 상태 [1-5-9-10-11]과 상태 [1-5-9-10-6-7-3-4]의 자식 노드도 없다. 왜냐하면 ⑪과 ④에서 각각 3면이 막혀 있어서 새로운 곳으로 이동할 수 없기 때문이다. 상태 [1-5-9-10-6-7-8-12]는 ⑫에 출구가 있으므로 해를 나타내는 상태이다.

여기서 주의할 점은 백트래킹 기법이 상태 공간 트리를 실제로 만들어 가며 문제의 해를 찾는 것이 아니라는 것이다. 문제의 해를 찾는 전반적인 과정을 그려보면 트리 형태로 표현되는 것일 뿐이다.

다음은 미로 찾기의 해를 찾기 위한 백트래킹 알고리즘이다. 처음에는 MazeSearch(s)로 호출한다. 단, s는 문제의 초기 상태로서 입구가 있는 셀(cell)이다. 단, 셀 번호는 1, 2, …, n이다. 알고리즘에서는 2개의 1차원 배열 Visited와 Parent가 사용된다.

- Visited[i]는 셀 i가 방문되면 'true'가 되고, 초기에는 'false'로 초기화시킨다. 이는 출구를 찾는 과정에서 이미 방문한 셀을 다시 방문하지 않기 위함이다.
- Parent[i]는 셀 i를 방문하기 직전 셀 번호를 저장한다. 이를 이용하여 백트래킹 할 수 있고, 또 출구를 찾은 후에는 입구로부터 출구까지의 경로를 찾을 수 있다. 처음에는 각 원소를 0으로 초기화시킨다.

 알고리즘

MazeSearch(i)

```
1    Visited[i] = true
2    if (셀 i에 출구가 있으면)
3        출구를 찾았으므로 알고리즘을 종료한다.
4    for (셀 i에서 이동 가능한 각 셀 j에 대해서) {
5        if (Visited[j] = false) { // j가 아직 탐색 안 된 셀이면
6            Parent[j] = i          // 셀 j를 방문하기 직전 셀 i가 방문됨
7            MazeSearch(j)          // 셀 j로부터 탐색 진행
         }
     }
```

미로 탐색 알고리즘을 상태 공간 트리와 결부시키면 알고리즘의 흐름을 이해하기가 쉽다.
- Line 1에서는 인자로 넘어온 셀 i에 대해서 Visited[i]=true로 표시한다. 즉, 셀 i를 방문한 것이다.
- Line 2~3에서는 셀 i에 '출구'가 있으면 해를 찾았으므로 알고리즘을 종료한다.
- Line 4~7에서는 셀 i로부터 아직 방문되지 않은 각 셀 j에 대하여, 셀 i가 셀 j를 방문하기 직전에 방문된 곳임을 Parent[j]에 저장해 놓는다. 그리고 line 7에서 셀 j로부터 탐색 진행한다. 만일 셀 i로부터 이동할 수 있는 셀이 모두 이미 방문

되었으면, 직전에 호출되었던 곳(셀 i를 방문하기 직전의 셀)으로 되돌아간다. 즉, 막다른 골목(셀 i)에서 백트래킹하는 것이다.

예제 따라
이해하기

다음의 미로에 대하여 MazeSearch가 수행되는 과정을 살펴보자.

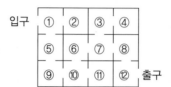

- MazeSearch를 호출하기 전에,

  Visited[1] = Visited[2] = ⋯ = Visited[12] = false

  Parent[1] = Parent[2] = ⋯ = Parent[12] = 0으로 초기화시킨다.

- 셀 1에 '입구'가 있으므로, MazeSearch(1)을 호출한다.

  • Line 1에서 Visited[1]=true가 된다.

  • Line 2에서는 셀 1에 '출구'가 없으므로 if-조건이 '거짓'이 된다.

  • Line 4의 for-루프에서는 셀 1에서 이동 가능한 셀이 2와 5이므로 각각에 대해서 line 5~7을 수행한다.

  • 먼저 j=2일 때, Visited[2]=false이므로, line 6~7에서 각각 Parent[2]=1이 되고, MazeSearch(2)를 호출한다.

- MazeSearch(2) 호출은 다음과 같이 수행된다.

  • Line 1에서 Visited[2]=true가 된다.

  • Line 2에서는 셀 2에 '출구'가 없으므로 if-조건이 '거짓'이 된다.

  • Line 3의 for-루프에서는 셀 2에서 이동 가능한 곳이 셀 1밖에 없으나, j=1에 대해서 Visited[1]=true이므로 line 5의 if-조건이 '거짓'이 되어 line 6~7을 건너뛴다. 그러나 더 이상 셀 2로부터 이동 가능한 셀이 없으므로 MazeSearch(2)에 대한 호출을 그대로 마치고, 직전에 호출된 곳으로 간다. 즉, 백트래킹된 것이다.

입구 ●[1]

[1 2]○
　　　X

이제 j=5일 때, Visited[5]=false이므로, line 6에서 Parent[5]=1로 놓은 후 MazeSearch(5)가 호출된다.

● MazeSearch(5) 호출은 다음과 같이 수행된다.

• Line 1에서 Visited[5]=true가 된다.

• Line 2에서는 셀 5에 '출구'가 없으므로 if−조건이 '거짓'이 된다.

• Line 4의 for−루프에서는 셀 5에서 이동 가능한 셀이 1과 9이므로 각각에 대해서 line 5~7을 수행한다.

• j=1일 때에는 Visited[1]=true이므로(이미 방문된 셀이므로), j=9를 수행한다.

• j=9일 때에는 Visited[9]=false이므로, line 6~7에서 각각 Parent[9]=5가 되고, MazeSearch(9)를 호출한다.

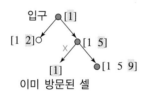

이미 방문된 셀

...

이와 같이 탐색을 계속하면 '출구'가 있는 셀 12에 도달하게 되고, 알고리즘은 종료된다. 이때 Parent 배열은 다음과 같다.

1	2	3	4	5	6	7	8	9	10	11	12
0	1	7	3	1	10	6	7	5	9	10	8

'입구'로부터 '출구'까지의 경로는 '출구'가 있는 셀 12로부터 Parent[12]=8, Parent[8]=7, …, Parent[5]=1까지 역추적하여 찾으면 된다. 즉, [12, 8, 7, 6, 10, 9, 5, 1]의 역순서가 바로 위의 미로 찾기에 대한 해이다.

문제

2. 작업 배정 문제

어느 회사에서 한 부서의 사원들에게 업무를 하나씩 부여하려 한다. 그런데 각 사원마다 각 업무를 수행하는 데 소요되는 회사의 자금 액수가 일정하지 않다. 이 회사에서는 소요되는 자금의 총 액수가 최소가 되도록 n개의 업무를 n명의 사원에게 부여하고자 한다. 이 문제를 작업 배정(Job Assignment) 문제라고 일컫는다.

예를 들어, 3명의 사원(광수, 철수, 정수)이 3개의 업무(기획, 개발, 관리)를 각각 수행하는 데 소요되는 회사 자금이 다음과 같을 때, 광수를 '개발', 철수를 '관리', 정수를 '기획' 업무에 각각 배정하면, 회사에서는 소요되는 자금의 총 액수가 1+4+2 = 7로서 최소가 된다.

	기획	개발	관리
광수	8	1	5
철수	9	3	4
정수	2	2	6

	기획	개발	관리
광수	8	①	5
철수	9	3	④
정수	②	2	6

n명의 사원을 n개의 작업에 대한 작업 배정 문제의 해는 모든 경우, 즉 $n!$개의 경우들 중에서 최소 비용이 드는 경우의 작업 배정을 찾아야 한다. 앞의 예제로 이를 살펴보면, 아래와 같이 총 3!=6개의 작업 배정 중에서 최소 비용이 드는 배정을 찾아야 한다.

1. 광수: 기획, 철수: 개발, 정수: 관리
2. 광수: 기획, 철수: 관리, 정수: 개발
3. 광수: 개발, 철수: 기획, 정수: 관리
4. 광수: 개발, 철수: 관리, 정수: 기획
5. 광수: 관리, 철수: 기획, 정수: 개발
6. 광수: 관리, 철수: 개발, 정수: 기획

작업 배정 문제는 $n!$개의 상태 중에서 일부분만을 탐색하여 최적해를 찾는 분기 한정(Branch-and-Bound) 기법으로 해결할 수 있다. 탐색 공간을 줄이기 위해서는 적절한 한정값 계산 방법이 요구된다.

한정값 계산을 위해 앞의 예를 들어서 생각해보자. 상태 공간 트리의 루트인 초기 상태는 아무에게도 작업을 배정하지 않은 상태이고, 루트의 자식 상태들은 광수가

'기획'을 맡은 상태, '개발'을 맡은 상태, '관리'를 맡은 상태이다.

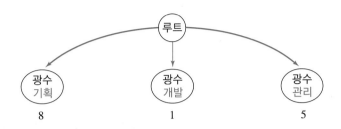

현재 상태를 광수가 '기획'을 맡은 상태라고 하자. 현재 상태는 광수가 '기획'을 맡는 비용인 8만큼 든다. 그런데 철수와 정수가 어떤 업무를 맡아서 각각 x와 y의 비용이 든다면, 총 비용은 $(8+x+y)$가 된다. 따라서 $(8+x+y)$의 최솟값은 현재 상태가 다른 상태에 비해 얼마나 좋은 상태인지 혹은 나쁜 상태인지를 비교할 수 있는 수치가 된다.

그러나 $(8+x+y)$를 최소화하기 위해서는 철수와 정수가 각각 어떤 업무를 맡아야 할지를 알아야 한다. 이 예제에서는 2명만 가지고 설명하였으나 일반적으로 n명이 있으면 $(n-1)$명의 최소 비용 배정을 찾는 것은 쉬운 일이 아니다. 즉, 문제 입력의 크기가 1만 줄어든 부분문제의 해를 찾아야 한다. 따라서 실제의 최솟값보다 작은 값을 한정값으로 정하는 것이다.

$(8+x+y)$의 한정값을 계산하기 위해서, 철수와 정수가 각각 어떤 업무를 맡는 것을 찾는 대신에 광수가 맡은 업무를 제외한 업무들 중에서 철수의 최소 비용과 정수의 최소 비용을 각각 x와 y로 정한다. 즉, 3과 2이다. 이러한 경우는 사실 철수와 정수가 동시에 '개발' 업무

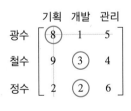

를 맡은 셈이나 이에 대해 걱정할 필요는 없다. 왜냐하면 실제의 최솟값보다 작은 값을 한정값으로 사용하는 것이 목적이기 때문이다. 따라서 현재 상태의 한정값은 8+3+2=13이다.

광수가 '개발'을 맡은 상태의 한정값은 1+4+2=7이고, 광수가 '관리'를 맡은 상태의 한정값은 5+3+2=10이다.

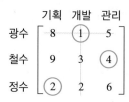

	기획	개발	관리
광수	8	①	5
철수	9	3	④
정수	②	2	6

광수가 '개발'을 맡은 상태

	기획	개발	관리
광수	8	1	⑤
철수	9	③	4
정수	②	2	6

광수가 '관리'를 맡은 상태

예제 따라
이해하기

4명의 사원(A, B, C, D)과 4개의 작업(1, 2, 3, 4)에 대한 비용 행렬에 대해서 9.2절의 Branch-and-Bound 알고리즘이 최적해를 찾는 과정을 살펴보자.

작업

	1	2	3	4
A	8	1	5	9
B	9	3	4	7
C	2	6	3	8
D	5	8	4	6

사원

초기 상태 S는 4명의 사원 모두에게 아직 작업을 배정하지 않은 상태(Null)이다. 따라서 Branch—and—Bound([Null])을 호출한다.

● Branch—and—Bound([Null])이 호출되면, line 1에서 [Null]의 한정값을 계산하는데, 이는 비용 행렬에서 각 행의 최솟값을 더한다.

[Null]
(1+3+2+4)=10

작업

	1	2	3	4
A	8	①	5	9
B	9	③	4	7
C	②	6	3	8
D	5	8	④	6

사원

● Line 2~3에서는 activeNodes={[Null]}, bestValue=∞로 각각 초기화한다.

● Line 4의 while-루프가 activeNodes 집합이 공집합이 될 때까지 수행된다.

● Line 5에서는 activeNodes 집합에 초기 상태만 있으므로, S_{min}=[Null]이 된다.

- Line 6에서는 [Null]이 activeNodes 집합으로부터 제거되어 일시적으로 activeNodes 집합은 공집합이 된다.

- Line 7에서는 S_{min}(즉, 초기 상태 [Null])의 자식 상태 노드를 생성하고, 각각의 한정값을 구한다. 여기서 자식 노드들은 사원 A가 작업 1을 맡은 [A1], A가 작업 2를 맡은 [A2], A가 작업 3을 맡은 [A3], A가 작업 4를 맡은 [A4]이다.

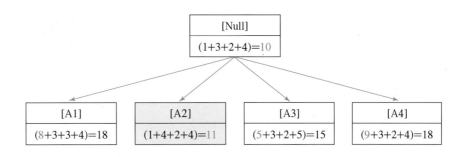

[A1]의 한정값은 사원 A가 작업 1을 맡아 수행하는 데 드는 비용 8과 작업 1을 제외한 작업 중에서(즉, 1열을 제외하고) 비용 행렬의 2, 3, 4행에서 각각 최솟 값인 3, 3, 4를 더한 값인 18이다. 이와 같은 방법으로 [A2], [A3], [A4]의 한정 값은 다음과 같이 계산된다.

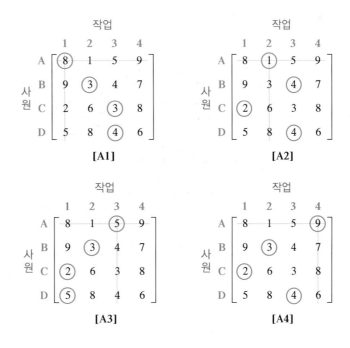

- Line 8의 for-루프에서는 이렇게 생성된 4개(k=4)의 상태 각각(즉, S'_1=[A1], S'_2=[A2], S'_3=[A3], S'_4=[A4])에 대하여, line 9~15를 수행한다.

- Line 9에서 i=1: S'_1(즉, [A1])의 한정값인 18과 현재의 bestValue인 ∞를 비교하고, if-조건이 '거짓'이고, line 11에서는 [A1]은 완전한 해가 아니므로, line 14~15에서 S'_1을 activeNodes에 추가시킨다. 이와 마찬가지로 i=2, 3, 4일 때에도 각각 S'_2, S'_3, S'_4가 activeNodes에 추가된다. 따라서 activeNodes={S'_1, S'_2, S'_3, S'_4}={[A1], [A2], [A3], [A4]}이다.

- 다음은 line 4 while-루프의 조건 검사에서 activeNodes가 공집합이 아니므로, line 5에서 한정값이 가장 작은 상태를 찾는다. 즉, S_{min}=[A2]이다.

- Line 6에서 ActtiveNodes로부터 [A2]를 제거하여, activeNodes={[A1], [A3], [A4]}이 된다.

- Line 7에서 [A2]의 자식 상태를 생성하고, 각각의 한정값을 구한다. [A2]는 사원 A가 작업 2를 배정받은 상태이고, [A2]의 자식 상태들은 사원 B가 작업 1, 작업 3, 작업 4를 각각 배정받는 상태들이다. 이들을 각각 [A2,B1], [A2,B3], [A2,B4]라고 하자.

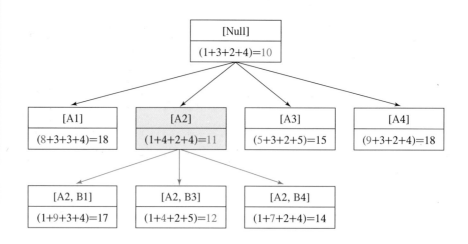

[A2,B1], [A2,B3], [A2,B4]의 한정값은 다음과 같이 각각 계산된다.

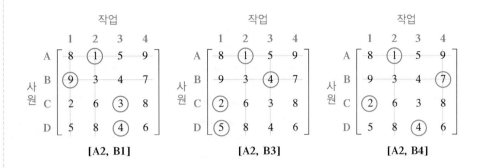

- Line 8의 for-루프에서는 위와 같이 생성된 3개(k=3)의 상태 각각(즉, $S'_1=[A2,B1]$, $S'_2=[A2,B3]$, $S'_3=[A2,B4]$)에 대하여, line 9~15를 수행한다.

- Line 9에서 i=1: S'_1의 한정값인 17과 현재의 bestValue인 ∞를 비교하고, if-조건이 '거짓'이고, line 11에서는 [A2,B1]이 완전한 해가 아니므로, line 14~15에서 S'_1을 activeNodes에 추가시킨다. 이와 마찬가지로 i=2, 3일 때에도 각각 S'_2, S'_3이 activeNodes에 추가된다. 따라서 activeNodes={[A1], [A3], [A4]} ∪ {[A2,B1], [A2,B3], [A2,B4]}={[A1], [A3], [A4], [A2,B1], [A2,B3], [A2,B4]}이다.

- 다음은 line 4 while-루프의 조건 검사에서 activeNodes가 공집합이 아니므로, line 5에서 한정값이 가장 작은 상태를 찾는다. 즉, $S_{min}=[A2,B3]$이다.

- Line 6에서 activeNodes로부터 [A2,B3]을 제거하여, activeNodes={[A1], [A3], [A4], [A2,B1], [A2,B4]}가 된다.

- Line 7에서 [A2,B3]의 자식 상태를 생성하고, 각각의 한정값을 구한다. [A2,B3]의 자식 상태들은 사원 C가 작업 1과 작업 4를 각각 배정받는 상태들이다. 이들을 각각 [A2,B3,C1], [A2,B3,C4]라고 하자.

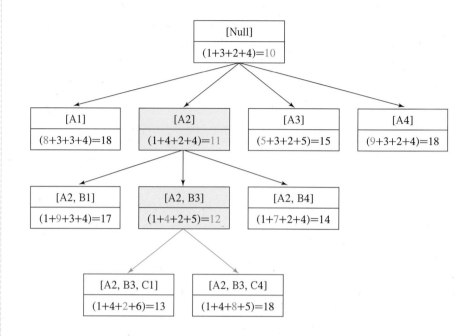

[A2,B3,C1]은 사원 A가 작업 2, 사원 B가 작업 3을 배정받고, 사원 C가 작업 1을 배정받은 상태이고, [A2,B3,C4]는 사원 A가 작업 2, 사원 B가 작업 3을 배정 받고, 사원 C가 작업 4를 배정받은 상태이다. 다음은 각 상태의 한정값이다.

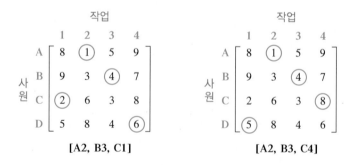

- Line 8의 for-루프에서는 위와 같이 생성된 2개(k=2)의 상태 각각(즉, S'_1=[A2,B3,C1], S'_2=[A2,B3,C4])에 대하여, line 9~15를 수행한다.

- Line 9에서 i=1: S'_1=[A2,B3,C1]의 한정값인 13이 현재의 bestValue인 ∞보다 작고, line 11에서도 완전한 해가 아니므로, 상태 [A2,B3,C1]을 activeNodes에 추가시킨다. i=2일 때에도 마찬가지로 S'_2=[A2,B3,C4]를 activeNodes에 추가

시킨다. 따라서 activeNodes={[A1], [A3], [A4], [A2,B1], [A2B4], [A2,B3,C1], [A2,B3,C4]}이다.

- 다음에는 line 4 while-루프의 조건 검사에서 activeNodes가 아직 공집합이 아니므로, line 5에서 activeNodes에서 한정값이 가장 작은 상태를 찾는다. 즉, S_{min}=[A2,B3,C1]이다.

- Line 6에서 activeNodes로부터 [A2,B3,C1]을 제거하여, activeNodes={[A1], [A3], [A4], [A2,B1], [A2B4], [A2,B3,C4]}가 된다.

- Line 7에서 [A2,B3,C1]의 자식 상태를 생성하고, 한정값을 계산한다. 이때 D만이 작업을 배정받지 못했으므로 자식은 하나밖에 없다. 즉, 상태 [A2,B3,C1, D4]가 자식 노드이고, 한정값은 [A2,B3,C1]의 한정값과 동일하다.

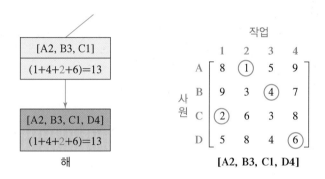

- Line 8의 for-루프는 [A2,B3,C1,D4]에 대해서만 수행된다.

- Line 11에서는 [A2,B3,C1,D4]가 완전한 해이므로,
bestValue = [A2,B3,C1,D4]의 값 = 13
bestSolution = [A2,B3,C1,D4]가 된다.

- 그 다음에 탐색되는 상태는 [A2,B3,C1]과 함께 생성된 [A2,B3,C4]이다. 그러나 line 9에서 상태 [A2,B3,C4]의 한정값인 18이 bestValue인 13보다 크므로 상태 [A2,B3,C4]는 가지치기가 된다.

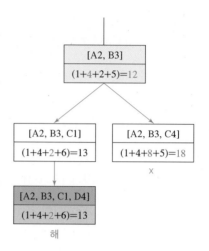

이후의 while-루프에서 activeNodes의 최소 한정값을 가진 상태를 하나씩 고려해보아도 그 한정값이 bestValue인 13보다 크므로, 각각의 상태가 가지치기된다. 따라서 결국에는 activeNodes가 공집합이 되어 while-루프가 끝나고, [A2,B3,C1,D4]가 최적해로 리턴된다. 다음 그림은 예제에 대한 최종 상태 공간 트리이다.

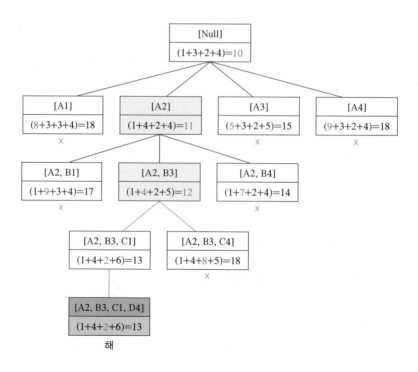

Ⅴ. 최신 정렬 알고리즘과 정렬 알고리즘의 성능 비교

1. 이중 피봇 퀵 정렬

2009년에 Vladimir Yaroslavskiy에 의해 고안된 이중 피봇 퀵 정렬(Dual-pivot Quick sort)은 두 개의 피벗을 사용하는 퀵 정렬이다.

핵심아이디어

피봇 수를 2개로 3 부분으로 분할하자.

[부록 그림-8] (a)에서 피봇 pivot1이 피봇 pivot2보다 작고, 그 사이의 원소들을 적절히 비교하여 (b)와 같이 세 부분으로 나누고, 각각의 부분을 순환 호출하여 정렬하는 알고리즘이다.

(a) 분할 전	(b) 3부분으로 분할

[부록 그림-8]

알고리즘

DP_Qsort(a, low, high)

```
1   if high <= low
2       return
3   if a[low] > a[high]
4       a[low] ↔ a[high]        // p1 < p2가 되도록
5   p1 = a[low]                 // a[low]는 작은 피벗
6   p2 = a[high]                // a[high]는 큰 피벗
7   i  = low + 1                // a[i]가 현재 원소
8   lt = low + 1
9   gt = high − 1
10  while i <= gt {
11      if a[i] < p1            // case 1
12          a[i] ↔ a[lt]
13          i  = i +1
14          lt = lt +1
15      else if p2 < a[i]       // case 2
```

```
16        a[i] ↔ a[gt]
17        gt = gt − 1
18     else                          // case 3
19        i = i +1
    }
20   lt = lt − 1
21   a[low] ↔ a[lt]                  // 분할 후 p1의 제자리 잡기
22   gt = gt + 1
23   a[high] ↔ a[gt]                 // 분할 후 p2의 제자리 잡기

24   DP_Qsort(a, low,  lt−1)
25   DP_Qsort(a, lt+1, gt−1)   }     // 3 부분을 각각 순환 호출
26   DP_Qsort(a, gt+1, high)
```

- Line 1~2에서는 정렬할 부분에 있는 원소가 1개 이하이면 이후의 과정을 수행하지 않고 호출되었던 곳으로 리턴한다.
- Line 3~6에서는 작은 피봇인 p1이 a[low]에 있고, 큰 피봇인 p2가 a[high]에 위치하도록 만든다.
- Line 7에서는 i = low+1로 초기화하는데 여기서 i는 현재 원소의 인덱스이다.
- Line 8에서는 lt = low+1로 초기화하는데, 알고리즘은 line 10의 while-루프를 수행하면서 a[low+1]~a[lt−1]사이에 p1보다 작은 수들을 모아 놓으려는 것이다. [부록 그림-9]에서 lt의 위치를 보여준다.
- Line 9에서는 gt = high−1로 초기화하는데, 알고리즘은 a[gt+1]~a[high−1]사이에 p2보다 큰 수들을 모아 놓으려는 것이다. [부록 그림-9]에서 gt의 위치를 보여준다.

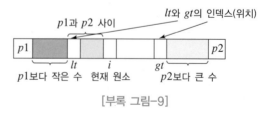

[부록 그림-9]

- Line 10의 while-루프 내에서는 세 가지 case에 따라 원소 교환과 i, lt, gt 값이 변경된다. while-루프의 수행 과정을 다음 예제를 통해 이해하여 보자.

예제 따라
이해하기

	0	1	2	3	4	5	6	7	8	9
a	10	85	45	10	25	2	1	90	6	35

low lt i   gt high

case 2

	0	1	2	3	4	5	6	7	8	9
	10	6	45	10	25	2	1	90	85	35

low lt i   gt   high

case 1

	0	1	2	3	4	5	6	7	8	9
	10	6	45	10	25	2	1	90	85	35

low   lt i   gt   high

case 2

	0	1	2	3	4	5	6	7	8	9
	10	6	90	10	25	2	1	45	85	35

low   lt i   gt   high

case 2

	0	1	2	3	4	5	6	7	8	9
	10	6	1	10	25	2	90	45	85	35

low   lt i   gt   high

case 1

	0	1	2	3	4	5	6	7	8	9
	10	6	1	10	25	2	90	45	85	35

low   lt i   gt   high

case 3

	0	1	2	3	4	5	6	7	8	9
	10	6	1	10	25	2	90	45	85	35

low   lt   i   gt   high

case 3

	0	1	2	3	4	5	6	7	8	9
	10	6	1	10	25	2	90	45	85	35

low   lt   i gt   high

case 1

	0	1	2	3	4	5	6	7	8	9
	10	6	1	2	25	10	90	45	85	35

low   lt   gt   i   high

마지막엔 gt = 5이고 i = 6이므로 while-루프가 종료된다. 그 다음엔 알고리즘의
line 20~23에선 p1과 p2가 각각 제자리를 잡게 되면서 다음과 같이 세 부분으로
분할된다.

0	1	2	3	4	5	6	7	8	9
2	6	1	10	25	10	35	45	85	90

low   lt   gt   high

10보다 작고   10과 35 사이   35보다 크다

- 그리고 line 24~26에서 세 부분을 각각 순환 호출한다.

시간복잡도
알아보기

이중 피봇 퀵 정렬은 실제 수행 성능이 퀵 정렬보다 우수하여 자바 SE 7 이후의 버
전에서 원시 타입(primitive type) 시스템 정렬로 사용되고 있다. 이론적으로는 이

중 피봇 퀵 정렬의 평균 비교 횟수가 ~$1.9n\ln n$이고 퀵 정렬이 ~$2.0n\ln n$으로 큰 차이는 아니지만, 실제로 이중 피봇 퀵 정렬이 캐시 메모리(cache memory)의 접근이 훨씬 효율적이기 때문에 좋은 성능을 보인다. 참고로 피봇을 3개 이상 사용하는 퀵 정렬도 각각 시도해본 연구가 있었으나 피봇을 둘 사용하는 경우보다 입력이 커질수록 많은 페이지 부재가 발생하는 결과를 보였다.

2. Tim Sort

Tim Sort는 2002년에 파이썬 언어의 라이브러리에 구현되었고, 또한 자바 SE 7 이후의 버전에서 객체를 정렬하기 위한 시스템 정렬로 구현되어 있으며, 안드로이드 운영체제에서도 사용되는 정렬 알고리즘이다.[4]

핵심아이디어

입력에 대해 삽입 정렬을 수행하여 일정 크기의 런(run)을 만들어 일정 조건에 따라 합병하는 정렬 알고리즘이다.

Tim Sort는 입력 배열의 원소들을 차례로 읽어가며 런을 찾아서 그 길이가 일정한 크기(min_run)보다 작으면 삽입 정렬을 이용해 min_run 크기로 만든다. 만들어진 런의 정보(런의 시작 원소의 인덱스와 런의 길이)를 스택(run stack)에 push한다. 스택의 런들에 대해 일정 조건에 위배되면 적절한 합병을 수행하여 조건을 충족하도록 만든다. 이러한 과정을 반복하며 입력 배열을 다 처리한 후에 스택이 empty가 아니면 스택 위에서 아래로 둘씩 합병하여 그 결과를 push하며 하나의 런이 될 때까지 과정을 반복하여 정렬을 마친다. 단, 각 합병은 일정 조건에 따라서 galloping 합병을 수행한다.

- min_run은 입력 크기 n에 따라 정해지며 n이 2^k이면 16, 32, 64 등으로 정한다. 단, $n < 64$이면 삽입 정렬만으로 정렬을 수행한다.
- 만들어진 런을 스택에 push한 후에 가장 위에 있는 세 개의 런의 크기를 차례로 Z, Y, X라고 하면, 다음의 두 가지 조건이 충족되도록 런들을 [알고리즘 V−1]과 같이 합병한다.

---

4) 1993년에 McIlroy가 게재한 논문("Optimistic Sorting and Information Theoretic Complexity", Proceedings of the Fourth Annual ACM—SIAM Symposium on Discrete Algorithms, pp. 467~474, 1993)의 알고리즘을 소프트웨어 엔지니어인 Tim Peters가 파이썬 라이브러리에 처음으로 구현하였다.

(1) X > Y + Z

(2) Y > Z

만일 조건 (1)이 위배되면 Y는 X와 Z 중에서 작은 것과 합병한다. 예를 들어, [부록 그림-10] (a)에서 Z가 작으므로 YZ가 합병되고, (b)에서는 X가 작으므로 XY가 합병된다. 합병 이후 [알고리즘 V-1]의 line 1의 while-루프가 수행되어 조건 (1)이 만족되면 조건 (2)를 체크한다. [부록 그림-10] (a)의 합병된 후에는 조건 (2)가 위배된다. 따라서 Y와 Z를 합병한다. 즉, 스택의 가장 위에 있는 두 개의 런을 합병한다.

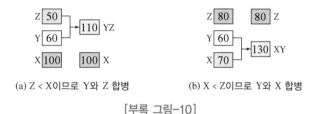

(a) Z < X이므로 Y와 Z 합병   (b) X < Z이므로 Y와 X 합병

[부록 그림-10]

  알고리즘

```
1    while stack_size > 1 {
2        top = stack_size—1
3        if top > 2 and run[top—2] <= run[top—1]+run[top]   // 조건(1)이 위배되면
4            if run[top—2] < run[top]
5                merge(top—2, top—1)
6            else
7                merge(top—1, top)
8        else if run[top—1] <= run[top]                       // 조건(2)가 위배되면
9            merge(top—1, top)
10       else                                                 // 두 조건 모두 만족하면
11           break
     }
```

[알고리즘 V-1]

조건 (2)는 스택의 런 크기들을 스택 위에서 아래로 감소순이 되도록 만들려는 것이고, 조건 (1)은 스택 아래서 위로 런의 크기 관계가 피보나치 숫자 관계와 유사하게 커지도록 만들려는 것이다. 따라서 마지막 런을 스택에 push한 후에 스택에

있는 런의 수는 $\log_{\varPhi} n$을 넘지 않는다. 여기서 $\varPhi$는 황금률로서 1.61803⋯이다. [부록 그림-11]는 입력 배열에 대해 마지막으로 만들어진 런의 크기가 7이고, 이를 push한 후 마지막으로 연속적으로 합병하여 정렬을 종료하는 가장 이상적인 과정을 나타낸 것이다.

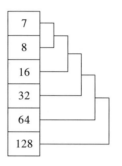

[부록 그림-11] 최종 단계의 합병 수행

[부록 그림-12]는 min_run = 5일 때 Tim Sort의 수행 과정의 일부분을 도식화한 것이다. 이 예제에서 세 번째로 찾은 런의 크기가 3이고, min_run = 5이기 때문에 두 개의 원소를 삽입 정렬을 이용하여 세 번째 런에 추가하여 크기가 5인 런을 만든다. 그리고 새로 만든 런의 정보를 런 스택에 push한다. 이때 조건 (1)이 위배되고, Z가 X보다 작으므로 Y와 Z를 합병한다. 그리고 Z가 Y보다 크게 되어 조건 (2)를 위배하므로 둘을 합병한 후 다음 런을 찾기 시작한다.

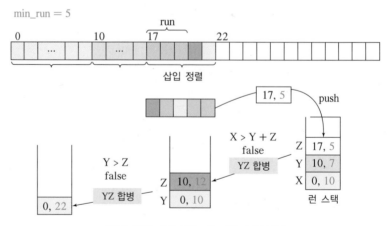

[부록 그림-12] Tim Sort의 수행 과정

다음은 Tim Sort에서 두 개의 런 X와 Y의 합병을 수행하는 과정에 대해 살펴보자. 먼저 X와 Y의 가장 앞에 있는 원소를 비교하여 작은 원소(승자)를 출력 버퍼에 쓴다. 단, 승자는 자신이 속해있던 런에서 삭제된다. 비교를 통해 계속해서 '정상적인' 합병을 하다가 하나의 런에서 일정 수(min_gallop)의 승자가 연속적으로 나오면 이때부터는 galloping 합병을 수행한다.

핵심 아이디어

| Galloping 합병 |

X와 Y를 합병하는 중에 한쪽에서 예를 들어 X에서 승자가 연속해서 많이 나왔다면 이젠 Y에서 승자가 연속해서 많이 나올 것이다.

X와 Y를 합병하는 중에 X에서 승자가 연속하여 min_gallop 수만큼 나온 직후, x_1이 y_1과 비교될 차례라고 가정하자. galloping 합병은 X의 가장 작은 원소 x_1을 Y에서 해싱 충돌 해결 방법인 이차 조사(quadratic probing)와 유사한 방식으로 점프하며 $y_1, y_3, y_7, y_{15}, y_{31}, \cdots, y_{2^k-1}, \cdots$과 비교하여 y_j를 찾는다. 여기서 $y_{2^k-1} < x_1 < y_{2^{k+1}-1}$일 때 y_j는 x_1과 같거나 작으면서 y_{2^k}과 $y_{2^{k+1}-2}$ 사이의 원소들 중에서 가장 큰 원소이다.

예를 들어, $y_{15} < x_1 < y_{31}$인 경우, y_{16}과 y_{30} 사이에서 이진 탐색으로 y_j를 찾아서, y_1부터 y_j를 한꺼번에 승자로서 출력 버퍼에 쓴다. 여기서 y_j는 x_1과 같거나 작으면서 y_{16}과 y_{30} 사이의 원소들 중에서 가장 큰 원소이다. [부록 그림-13]에서 y_j는 y_{20}이다. 즉, $y_{20} \leq x_1 < y_{21}$이다. 따라서 y_1부터 y_{20}을 한꺼번에 출력 버퍼에 쓰고 나서 x_1을 승자로 출력 버퍼에 쓴다.

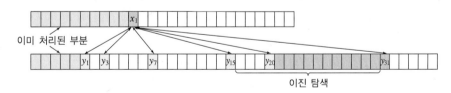

[부록 그림-13] Galloping 합병

그 다음엔 y_{21}을 x_1 다음 원소부터 같은 방식으로 합병한다. 단, X 또는 Y의 남은 부분의 크기가 min_gallop 크기보다 작으면, 정상적인 합병을 수행한다.

| min run 크기 정하기 |

일반적으로 min_run이 256이면 너무 크고, 8이면 너무 작다. 실험 검증 결과에 따르면 Tim Sort는 min_run이 32에서 65 사이의 값을 가질 때 좋은 성능을 보인다. Tim Sort에서는 다음의 알고리즘을 사용하여 min_run 계산을 한다.

```
1   min_run_length(n) {
2      r = 0
3      while n >= 64 {
4         if n이 홀수이면
5            r = 1          // 한번 r=1이 되면, 루프가 끝난 후에도 r=1이다.
6            n = n / 2      // 정수 부분만 취한다.
7      }
8      return n + r         // r은 1 또는 0의 값을 가진다.
9   }
```

[알고리즘 V-2] min_run 계산하기

[알고리즘 V-2]는 입력 배열 크기인 n의 이진수에서 최상위 6 bit를 추출한 수에 r을 더한다. 이때 n의 이진수의 최상위 6 bit를 제외한 나머지 bit에서 적어도 하나의 '1' bit가 있으면 r = 1이 된다. 예를 들어, n = 5,000이면, 이진수는 1001110001000이다. 여기서 상위 6 bit는 100111이고 나머지 부분인 0001000에 '1' bit가 있으므로, 100111 + 1 = 101000이다. 즉, min_run은 40이다.

Tim Sort의 수행시간은 최선 경우에 $O(n)$이고, 평균과 최악 경우는 $O(n \log n)$이다. Tim Sort는 퀵 정렬에 필적하는 성능을 보이면서 거의 정렬된 입력에 대해서는 퀵 정렬보다 우수한 성능을 보인다. 또한 Tim Sort의 장점은 퀵 정렬과는 달리 안정한(stable) 정렬을 수행한다는 것이다.

Tim Sort는 파이썬 언어의 라이브러리에 구현되어있고, 또한 자바 SE 7 이후 버전에서 객체를 정렬하기 위한 시스템 정렬로 구현되어 있으며, 안드로이드 운영체제에서도 사용되며 실질적으로 가장 우수한 정렬 알고리즘이다.

3. 정렬 알고리즘의 성능 비교

다음은 앞서 살펴본 정렬 알고리즘들을 수행 시간, 정렬에 필요한 추가 공간, 안정성을 비교한 표이다.

	최선 경우	평균 경우	최악 경우	추가 공간	안정성
선택 정렬	n^2	n^2	n^2	$O(1)$	×
삽입 정렬	n	n^2	n^2	$O(1)$	○
쉘 정렬	$n\log n$	?	$n^{1.5}$	$O(1)$	×
힙 정렬	$n\log n$	$n\log n$	$n\log n$	$O(1)$	×
합병 정렬	$n\log n$	$n\log n$	$n\log n$	n	○
퀵 정렬 †	$n\log n$	$n\log n$	n^2	$O(1)$*	×
Tim Sort	n	$n\log n$	$n\log n$	n	○

* 퀵 정렬에서 수행되는 순환 호출까지 고려한다면 추가 공간은 $O(\log n)$이다. 단, 이는 작은 부분을 먼저 호출하는 경우의 분석 결과이다.
† 이중 피벗 퀵 정렬의 이론적인 성능은 퀵 정렬과 같아서 생략되었다.

찾아보기